(ⅢB)	(ⅣB)	(ⅤB)	(ⅥB)	(ⅦB)	(0)
			13	14	15	16	17	18
								2He 4.003 ヘリウム
			5B 10.81 ホウ素	6C 12.01 炭素	7N 14.01 窒素	8O 16.00 酸素	9F 19.00 フッ素	10Ne 20.18 ネオン
(Ⅷ)	(Ⅷ)	(ⅠB)	(ⅡB)	13Al 26.98 アルミニウム	14Si 28.09 ケイ素	15P 30.97 リン	16S 32.07 硫黄	17Cl 35.45 塩素	18Ar 39.95 アルゴン
9	10	11	12						
27Co 58.93 コバルト	28Ni 58.69 ニッケル	29Cu 63.55 銅	30Zn 65.38 亜鉛	31Ga 69.72 ガリウム	32Ge 72.64 ゲルマニウム	33As 74.92 ヒ素	34Se 78.96 セレン	35Br 79.90 臭素	36Kr 83.80 クリプトン
45Rh 102.9 ロジウム	46Pd 106.4 パラジウム	47Ag 107.9 銀	48Cd 112.4 カドミウム	49In 114.8 インジウム	50Sn 118.7 スズ	51Sb 121.8 アンチモン	52Te 127.6 テルル	53I 126.9 ヨウ素	54Xe 131.3 キセノン
77Ir 192.2 イリジウム	78Pt 195.1 白金	79Au 197.0 金	80Hg 200.6 水銀	81Tl 204.4 タリウム	82Pb 207.2 鉛	83Bi 209.0 ビスマス	84Po (210) ポロニウム	85At (210) アスタチン	86Rn (222) ラドン
109Mt (276) マイトネリウム									

63Eu 152.0 ユウロピウム	64Gd 157.3 ガドリニウム	65Tb 158.9 テルビウム	66Dy 162.5 ジスプロシウム	67Ho 164.9 ホルミウム	68Er 167.3 エルビウム	69Tm 168.9 ツリウム	70Yb 173.1 イッテルビウム	71Lu 175.0 ルテチウム
95Am (243) アメリシウム	96Cm (247) キュリウム	97Bk (247) バークリウム	98Cf (252) カリホルニウム	99Es (252) アインスタイニウム	100Fm (257) フェルミウム	101Md (258) メンデレビウム	102No (259) ノーベリウム	103Lr (262) ローレンシウム

原子量は日本化学会原子量小委員会の「4桁の原子量表」による．

コア講義 生化学

田村隆明著

裳華房

Essentials of Biochemistry

by

TAKA-AKI TAMURA   Ph. D.

SHOKABO

TOKYO

まえがき

　コア講義シリーズ教科書の第3弾として,「コア講義 生化学」を刊行することとなった.

　生化学は「生物材料を対象とする化学」という化学の一分野という響きをもつが, 実際には化学の視点で捉える生物学という意味合いが強い. 生物は精巧な分子機械で, すべての自然事象は物理学や化学の法則に従うということが一般的になり, 生体内化学反応を試験管で再現することができるようになった20世紀初頭, 生化学は一躍当時の生物学の最先端に踊り出た. 以来, 生化学者は数多くの生体物質の構造を決め, そしてさまざまな生化学反応を発見して人類の発展に貢献してきた. このことは「ATP合成機構」「RNA酵素」「DNA塩基配列決定法」「質量分析によるタンパク質の構造解析」「PCR」「緑色蛍光タンパク質」などといった, 近年のノーベル化学賞の受賞の多さをみてもよくわかる. 生化学が分子生物学とともに現代生物学を牽引していることは疑いようのない事実である.

　遺伝現象や細胞内で起こる事象, あるいは個体／生体内で起こる生命現象を分子や原子のレベルで理解するためには, そこにかかわる分子の性質や構造, さらにはそれらの合成や分解の詳細を理解することが不可欠である. このような意味で, 生化学は基礎生物学全般にとってはもちろんのこと, 医学・薬学, 生理学などにおいても基礎として必要な, 普遍性の高い学問領域であるといえよう. このような生化学の重要性ゆえ, それを学ぶための教科書も多くのものが出版されている. しかしそれらの多くは高度で重厚な洋書の翻訳本であったり, そうでなければ, 必要以上に平易に書かれた入門書であるものがほとんどで, 本邦ではこの両者の間に立つ適当な成書がきわめて少ないというのが現状である.「一定のレベルを保ちつつ必要分野を網羅し, 高度な学問レベルに移るための橋渡し的性格をもつ標準的教科書を!」, 本書はそのような声を受けて実現した.

　コア講義シリーズの教科書は, 大学などで行う半期15回で完結する講義を想定して構成されている. 本書は生化学の教科書に必要な標準的内容を網

羅し，それらを 14 の章に割り振り，ほぼ均等のボリュームでまとめている．第 1 章でまず生物学と化学の基礎について述べ，2～5 章は糖，脂質，アミノ酸／タンパク質，核酸／ DNA（複製を含む）などの生体物質についての説明が続く．6～9 章は代謝について述べるが，最初に酵素を，続いて糖，脂質，窒素化合物の代謝経路を説明する．次の 10～11 章ではエネルギー代謝と光合成について記述した．12～13 章は遺伝情報の利用という分子生物学的観点から転写と翻訳について述べ，最後の 14 章では生理化学という視点でいくつかの話題を紹介する．内容がテーマごとに分割して配置されているため，学習計画の立案や，学習内容の整理といった作業がスムースに行えるという利点をもつことが本書の特色でもある．本書は大学 1～2 年生を対象とし，これから本格的に生化学を学ぼうとする初学者のための導入書という立場をとっている．構造式や反応式が随所に配されているが，はじめは難しいと思えるかもしれないが，いずれも専門課程では必須となるものばかりであり，是非この機会に身につけて欲しい．

　生化学の学習では「覚える」ということ以外に，反応式の組み立てや反応量の計算といった細かなことも必要となるが，本書はそのような生化学学習にとっての最良の一冊になったのではないかと自負している．本書が生化学を学ぶ読者諸氏の一助となるならば，作り手としてこれに勝る喜びはない．最後に本書の作成を粘り強く進めていただいた裳華房の筒井清美氏と野田昌宏氏に，この場を借りて感謝致します．

平成 21 年 2 月

立春の風まだ冷たい西千葉キャンパスにて

田 村 隆 明

目次

生化学の成り立ち …………………………………………………… 1

1 生化学の基礎 ——————————————— 2
1・1 化学の基礎 …………………………………… 2
1・2 化学反応 ……………………………………… 6
1・3 生体物質 ……………………………………… 9
1・4 細 胞 ………………………………………… 11

2 糖 質 ————————————————————— 15
2・1 糖質の化学 …………………………………… 15
2・2 単 糖 ………………………………………… 19
2・3 オリゴ糖 ……………………………………… 22
2・4 多 糖 ………………………………………… 23
2・5 複合糖質 ……………………………………… 25

3 脂質と細胞膜 ————————————————— 28
3・1 脂質とは ……………………………………… 28
3・2 脂肪酸 ………………………………………… 28
3・3 単純脂質 ……………………………………… 31
3・4 複合脂質 ……………………………………… 33
3・5 その他の脂質 ………………………………… 35
3・6 結合脂質とリポタンパク質 ………………… 37
3・7 細胞膜の構造 ………………………………… 38
3・8 細胞膜で見られる物質移動 ………………… 39

4 アミノ酸とタンパク質 ————————————— 41
4・1 アミノ酸とは ………………………………… 41
4・2 アミノ酸の物理化学的性質 ………………… 42
4・3 ペプチド／タンパク質の形成 ……………… 45
4・4 タンパク質の高次構造 ……………………… 46
4・5 タンパク質の種類と機能 …………………… 49
4・6 タンパク質の分解 …………………………… 50
4・7 タンパク質やアミノ酸がかかわる化学反応 ……… 53

5 核酸と遺伝子 ——— 54
- 5・1 核酸の成分：ヌクレオチド ……… 54
- 5・2 DNA 鎖の構造 ……… 57
- 5・3 核酸の性質 ……… 59
- 5・4 酵素による DNA 合成 ……… 61
- 5・5 細胞内で起こる DNA 合成：複製 ……… 64
- 5・6 クロマチンと染色体 ……… 66
- 5・7 核酸の切断や分解 ……… 66

6 生体化学反応の触媒：酵素 ——— 68
- 6・1 酵素の基本的性質 ……… 68
- 6・2 酵素の種類と作用様式 ……… 71
- 6・3 酵素活性の必須因子 ……… 72
- 6・4 酵素反応の理論 ……… 74
- 6・5 生体における酵素活性の調節 ……… 78
- ＜発展学習＞ ビタミンと補酵素 ……… 82

7 糖質の代謝 ——— 84
- 7・1 グルコース異化の基本：解糖系 ……… 84
- 7・2 グリコーゲンの合成と分解 ……… 87
- 7・3 クエン酸回路 ……… 89
- 7・4 糖新生 ……… 93
- 7・5 ペントースリン酸回路 ……… 95
- 7・6 その他の糖代謝 ……… 96

8 脂質の代謝 ——— 99
- 8・1 脂肪酸の分解 ……… 99
- 8・2 脂肪酸の生合成 ……… 102
- 8・3 トリグリセリドとリン脂質共通の前駆体：ホスファチジン酸の合成 ……… 105
- 8・4 リン脂質代謝 ……… 106
- 8・5 ステロイドの生合成 ……… 107

9 窒素化合物の代謝 ——— 110
- 9・1 窒素同化と窒素固定 ……… 110
- 9・2 アミノ酸代謝 ……… 113
- 9・3 ヌクレオチドの代謝 ……… 119
- 9・4 ヘムとクロロフィルの代謝 ……… 122

10 エネルギーを取り出す：ATP の合成 —— 123
- 10・1 生体内酸化還元 …………………… 123
- 10・2 エネルギー通貨：ATP ……………… 128
- 10・3 ミトコンドリアと好気呼吸 ………… 130

11 光合成 —— 136
- 11・1 独立栄養と従属栄養 ………………… 136
- 11・2 光合成 ………………………………… 137
- 11・3 光合成における明反応 ……………… 140
- 11・4 光合成における糖代謝 ……………… 143
- 11・5 C_3 植物と C_4 植物 ……………… 145
- 11・6 光合成原核生物 ……………………… 146

12 遺伝情報の取り出し —— 148
- 12・1 遺伝子発現の流れ …………………… 148
- 12・2 RNA 合成反応 ……………………… 148
- 12・3 転写の調節：オペロンを例に ……… 151
- 12・4 真核生物の遺伝子発現と RNA の成熟 ………… 153
- ＜発展学習＞ 遺伝子組換え操作 ………………… 158

13 タンパク質の合成 —— 161
- 13・1 翻　訳 ………………………………… 161
- 13・2 遺伝暗号 ……………………………… 161
- 13・3 アミノアシル tRNA ………………… 164
- 13・4 翻訳機構 ……………………………… 165
- 13・5 タンパク質の成熟と輸送 …………… 167
- ＜発展学習＞ タンパク質の分離と精製 ………… 170

14 生理化学：神経，筋肉，ホルモン作用 —— 174
- 14・1 神経系における情報伝達 …………… 174
- 14・2 筋肉の働き …………………………… 178
- 14・3 ホルモンや調節因子の作用が細胞に伝わる機構　180

「演習」に対する「考えるヒント」………………… 186
参考書………………………………………………… 189
索引…………………………………………………… 190

目次

解説

モル	5
ゾルとゲル	5
電子の偏り	6
塩類	9
浸透圧	10
細胞内共生説	11
代謝回転と新陳代謝	14
光学異性体	16
糖の表記における略号	20
グリコシド／配糖体	22
デンプンの消化	23
グリコーゲンやデンプンの生合成	24
脂肪酸には界面活性がある	29
自然拡散による細胞間物質移動	40
非タンパク質アミノ酸	42
紫外線の吸収特性	44
タンパク質（蛋白質）の語源	45
タンパク質の溶解性	46
消毒薬の成分	49
ペプチドの機能	50
カスパーゼ	53
ゲノム	54
分子名に使用される数字	56
塩基の記号	57
DNAの形態	58
核酸のハイブリダイゼーション	59
線状DNA複製における末端問題	65
制限酵素	67
酵素の結晶化	69
酵素の語源	69
酵素のもつ触媒活性の数	71
律速酵素	78
イソ酵素（アイソザイム）	80
糖利用に必須なホルモン：インスリン	85
反応の可逆性	87
ピルビン酸からオキサロ酢酸が直接できる経路	93
グルカゴンは二つの作用でグルコース量を高める	95
コリ回路	95
脂肪酸にアセチルCoAを付けるコスト	99
炭素数奇数の脂肪酸の酸化	100
不飽和脂肪酸のβ酸化	102
胆汁酸合成	107
シンターゼとシンテターゼ	113
尿酸と痛風	116
糖，脂質，窒素化合物の代謝連携	119
抗癌剤：アミノプテリン	121
エネルギーの表現	124
ATP合成様式	130
活性酸素の生成	133
脱共役	135
光化学反応におけるATP，NADPH生産の収支	142
カルビン回路における物質の収支	144
低分子制御RNA	149
フィードバック阻害	152
細胞内シグナル伝達と転写制御	155
遺伝暗号解読作業	162
ミスセンス変異，ナンセンス変異	163
転写翻訳共役	167
無細胞翻訳系	167
2種類のチャネル	177
電気シナプス	178
非筋細胞でのアクチン-ミオシン相互作用	179
リガンド	181
膜型グアニル酸シクラーゼの関与	182
低分子量Gタンパク質	183

Column

生命維持における水の重要性	5
冷えた果物がおいしい理由	23
糖鎖情報	27
トランス脂肪酸と健康	31
石けんは油脂をけん化してつくる	32
パーマネントウエーブはS=S結合の改変	47
変性タンパク質が起こすプリオン病	49
タンパク質の品質を管理する分子シャペロン	52
逆転写酵素	63
リボザイム：酵素活性をもつRNA	68
血液凝固反応は酵素反応の連鎖で起こる	81
血中脂質の運搬と悪玉／善玉コレステロール	108
電位はエネルギーを生む	127
性ホルモンにより性的特徴が現れるしくみ	154
ブルーホワイト解析	160

イラスト　スタジオ杉

生化学の成り立ち

　生化学（Biochemistry）は生物を対象とする化学である．化学は中世ヨーロッパの錬金術から始まった．鉛を金に変えることを夢見て，化学分析に関する技術や，化学変化／化学反応に関する知識がどんどん蓄積していった時代である．「錬金」は結局失敗したが化学は残り，その後化学は独自の学問として進歩した．一方生物に関する化学的な理解は 19 世紀までは未熟なものであった．中世までは，生物に宿る「生気」が生物の起こすすべての現象を引き起こすと考えられ（生気論），炭素を含む有機物は生物によってのみつくられると信じられていた．しかし，この考え方は尿素の化学合成によって否定され，生物・無生物における化学反応の一般性が認識され始めた．ただそうはいっても，生体内には非常に多くの物質があり，それらが多様な組み合わせで反応・制御し合い，その全容はとてつもなく複雑であるという特殊事情がある．生体内で起こる個々の反応を分析しようと思っても，それらの反応は生細胞でしか進まず，生の生物を材料にする限り，生物は化学の対象にはなり得なかった．

　この状況に風穴をあけたのが，19 世紀から 20 世紀にかけて活躍したブッフナーやワールブルグといった生化学者である．彼ら先人によって，発酵や呼吸に関する化学反応が細胞の抽出液を使って解明され，それと並行して反応を触媒する酵素の実体も明らかとなり，生化学がスタートした．生化学では生体物質を取り出してその構造を決定し，次にその物質がどうやってつくられ，どういう運命をたどるのか，つまり代謝の経路を明らかにすることを一つの目的としている．さらに現在では，個々の生化学反応の制御や反応系全体の調和が注目され，生命現象は化学反応の統合としてとらえようとされている．生化学は医学においては生理化学という領域で貢献し，産業面では酵素を物質生産に直接利用したり，構造の解明された生体物質に関しては，それを純粋かつ大量に合成する道を拓くなど，われわれの生活を支える重要なツールとなっている．

1 生化学の基礎

物質は分子からなり，分子は原子からなる．原子の周囲にある電子のやりとりや相互作用により，化学反応が起こって分子がつくられるが，生物反応や化学反応のすべては物理学の原理に従う．生物は多様な分子をもつが，その多くが炭素を含む有機物で，この中には糖やタンパク質，DNAなどが含まれる．細胞中の化学変化，すなわち代謝によって，エネルギーの生産や消費，物質の合成や分解などが起き，生命活動が維持されている．

1・1 化学の基礎

1・1・1 元素と原子

地球上の物質は120種類以上の**元素**からできており，水素のように軽いものから鉛のように重いものまでさまざまある．性質の似ている元素を一つのグループ（族）に入れ，その上で元素を重さの順に並べたものを**周期表**という（表紙見返し参照）．17族元素（ハロゲン：フッ素，塩素，ヨウ素など）は反応性が高く，電気的に負の性質が強く，金属と結合しやすい．

元素は**元素記号**で表す．元素は物質として**原子**という構造をとるが，原子の中心の**原子核**には正の電気をもつ陽子と，陽子とほぼ同じ**質量**（＝重さの絶対量）だが電気的には中性の中性子がある．元素の種類は陽子数で決まる．陽子＋中性子で決まる質量を原子量といい，ほぼ整数値で表される（例：窒素＝14.01）．単位は付けないが，その数値は原子質量数と同一の値である．原子質量数は，通常の炭素 [^{12}C] を12.00としたときの相対値で，**ダルトン**（Da．1Da $= 1.66 \times 10^{-27}$ kg）という単位で表される．

原子核の周囲には質量のほとんどない負の電気をもつ**電子**が回っている．電子は簡単に出入りし（☞これを**電離**，あるいは**イオン化**という），それにより原子が負や正に**荷電**する（＝電気を帯びる．電荷を得る）．同種の電気は反発し，異種は引き合う．ハロゲンは電子を取り込み，アルカリ金属（例：1族元素のナトリウムやカリウム）は電子を出して安定化しようとする性質

1・1 化学の基礎

A：元素の重量比（ヒトの場合）

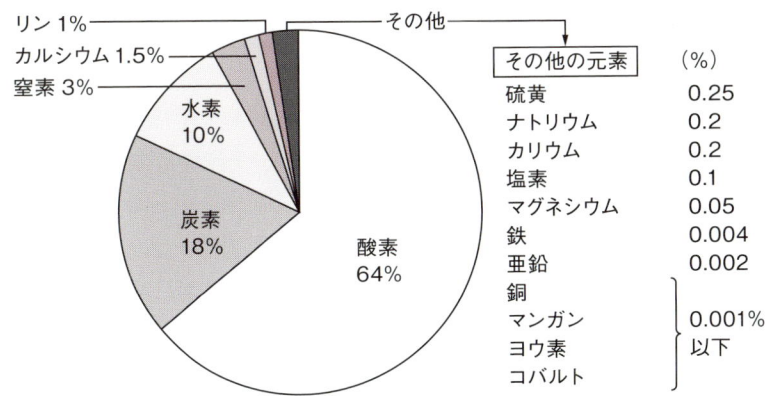

B：それぞれの元素の働きや局在（ヒトの場合）

元素（元素記号）	原子番号 （原子量）	働き，局在
酸素（O）	8（16.00）	有機物全般，吸気として外界から取り入れる．水
炭素（C）	6（12.01）	有機物全般，炭酸ガスの形で呼気として排出
水素（H）	1（1.008）	有機物全般，水
窒素（N）	7（14.01）	アミノ酸（タンパク質も含む），塩基（核酸やヌクレオチドを含む）
リン（P）	15（30.97）	核内に多い（染色体DNAやRNA）．タンパク質や脂質と結合，リン酸の形で利用される
硫黄（S）	16（32.07）	タンパク質を構成するアミノ酸（システイン，メチオニン）
カルシウム（Ca）	20（40.08）	骨，歯，細胞機能調節，神経細胞，酵素活性制御
ナトリウム（Na）	11（22.99）	体液，細胞，浸透圧調節，細胞機能制御
カリウム（K）	19（39.10）	体液，細胞，細胞機能制御
塩素（Cl）	17（35.45）	体液，細胞，胃液，細胞機能制御
マグネシウム（Mg）	12（24.31）	酵素活性の調節，タンパク質に結合（植物：葉緑体）
鉄（Fe）	26（55.85）	赤血球，筋肉，酸素と結合，酵素活性の調節
亜鉛（Zn）	30（65.38）	タンパク質と結合，機能調節
銅（Cu）	29（63.55）	さまざまなタンパク質，酵素活性の調節
マンガン（Mn）	25（54.94）	酵素活性の調節，タンパク質と結合
ヨウ素（I）	53（126.9）	甲状腺ホルモン
コバルト（Co）	27（58.93）	ビタミンB_{12}

図1・1　生物に含まれる主要な元素

がある．

1・1・2 分 子

複数の原子が結合したものを**分子**といい（例：酸素分子は酸素原子2個からなる），異なる原子からなる分子を**化合物**（例：1個の酸素と2個の水素から水ができる）という．元素記号を用いて原子の結合を表したものを(分子)**構造式**といい，単に元素種と数を示したものは**分子式**という（ともに化学式の一種）．原子質量の炭素12に対する相対値である**分子量**は原子量の総和になる．分子量にはDaは付けないが，タンパク質などでは慣例的に付けられる．

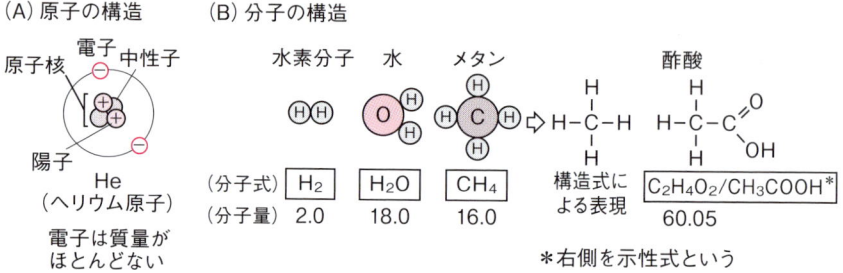

図1・2　原子と分子

1・1・3　溶液，酸と塩基，濃度

液体（=溶媒）に物質（=溶質）が均一に溶けているものを**溶液**という．溶けることにより電気を帯びた分子や原子（これを**イオン**という）の出入り（解離や付加／結合）が分子において見られることがあり，**電離**あるいは**イオン化**という．水分子も一部**水素イオン**［H^+］と**水酸化物イオン**［OH^-］に電離している．水中での両イオンの濃度は等しく，ともに10^{-7}モル/lであるが，この状態を**中性**（pH = 7）という．水素イオンが多い（☞水酸化物イオンが少ない）状態を**酸性**，逆を**アルカリ性**という．水に溶けて水素イオンを出す物質は酸性，逆は**塩基性**であるという．酢酸や核酸（DNA，RNA）は酸性で，アミドをもつアデニンなどは塩基性である．化学反応ではグラム濃度や％濃度も用いるが，主には**モル濃度**を使用する．

(A) 酢酸の場合

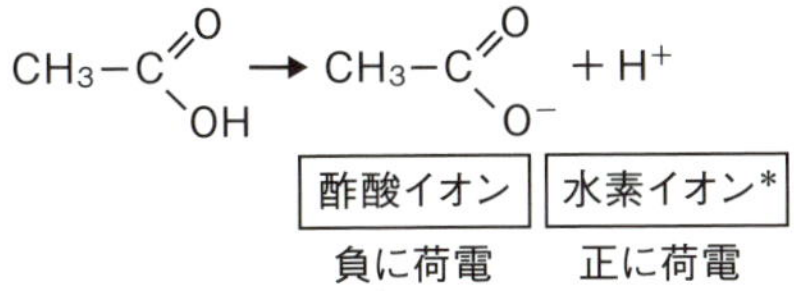

CH₃–C(=O)OH → CH₃–C(=O)O⁻ + H⁺

酢酸イオン 水素イオン*
負に荷電   正に荷電

(B) 水自身の場合

$H_2O \rightarrow H^+ + OH^-$（水酸化物イオン）
水素イオン濃度 $[H^+]$ と水酸化物イオン濃度 $[OH^-]$ の積は 1×10^{-14} M§

$$\begin{bmatrix} 中性 = [H^+] が 1 \times 10^{-7} M \\ 酸性 = [H^+] が 1 \times 10^{-7} M より大きい \\ アルカリ性 = [H^+] が 1 \times 10^{-7} M より小さい \end{bmatrix}$$

図1・3 溶液中でのイオン化と酸・アルカリ
*：電子を失った水素原子．プロトンともいう．
　水中の水素イオンが増え，溶液は酸性になる．
§M：モル (mol)／L

解説

モル

分子が**アボガドロ数** (6.02×10^{23}) ある量を 1 モル [mole]（単位は mol）といい，分子量分のグラム数に相当する．分子量 18 の水や，180 のグルコースの 1 モルは，それぞれ 18 g，180 g である．

解説

ゾルとゲル

分子の網目状構造の内部に大量の水を含む固形状態を**ゲル**といい（固まったゼリーやゆで卵），編目状構造が壊れ，全体が流動する液体状態を**ゾル**という．ゾルとゲルが可逆的に変化することを，**ゾル-ゲル転換**という．

Column

生命維持における水の重要性

水は物理化学的にはきわめて特殊である．分子量は 18 であるが，メタン (16) が通常は気体であるのに対し，水は液体である．水は比熱が大きいため温度が変化しにくく，体温維持に適している．水はいろいろな物質を溶かし，化学反応にあずかるイオンを発生しやすい．このような性質はすべて，水が分子内で電子の偏りを生じ，それによる結合力「**水素結合**」で互いに引き合っていることによる．水のこのような性質により，生化学反応が効率的に進行し，生命が常温常圧で安定に保たれる．

1・2 化学反応

1・2・1 分子をつくる力

分子は原子核が電子を共有する**共有結合**で結合している．共有結合では価電子（外側の電子軌道にあり，飽和状態に達していない過不足状態の電子）が2個単位で使われる．原子は過不足のない稀ガス状態の軌道電子状態を目指して安定化しようとし，価電子はそのために使われる．分子構造式では1組の価電子を1本の線で表す（図1・2）．共有結合は安定で，分子の骨格をつくる．分子を形成する結合には比較的弱い**イオン結合**もあり，塩の形成などにかかわる．このほかさらに弱い相互作用として，**疎水性相互作用**，**ファン・デル・ワールス（van der Waals）力**，水素原子がかかわる**水素結合**（例：水素と酸素，水素と窒素）がある．いずれも不安定で，熱や電気的影響力で簡単に壊れる．このような弱い相互作用（引力や反発力／斥力）は分子の立体構造形成や相互作用にかかわる．

解説　電子の偏り

原子核が電子を拘束する力は緩く，異種原子が共有結合している場合，電子はそれを引き付けやすい原子の方（例：酸素＞水素）に偏る．さらに電子は常に動いているため，ある瞬間を捉えると原子には必ず電子の偏りがある（☞ファン・デル・ワールス力が発生する根拠）．

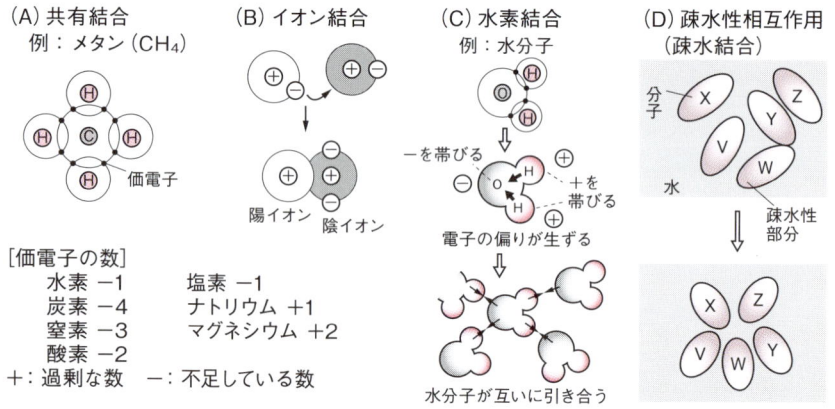

図1・4　化学結合

1・2・2　化学反応の原則

　化学反応はすべて物理学の法則に従う．まず反応の前と後でそこに存在する原子の総和は等しい「**質量保存の法則**」．次にその系にあるエネルギー総量は反応後も変わらない「**エネルギー保存の法則**」．さらに，反応の前と後での各物質の濃度の積は，使用濃度に関係なく一定である「**質量作用の法則**」．A＋B→a＋bと反応が進むとき，逆反応であるa＋b→A＋Bも起こり，ある平衡状態でつり合う．平衡は物質の存在がより安定になる方に偏る．反応前後の分子濃度の積の比を**平衡定数**といい，反応の種類，温度，圧力で決まる（図1・5）．平衡状態にある反応系にAやBを加えると，増えた分を相殺するようにa＋b生成反応が進む（**ルシャトリエの原理**）．

1・2・3　吸エルゴン反応，発エルゴン反応

　反応の進行により標準自由エネルギーの変化（次頁式）が負になる反応ではエネルギー放出される．これを**発エルゴン反応**といい（注：**自由エネルギー**：内部エネルギーのうち仕事に変換できる部分），逆を**吸エルゴン反応**という．主に生化学分野で用いられる用語であるが，生物が行う反応の多くは発エル

$$K = \frac{[P_1]^{n_1}[P_2]^{n_2}\cdots\cdots}{[R_1]^{m_1}[R_2]^{m_2}\cdots\cdots}$$

$m_1R_1 + m_2R_2 + \cdots\cdots \rightleftarrows n_1P_1 + n_2P_2 + \cdots\cdots$の反応が平衡（つり合っている）になっている時，各濃度（n, m）は上記の式で定義される．
K：平衡定数

例　① $H_2O \rightleftarrows H_2 + \frac{1}{2}O_2$（水の分解）

$$K = \frac{[H_2][O_2]^{\frac{1}{2}}}{[H_2O]} = 2.3 \times 10^{-19} \;(397℃)$$

② $NH_3 \rightleftarrows \frac{1}{2}N_2 + \frac{3}{2}H_2$（アンモニアの分解）

$$K = \frac{[N_2]^{\frac{1}{2}}[H_2]^{\frac{3}{2}}}{[NH_3]} = \begin{cases} 1.3 \times 10^{-3}\;(25℃) \\ 23.3 \quad\quad\;(397℃) \end{cases}$$

注）マイナスの値が大きいほど起こりにくいことを示す．

図1・5　化学平衡

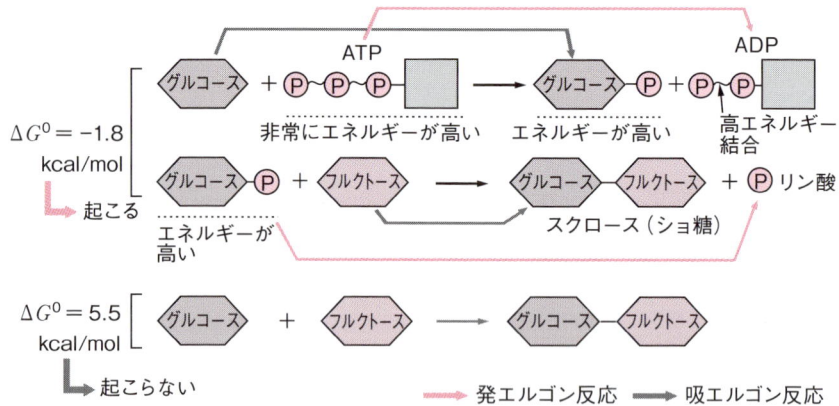

図1·6　発エルゴン反応と吸エルゴン反応の共役
　通常では起こらないグルコース＋フルクトース→スクロースという反応も，ATPがあると発エルゴン反応と共役して起こる．ΔG^0は反応の総和の値．

ゴン反応である．発エルゴン反応は自発的に起こり，吸エルゴン反応はエネルギー供給がない限り起こらない．「ATP→ADP＋リン酸＋自由エネルギー」という発エルゴン反応で生じる自由エネルギーは，物質合成などの吸エルゴン反応に使われるが，このように発エルゴン反応と吸エルゴン反応は同時に（共役して）起こる．

　　標準自由エネルギー変化＝$-R$（気体定数）・T（絶対温度）・$\ln K$（平衡定数）

1·2·4　原子団「基」と分子の性質

　化学反応では原子が集団で挙動するという現象がよく見られるが，その原子団を**基**という．特定の基をもつ分子は似た性質を示す．**水酸基**（-OH）をもつ分子（例：アルコール類）は水に溶けやすい（**親水性**）．**カルボキシ基**（-C(=O)-OH）も-OHをもつため水に溶けやすいが，さらに=O（電子を引き寄せる性質がある）があるためにHが電子を失って水素イオンとして電離するため，酸の性質を示す．逆にアミドの窒素は水素イオンを補足しやすく，塩基性を示す．炭素と水素でつくられている環状のフェニル基や，鎖状のアルキル基（例：プロピル基など）は水に溶けにくく（**疎水性**），有機溶媒に溶けやすい．

1・3 生体物質

1・3・1 生物に含まれる元素と有機物

細胞には約20種類の元素が含まれるが，このうち酸素，炭素，水素，窒素を**主要四元素**という（窒素はタンパク質と核酸に多い）．これに続くものとしてはカルシウム，リン，硫黄，ナトリウム，カリウム，マグネシウム，塩素などがある（図1・1）．物質は炭素を含まない無機物と含む有機物に分けられるが，二酸化炭素と一酸化炭素は例外的に無機物とする．有機物は生物に関連して存在し，近代生物学誕生以前は生物によってのみつくられると信じられていた．有機物には生体分子が多く含まれる．生体に含まれる無機物には水や塩化ナトリウムなどの塩類，そして酸素などの気体がある．

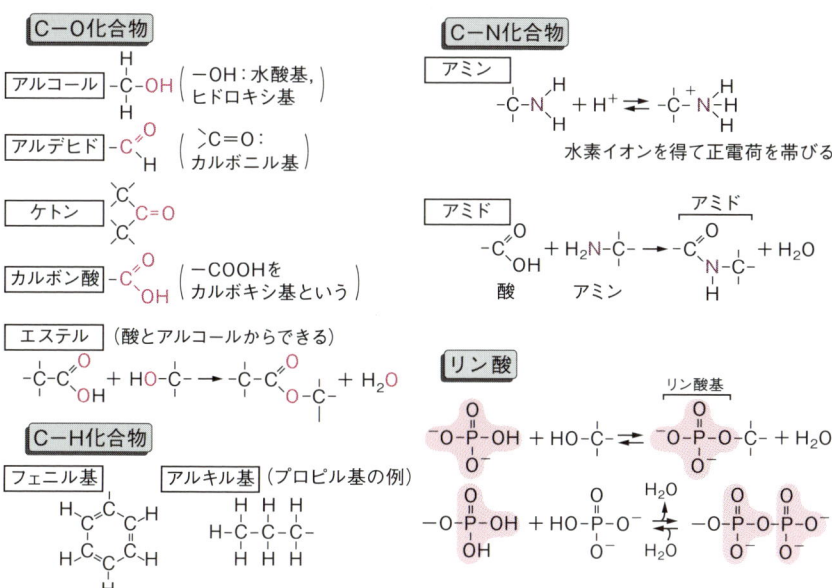

図1・7 生体分子がもつ代表的な基

解説　塩類

酸と塩基（例：炭酸アンモニウム），あるいは酸と金属（例：塩化マグネシウム）が結合した化合物を**塩**という．水に溶解しイオン化する．

解説　浸透圧

細胞膜など，分子が通れる程度の小孔のある膜を**半透膜**という．分子は均一になろうとするため（**熱力学の第2法則**），水と溶液を半透膜で仕切ると，水が溶液側に移動して圧力差（**浸透圧**）を生じる．細胞と等しい浸透圧を**等張**という．細胞は等張状態で安定であり，周りが低張だと細胞に水が侵入し，高張だと水が奪われる．

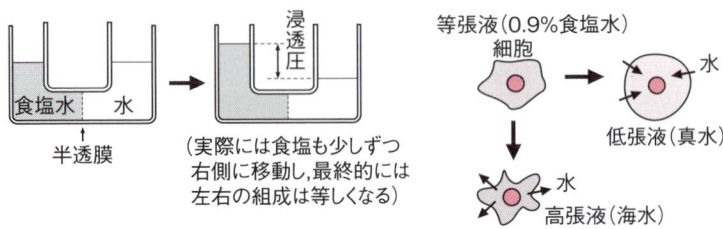

図1・8　浸透圧の発生

1・3・2　高分子と重合分子

分子量が1000程度までの分子を**低分子**というが，この中にはグルコース（分子量180），クロロフィル「葉緑素」（分子量894）などの有機物もある．有機物の中には分子量が非常に大きい**高分子**，あるいは**巨大分子**があり，これにはタンパク質や核酸，そしてデンプンなどの多糖類などが含まれる．高分子の分子量は数千〜数十万，あるいはそれ以上におよぶが，いずれも低分子が多数連なった**重合分子**である．

1・3・3　生体分子の種類

a．糖：炭素が3個以上で水酸基に富み，アルデヒド基やケト基をもつ．主要なエネルギー源であり，細胞や核酸の成分や調節物質としても働く．

b．脂質：有機溶媒に溶ける脂溶性物質．この中心は脂肪酸で，脂肪はグリセリンと脂肪酸の結合したものである．脂質にはこのほか，ステロイドや，複合脂質や結合脂質などもある．エネルギー貯蔵物質，調節物質やホルモン，細胞膜成分や情報伝達物質などとして使われる．

c．タンパク質：アミノ酸が多数重合した高分子化合物で，種類は非常に

表 1・1　低分子と高分子（重合分子）

分類	低分子	高分子 (nはおよそ10以上.100以上は巨大分子ともいわれる)
糖	グルコース スクロース	(グルコース)$_n$ ＝ デンプン グリコーゲン セルロース
アミノ酸	アミノ酸 ペプチド	(アミノ酸)$_n$ ＝ タンパク質
ヌクレオチド	ヌクレオチド NAD	(ヌクレオチド)$_n$ ＝ 核酸（DNA，RNA）
脂質	脂肪酸 中性脂肪	

多い．核酸と同じく情報高分子である（遺伝情報をもつ）．運動，酵素，調節因子，運搬物質，ホルモン，調節物質など，多彩な機能を示す．

d．核酸：ヌクレオチドが重合した高分子で，DNAとRNAがあり，遺伝情報をもつ．DNAは染色体に存在し，RNAはDNAから転写されてできる．

1・4　細 胞

1・4・1　生物の基本単位：細胞

生物は細胞からなる．**細胞**（Cell：小さな部屋の意）は生物の最小単位であり，酵母や大腸菌のように1個の細胞からなる**単細胞**生物も多い．細胞は生存のために物質を取り込み，それを元に化学反応を行い，生存に必要な物質を合成したり，生きるためのエネルギーを取り出す．生物は核が核膜で包まれている**真核生物**（酵母，動植物など）と，包まれていない**原核生物**（通常の細菌［真正細菌］と光合成を行うランソウ類），そしてこの中間に位置する**古細菌**（メタン細菌など．形態は真正細菌に似るが遺伝子構成などは真核生物に近いものも含む）に分けられる．

解説　**細胞内共生説**

　ミトコンドリアや葉緑体はそれぞれ好気呼吸や光合成を行う原核生物が祖先細胞（古細菌の先祖に近いものと考えられる）に入り，細胞内共生により真核生物ができたとする説（図1・9）．

各生物の主な特徴

	原核生物	真核生物	古細菌
核（膜）	ない	ある	形態的特徴，遺伝子数は原核生物に似る．遺伝子発現様式やある種の制御因子の構造は真核生物に似る．
細胞小器官	ない	ある	
DNA存在様式	裸のDNA	タンパク質の結合したクロマチン	
核　相	一倍体(n)	二倍体($2n$)	
遺伝子数	〜4,000	5,000〜25,000	
分裂様式	無糸分裂	有糸分裂	

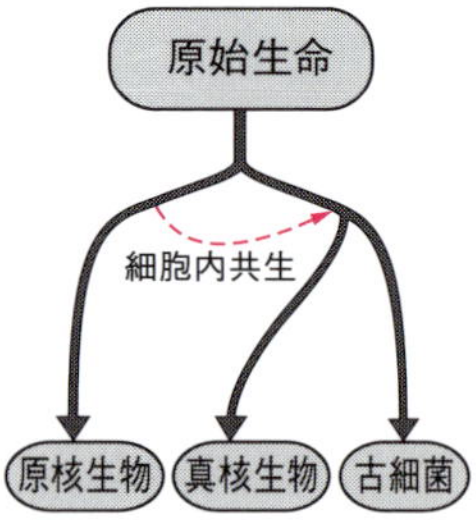

3種類の生物の系譜（仮説）

図1・9　生物の三大分類

1・4・2　細胞の構造

大多数の真核細胞の大きさは約 0.05〜0.2mm と幅があるが，核は約 10μm（= 0.01mm）とほぼ一定である．細胞は二重のリン脂質（脂質二重膜）からなる**細胞膜**で包まれ，内部に**細胞質**を含む．植物細胞ではその周りに硬い細胞壁がある．細胞質には多くの物質が溶けており，タンパク質を合成する**リボソーム**や，さまざまな細胞小器官が浮遊している．

1・4・3　細胞小器官

膜構造をもつ細胞中の構造体を**細胞小器官（オルガネラ）**という．**核**は細胞に1個あり，遺伝情報をもつDNAが染色体という形で存在する．**小胞体**は核に連結した迷路のような袋状構造で，表面にリボソームが付着している粗面小胞体ではタンパク質合成とその品質管理（13章）が行われる．タンパク質加工は主に**ゴルジ体（ゴルジ装置）**で行われる．**ペルオキシソーム**は脂肪の燃焼，**リソソーム**は不要タンパク質の分解にかかわる．**ミトコンドリア**は二重の膜をもち，内部にヒダ状構造がみられ，好気呼吸にかかわる（10・3）．なお植物は光合成器官である**葉緑体**をもつ（11章）．細胞によっては液胞，脂肪顆粒，色素顆粒などの，物質を蓄積する構造体も見られる．膜構造ではないが，動物細胞などには染色体分配にかかわる微小管の結合する**中心体**が存在する．細胞には細胞の形を維持し運動に関与する多数の**細胞骨格タンパク質**が，ゾルーゲル転換（P.5 解説）を行いながら存在している．

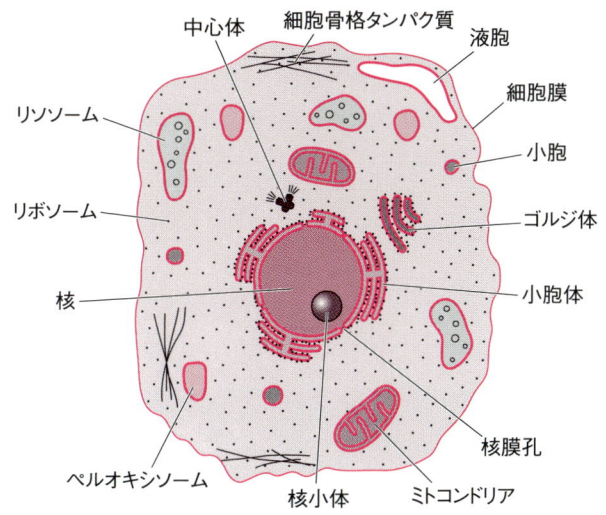

図 1·10　細胞の構造（動物の場合）
細胞には膜で包まれた（赤色）多くの小器官がある．植物（中心体はない）はこのほか，葉緑体，白色体，貯蔵顆粒などをもつ．

1·4·4　組織，器官，個体

多細胞生物の中で，細胞が機能的に集まった構造を**組織**といい，簡単にはバラバラにならない（例：上皮組織．筋肉組織）．異なる組織がある目的のためにまとまったものを**器官**という．口，胃，小腸，肝臓はそれぞれも器官だが，全体でも消化器官というより高次の器官を形成する．花びら，がく，おしべ，めしべ，子房からなる花は，植物の生殖器官である．器官や組織が集まり**個体**が形成される（注：単細胞生物は 1 細胞で 1 個体）．

1·4·5　細胞内で起こる化学変化：代謝

細胞内では化学変化により物質から取り出されたエネルギーが，細胞活動に利用されたり，細胞の素材や調節物質の合成などに利用される．このような細胞で起こる化学変化を**代謝**という．代謝は**異化**（**分解代謝**．例：アミノ酸がアンモニアや尿素に分解される）と**同化**（**合成代謝／生合成**．例：炭酸ガスと水から糖をつくる炭酸同化）に大別される．エネルギーを取り出すための代謝を**エネルギー代謝**という．

|解説| **代謝回転と新陳代謝**
　一定に見える細胞内物質もある時間（数秒から数日）で新しいものと入れ替わっているが，この現象を代謝回転という．新陳代謝という一般用語は，主に細胞／組織レベルの入れ替えの意味で使われる．

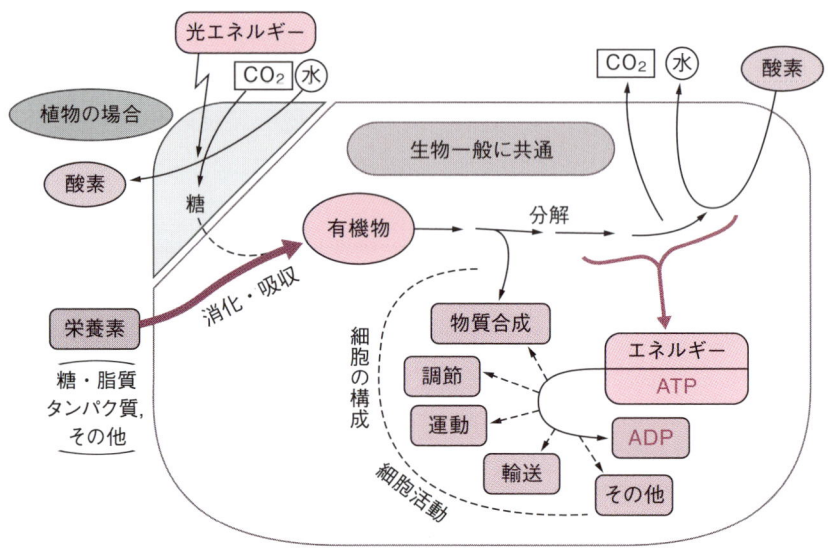

図1・11　代謝の概要

 1. 物質が水に溶けているところに電気を通すと，電気が通る場合と通らない場合があるのはなぜか．塩化ナトリウム（食塩）とグルコース（ブドウ糖）を例に考えてみよう．
2. 有機物とは生物と関連して存在するが，石油に含まれる多くの化学物質も有機物なのに，とくに生命と関係ない地中の深いところにある．このことはどう考えたらよいか．
3. 1gのアルミニウムと5gの鉛では，どちらがどれだけ分子（原子）数が多いか．表紙見返しの周期表から考えなさい．
4. 真核生物と原核生物はそれぞれどのような特徴をもつか．アルコール発酵をする酵母と藻のように見えるユレ藻（ランソウの一種）はどちらに分類されるか．

2 糖質

　糖質は，炭素，酸素，水素をもつ単糖を基本とする．単糖は炭素数 5 と 6 のものが中心で，エネルギー源として重要な物質である．単糖が数個，あるいは多数重合してそれぞれオリゴ糖や多糖ができるが，そのあるものは細胞構成成分となり，またあるものはエネルギー貯蔵物質となる．糖に他の置換基や分子が結合した誘導糖質や複合糖質が多数知られているが，それらは細胞構成成分になったり，細胞の表面の糖鎖情報として機能する．

2・1　糖質の化学

2・1・1　糖質とは

　炭素を 3〜9 個もち，複数の水酸基（-OH）に加え，**カルボニル基**（C=O）を炭素鎖の末端に**アルデヒド基**（-CHO）の形でもつか，あるいは中間に**ケトン基**（>C=O）の形でもつ分子を糖質（Saccharide），あるいは糖（Sugar）という．糖はそれ以上加水分解できない**単糖**と少数の単糖が結合した**オリゴ糖（少糖）**，多数結合した**多糖**に分類されるが，このほか，糖に糖以外の分子が結合した**複合糖質**も多数存在する．糖には化学結合にあずかる炭素が複数あり，多様な結合様式や重合構造をもつ．アルデヒド基あるいはケトン基側の末端の炭素を 1 位として炭素に番号をつけるが，1 位炭素にアルデヒド基をもつものを**アルドース**，2 位炭素にケトン基をもつものを**ケトース**という．単糖のアルデヒド基やケトン基は反応性に富み，一価鉄イオンや二価銅イオンを還元する還元力を示す（注：1 位のカルボニル基は酸化されてカルボン酸となる）．

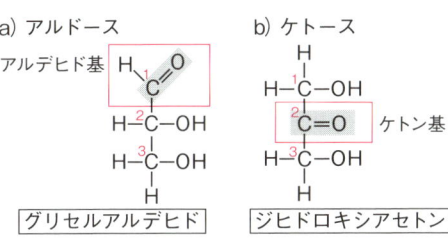

図 2・1　アルドースとケトース
アミかけはカルボニル基を示す．アルデヒド基の炭素を 1 番（ケトン基の炭素を 2 番）として番号がつけられる．

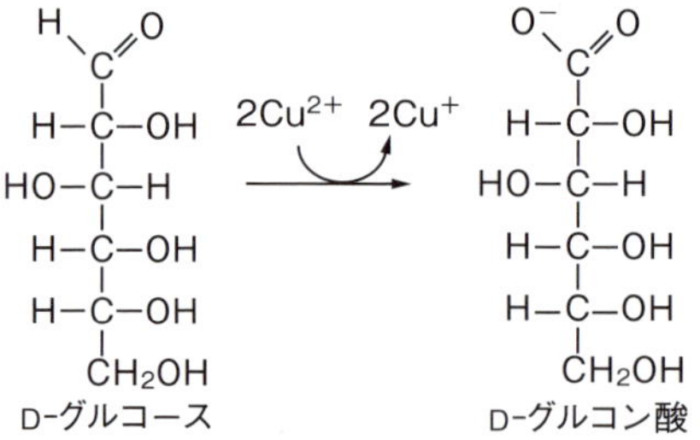

D-グルコース + 2Cu²⁺ → D-グルコン酸 + 2Cu⁺

図2·2 糖の還元能
二価銅を還元し,自身は酸化型となる.

2·1·2 異性体

糖の各炭素に結合する原子（団）の向きが複数あるため，糖には多くの**異性体**（＝分子式が同じで立体構造の異なる化合物）が存在し，次のようなものが知られている．

a．D, L 異性体：三炭糖のグリセルアルデヒドは 2 位炭素の水酸基が右側にある場合と左側にある場合があり，両者は鏡像関係にある．2 位の炭素のように，すべて別の原子団をもつ炭素を**不斉炭素**という（注：不斉とは無対称のこと）．アルデヒド基（あるいはカルボニル基）から最も遠い不斉炭素に付く水酸基がフィッシャー式（2·1·3）で右にあるものを D 型（ギリシャ語の右 dextro），左にあるものを L 型（左 levo）とする．天然の糖の大部分は D 型である．両者には光学活性があり，**旋光性**（☞光学活性．分子が光を屈折させる現象）が異なる．

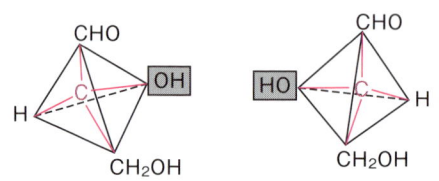

図2·3 糖の D, L 異性体
三角錐の中にある C が不斉炭素．

解説　**光学異性体**
　光学活性を示す D 型，L 型に分けられる異性体を**光学異性体**といい，右旋性を（＋），左旋性を（−）で表す（旋光の程度は分子により異なる）．両者が等量混合した状態（DL と表記する）の物質**ラセミ体**は旋光性を示さない．

b. エピマー：不斉炭素に付く -H と -OH が逆の異性体を**エピマー**という．六炭糖のグルコースでは 2～5 位の炭素が関与する（注：5 位のエピマーは D, L 異性体）．エピマーは異なる物質で，名称も変わる（例：D-グルコースの 2-エピマーは D-マンノース，4-エピマーは D-ガラクトース）．

c. アノマー：糖が環状構造をとると 1 位（アルドヘキソースの場合．ケトヘキソースでは 2 位）の炭素が不斉となり，糖は二つの構造をとりうるが，これら異性体を**アノマー**，その炭素をアノマー炭素という．フィッシャー式で表した場合，アノマー炭素に付く OH が酸素と同じ側にあるものを α，反対側にあるものを β とする．ハワースの式（2・1・3）では，OH 基の位置がそこから最も遠い不斉炭素（グルコースの場合は 5 位の炭素）に付く置換基と反対側にある場合を α とする．α と β は置換しうる．アノマー炭素に付く**アノマー性 OH 基**（**グリコシド水酸基**ともいう）は反応性が高い．

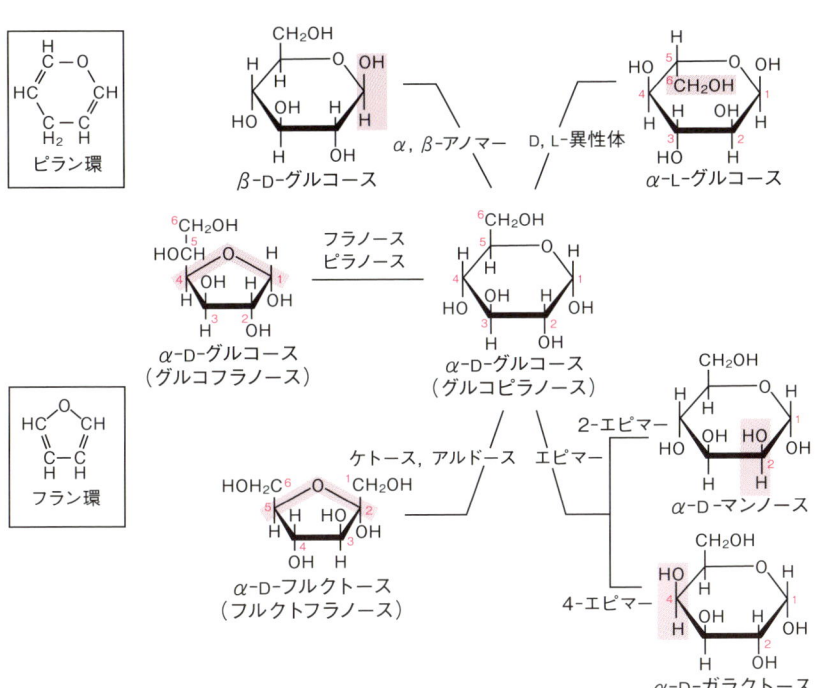

図 2・4　グルコースを例にとった異性体の構造の表示
　　アミかけ部分が元と比べて変化した部分．

2·1·3 単糖の環状構造

炭素を5個以上もつ単糖は水溶液中では環状構造をとる．これはアルデヒドやケトンが-OHと反応し，それぞれが**ヘミアセタール**，**ヘミケタール**という構造をつくるためである．六炭糖の場合は5位の炭素と結びついて6員環(**ピラノース環**)となる．ただ一部は4位の炭素との間で5員環(**フラノース環**)構造もとる．リボースなどの五炭糖は4位の炭素との間でフラノース構造をとる．六炭糖ケトースであるフルクトースも主にフラノース構造をとる．糖の環状構造はいろいろな方法で表現される．線状構造に似せて表現する方法:**フィッシャーの式**(投影式ともいう)や少し立体的に表現した方法:**ハースの式**のほか，より立体的な方法として**リーベスの式**(イス型や船型で示す)がある．一般的にはハースの式を用いる．

2·1·4 単糖の命名と表示法

単糖の場合，まず名称の頭にαアノマーかβアノマーかを表記し，次にD型かL型かの光学異性を表示する．本書ではとくに断らない限りD型を示す．環状構造を示す場合はピラノースかフラノースかを記す．通常のグルコースが溶液中でピラノース環になっている場合，正確にはα-D-グルコピラノースと表記される．通常のフルクトースはα-D-フルクトフラノースとなる．ただ表記が煩雑であり，またフラノースとピラノース，そしてαとβは溶液中で変換しうるので，これらは省略されることが多い．

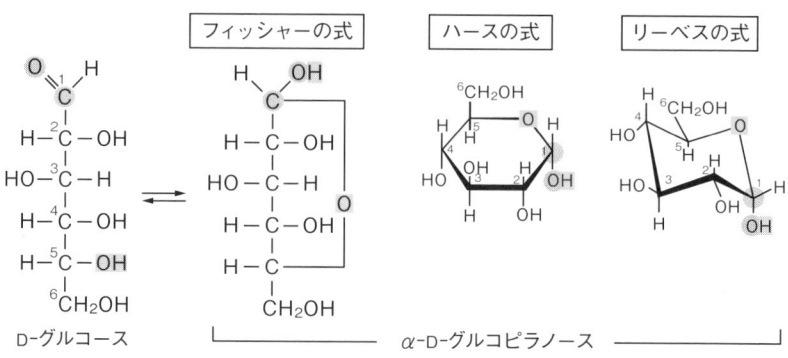

図2·5 糖の環状構造とその表示法

2・2 単 糖

2・2・1 基本糖：単糖

単糖は糖の基本となり，それ以上加水分解されない．単糖は炭素数によって分類されるが，最も簡単なものは**三炭糖**で，グリセルアルデヒドなど糖代謝の途中に出現する(7章)．**四炭糖**(例：エリトロース)，**五炭糖**(**ペントース**)，**六炭糖**(**ヘキソース**)とさらに炭素数の多いものがあるが，生物学で重要なものは五炭糖と六炭糖である．五炭糖アルドースで重要なものは**リボース**で，ヌクレオチドの成分となる．このほかにもアラビノース（アラビアゴムの単位）やキシロース（ワラなど植物多糖の単位）などがある．ケトースとして

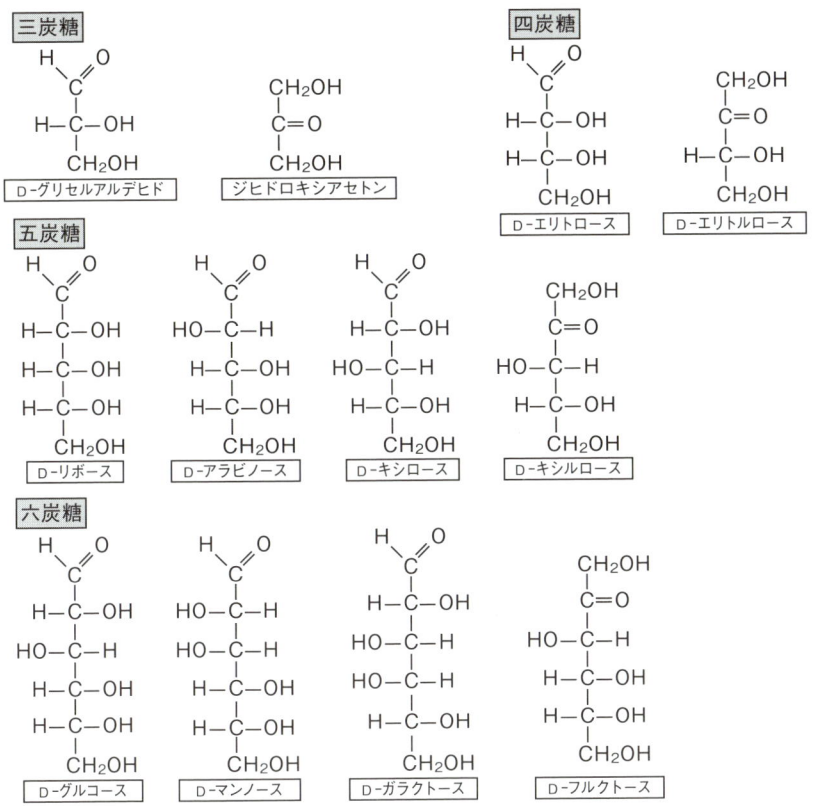

図2・6　単糖の構造

は，リブロースやキシルロースがある．六炭糖アルドースとしては，エネルギー源の中心となる**グルコース（ブドウ糖）**のほか，マンノース（コンニャク多糖の単位）やガラクトース（乳糖の一成分）があり，ケトースとしては**フルクトース（果糖）**が重要である．

2・2・2 単糖の誘導体

化学修飾のない**単純糖質**以外にも，さまざまな糖誘導体が存在する．

a．アミノ糖：2位の炭素にアミノ基が結合したもので（例：**グルコサミン**），ガラクトサミンの窒素にアセチル基のついた **N-アセチルガラクトサミン**は複合糖質の成分として重要である．アミノ糖の1位が酸になった**ノイラミン酸（シアル酸）**や3位に乳酸が結合した**ムラミン酸**の N-アセチル（N-グリコシル）誘導体はそれぞれ動物組織や細菌細胞壁に見られる．

b．酸化誘導体：ウロン酸とアルドン酸：ウロン酸は6位の炭素が酸化されて酸になったもので，動物の結合組織に見られる**グルクロン酸**などがある．1位の炭素が酸化されると**アルドン酸**となる（例：**グルコン酸**）．

c．還元誘導体1：糖アルコール：1位炭素の還元で生じる．天然にはマンノースやグルコースの誘導体であるマンニトール，グルシトール，**キシリトール**がある．

d．還元誘導体2：デオキシ糖：OHの一つが還元されてHとなったもの．主要なものとして **2-デオキシリボース**（＝ DNA の成分），L-フコース（海藻などに存在）や L-ラムノース（植物配糖体として存在）などがある．

解説　糖の表記における略号

単糖類は3文字の略号で表すことができる（例：グルコース [Glc]，ガラクトース [Gal]，フルクトース [Fru]）．誘導体も GlcNAc（N-アセチルグルコサミン）のように表わされ，ガラクトースとグルコースが β 1-4 結合で連結するラクトースは Gal β 1 → 4Glc と表される．

2・2・3 アルコール類

脂肪族炭化水素（3章）の水素が水酸基(-OH)で置換されたものを**アルコール**といい，**エタノール（エチルアルコール：酒精）**，ブタノール（ブチルアルコー

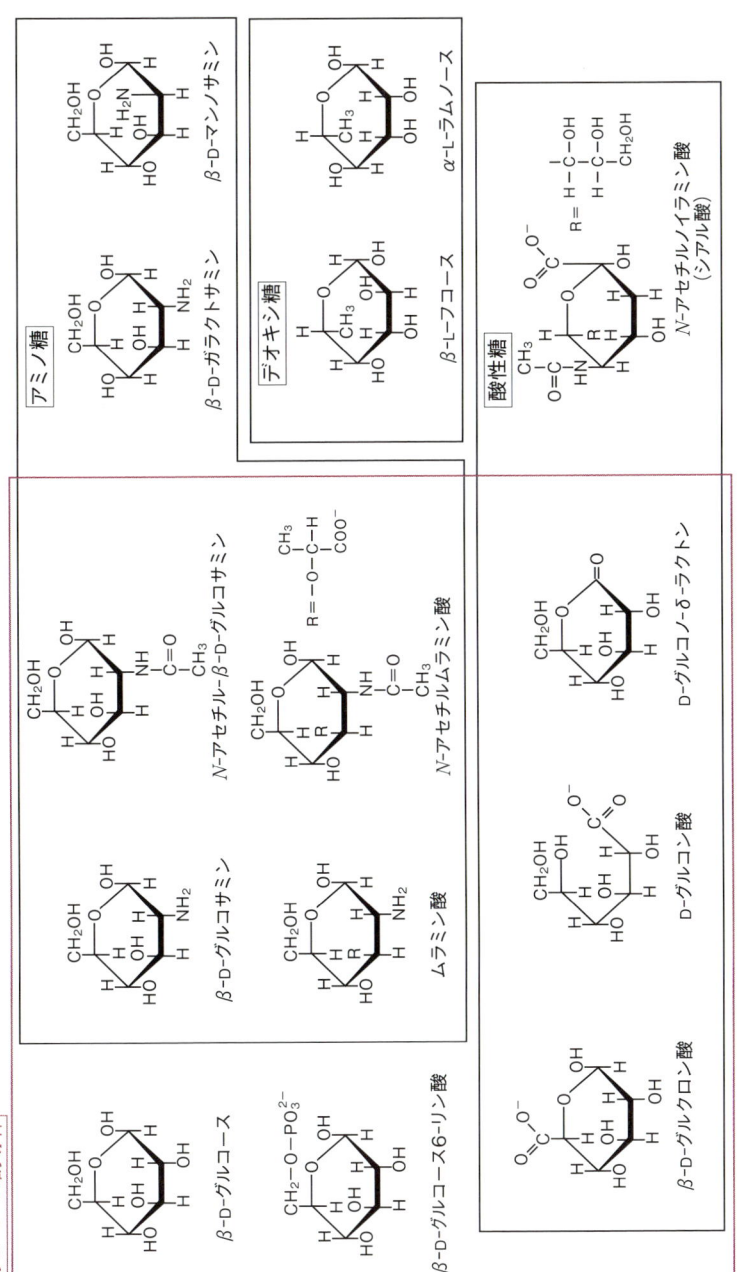

図 2·7 六炭糖の誘導体
注) デオキシ糖は天然では L 型異性体として存在する．

ル），グリセロールなどがある．炭素鎖の長さが短いと水溶性だが，長くなるに従い水不溶性となる（注：炭素数 12 以上／以下を高級アルコール／低級アルコールという）．エタノールやグリセロールなど，アルコール類は糖の代謝過程でつくられるため（7 章），広い意味で糖に分類される．

2・3 オリゴ糖

2 個以上（10 個程度まで）の単糖がグリコシド結合で連結したものを**オリゴ糖（少糖）**といい，重合数により**二糖類**，三糖類などに分類できるが，重要なものは二糖類で，グルコース，ガラクトース，フルクトースなどの単糖が成分となる．二糖類は植物に多くみられ，一般に強い甘味を示す．

二糖類では，グリコシド水酸基が非グリコシド水酸基と結合する場合と，グリコシド水酸基に結合する場合の 2 通りがある．前者は 2 番目の糖が還元性を保持する**還元性二糖**で，後者は**非還元性二糖**である．還元性二糖には**マルトース**［**麦芽糖**：水飴の糖分］（Glc α1 → 4Glc），イソマルトース（Glc α1 → 6Glc），**ラクトース**［**乳糖**］（Gal β1 → 4Glc），セロビオース（Glc β1 →

解説	**グリコシド／配糖体**

アノマー性 OH 基と他の分子の OH 基や NH_2 基との間で脱水縮合したものを**グリコシド**（**配糖体**）といい，結合様式を**グリコシド結合**という．

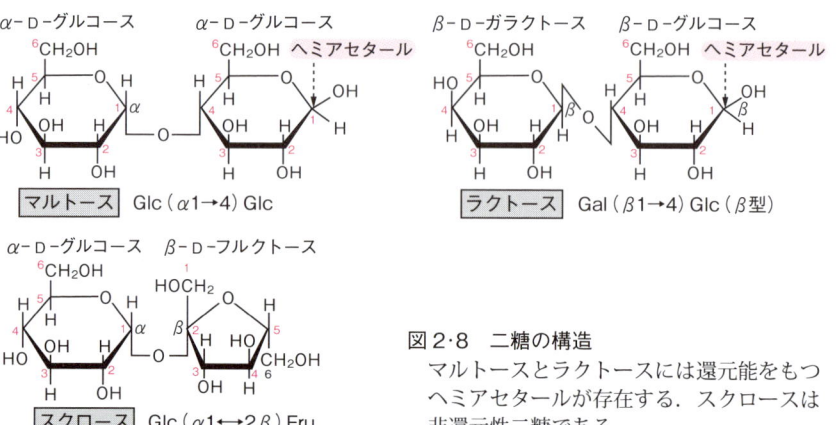

図 2・8 二糖の構造
マルトースとラクトースには還元能をもつヘミアセタールが存在する．スクロースは非還元性二糖である．

> **Column**
> **冷えた果物がおいしい理由**
> 　フルクトースは最も甘い糖の一つで，グルコースと比べると2倍甘く，スクロースよりも甘い．このため食品業ではスクロースを加水分解した**転化糖**が利用される．フルクトースを主成分とするハチミツは，熱すると甘味が減る．これは低温では甘味を強く感ずるピラノース型になっているフルクトースが，高温では甘味を弱くしか感じないフラノース型に変化するためである．清涼飲料水用の甘味料として使われるコーンシロップにもフルクトースが含まれる．当然，果物も冷やした方が美味しく食べられる．

Glc）などがあり，非還元性二糖にはグルコースとフルクトースが結合した**スクロース（ショ糖．砂糖のこと）**がある．マルトース，ラクトース，スクロースを加水分解するグリコシダーゼとして，それぞれマルターゼ，ラクターゼ（β-ガラクトシダーゼ），スクラーゼ（インベルターゼ）がある．

2・4 多　糖

　多糖は，同一の単糖（その誘導体も含む）が多数重合した**単純多糖（ホモ多糖）**と，2種類以上の単糖が重合した**複合多糖（ヘテロ多糖）**に大別される（注：ここに分類したものは，糖以外のものを含まない）．

2・4・1 単純多糖

＜貯蔵多糖＞

　a．デンプン：グルコースの重合体である**アミロース**と**アミロペクチン**の混合物で，植物のグルコース貯蔵多糖（☞イモやコメの主成分）となる．アミロースはα1-4結合をもち，アミロペクチンはそれに加えてα1-6結合という分岐をもつ．ヨウ素と反応して紫色を呈する（**ヨウ素デンプン反応**）．
　b．グリコーゲン：グリコゲンともいう．アミロペクチンに似た，グルコー

解　説	**デンプンの消化**
	デンプンは小腸でアミラーゼによってマルトースに，さらにマルターゼによって2分子のグルコースに加水分解される．

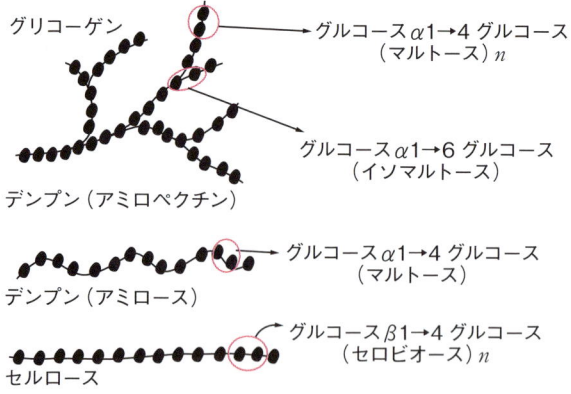

図2·9 ホモ多糖

スが分岐しながら重合した動物の貯蔵多糖で，肝臓や筋肉に多い．ヨウ素で赤褐色を呈する．

解説　グリコーゲンやデンプンの生合成

　グリコーゲンの場合は，まずグルコースにリン酸がついたグルコース1-リン酸ができ，それがUTP（ウリジン三リン酸）と反応してウリジン二リン酸グルコース（UDP-グルコース）となり，このエネルギー状態の高い分子が酵素の働きで重合してグリコーゲンができる（7·2）．デンプン生合成の場合には，主にADP-グルコースが用いられる（11·4·2）．

c．デキストラン：グルコースの α1-6 結合重合体で，細菌や酵母にある．

＜構造多糖＞

a．セルロース：グルコースが β1-4 結合で重合した直鎖状分子で，植物細胞壁を構成し，各繊維は架橋されて丈夫になっている．水不溶性．動物はセルロース加水分解酵素をもたないが，草食動物は腸内に分解酵素をもつ細菌を保持しているため，草を栄養にすることができる．

b．キチン：N-アセチルグルコサミンが β1-4 結合で連なった直線状のホモ多糖で，節足動物（カニ，カブトムシなど）の殻の成分となる．

2·4·2　ヘテロ多糖

a．グリコサミノグリカン（旧名：**酸性ムコ多糖**）：動物細胞の細胞外マ

表 2·1　主なグリコサミノグリカン（酸性ムコ多糖）

グリコサミノグリカン	主な構成成分	分　布
ヒアルロン酸	[グルクロン酸- 　　　N-アセチルグルコサミン]$_n$	皮膚，関節液，水晶体
コンドロイチン	[グルクロン酸- 　　　N-アセチルガラクトサミン]$_n$	角膜
コンドロイチン 4-硫酸	[グルクロン酸- 　　　N-アセチルガラクトサミン 4-硫酸]$_n$	軟骨
ヘパリン	[グルクロン酸， 　　または，L-イズロン酸 2-硫酸- 　　　{N-アセチルグルコサミン，または， 　　　　N-スルホグルコサミン 6-硫酸}]$_n$	肝臓，小腸
ヘパラン硫酸	[グルクロン酸， 　　または，L-イズロン酸 2-硫酸- 　　　{N-アセチルグルコサミン，または， 　　　　N-スルホグルコサミン 6-硫酸}]$_n$	腎臓，肺，肝臓などの細胞膜

[　]内は二糖の繰り返し単位を示す．

トリックス（基質）は多くの繊維状タンパク質がヘテロ多糖と複雑に結合しているが，このヘテロ多糖が二糖を単位として多数重合したものを**グリコサミノグリカン**という．成分となる糖の一つは ***N*-アセチルグルコサミン**（あるいは ***N*-アセチルガラクトサミン**）で，他の一つはグルクロン酸などのウロン酸である．**ヒアルロン酸**はレンズや関節，**コンドロイチン硫酸**は軟骨などといった特徴的分布を示す．**ヘパリン**には血液凝固阻止作用がある．

b．その他のヘテロ多糖：細菌の細胞壁は *N*-アセチルグルコサミンと *N*-アセチルムラミン酸の β 1-4 結合で交互に連結したものが短いペプチドで架橋（橋渡し結合）する丈夫な構造をもつ．卵白に含まれる酵素**リゾチーム**はこの結合を切断する．海藻の細胞壁にある寒天は**アガロース**とアガロペクチンという 2 種類の多糖の混合物だが，アガロースは D-ガラクトースと L-アンヒドロガラクトース硫化物誘導体が交互に連結したものである．

2·5　複合糖質

特定の構造をもつ多糖やオリゴ糖がタンパク質や脂質と結合したものを**複合糖質**といい，生物活性を発揮するものが多数存在する．複合糖質の糖部分をとくに**糖鎖**という．

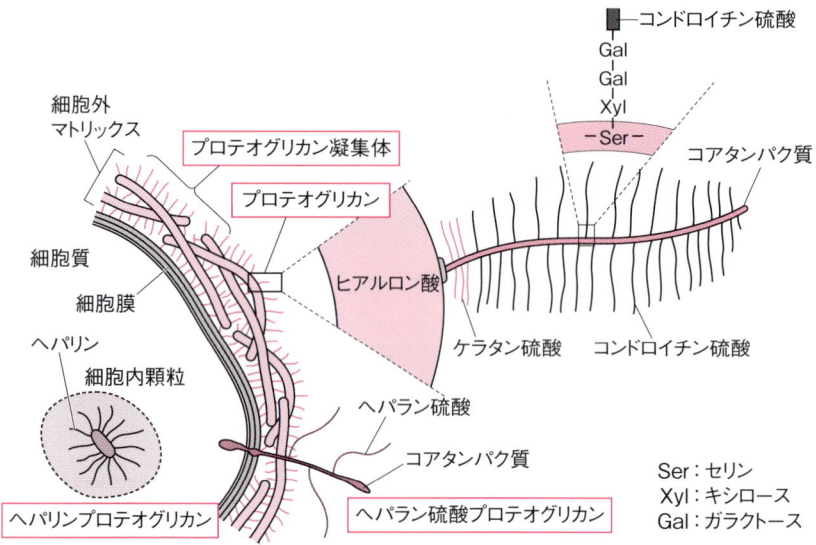

図2·10　プロテオグリカンの構造模式図

2·5·1　プロテオグリカン

タンパク質に1～数十個の糖鎖が結合した高分子．糖鎖は上述（2·4·2a）した**グリコサミノグリカン**で（注：ただしヒアルロン酸は含まない），これがコアタンパク質のセリン残基に結合している．膜タンパク質や分泌タンパク質に存在する高分子で，分子量の大部分を糖鎖が占める．細胞外マトリックスにあるプロテオグリカンは，コアタンパク質が芯になる別のグリコサミノグリカン（ヒアルロン酸など）と結合して巨大なプロテオグリカン集合体を形成するが，ここに繊維状の細胞外マトリックスタンパク質が絡みついてマトリックスを丈夫にしている．

2·5·2　糖タンパク質

タンパク質に枝分かれ構造をもつオリゴ糖（単糖数30個未満）が結合したものの総称（注：この点がプロテオグリカンと異なる）．一つのタンパク質に複数の糖鎖が付く場合が多い．糖鎖の結合様式の一つは**N-グリコシド型**（あるいは**アスパラギン型**，**血清型**）で，血清中の多くのタンパク質（例：

免疫グロブリン，黄体形成ホルモン）や，乳腺や肝臓などに由来する分泌タンパク質がこの型である．糖鎖はアスパラギンに N-グリコシド結合している．他の一つは **O-グリコシド型**で，唾液などの粘液中の粘性物質ムチンに結合しているので**ムチン型**ともいい，糖鎖が N-アセチルグルコサミンを介する O-グリコシド結合でセリンやトレオニンに結合している．

2・5・3 糖 脂 質

オリゴ糖鎖をもつ脂質を糖脂質という．このうち，**ガングリオシド**は真核細胞に見られ，**リポ多糖**は大腸菌やサルモネラ菌などのグラム陰性細菌の細胞壁の外膜の構成成分となっている．

> **Column**
>
> **糖鎖情報**
>
> 糖タンパク質の糖鎖に結合するタンパク質を一般に**レクチン**という．もし4種類の単糖が六量体となるならば，糖鎖は約 1×10^{15} 通りの構造をとり，それぞれが独自の構造をもつため，レクチンと糖鎖の結合はきわめて特異的なものとなる．生物体内ではレクチンによる糖鎖認識を通じて特定部位へのタンパク質移送，細胞同士の相互作用，細胞外からのシグナル受容といった現象が見られる．すなわち，糖タンパク質中のオリゴ糖には生物学的情報，いわゆる**糖鎖情報**（**シュガーコード**）が含まれている（注：糖鎖情報は遺伝子によって直接には指定されていない）．

演習

1. 玄米（酵素を含む胚芽の付いている米）を水でふやかしてから温めると水飴になる．水飴の成分はマルトースだが，水飴ができるときにはどのような生化学的反応が起こったか．
2. デンプンやグリコーゲン，セルロースはいずれもグルコースが重合した多糖類であるが，見た目や状態がそれぞれ異なるのはどうしてか．
3. エチルアルコールは油にも溶けるが，脂質ではなく糖に分類されるのは，どのような理由からか．

3 脂質と細胞膜

　有機溶媒に溶ける性質をもつものを脂質という．脂質にはさまざまなものがあり，その構造も単純な脂肪酸から，それがアルコール類とエステル結合した脂肪，環状構造をもつステロイド，そして脂肪以外のものと結合した複合脂質や結合脂質などと多様である．脂肪は効率のよいエネルギーとなるほか細胞構造の成分となったり，ホルモン様作用を発揮したりする．細胞膜の主成分も脂質で，流動性のある二重膜構造を形成する．

3・1 脂質とは

　生物に利用される物質のうち水に溶け難く有機溶媒に溶けやすいものを**脂質**（Lipid）といい，構造が多様で種類も多い．脂質は糖より効率的なエネルギー源となり，また生理活性をもったり，細胞膜成分にもなる．

3・2 脂肪酸

3・2・1 脂肪酸の種類と構造

　炭化水素の鎖（**アルキル基** $[-(CH_2)_n-CH_3]$．例：エチル基 $[n=1]$）に酸の性質を示すカルボキシ基のついたもので，炭素長が 2～4，5～10，11 以上をそれぞれ**短鎖脂肪酸**，**中鎖脂肪酸**，**長鎖脂肪酸**（高級脂肪酸）という．

表3・1　脂質の役割

役　割	脂質の種類
貯蔵エネルギー	中性脂肪
生体膜成分	リン脂質，コレステロール，糖脂質
脂質の消化促進	胆汁酸
脂質運搬体	リポタンパク質
生体機能調節	プロスタグランジン，ロイコトリエン，イノシトールリン脂質
ホルモン，ビタミン	ビタミンA，E，D，K，ステロイドホルモン

3・2 脂肪酸

生体内には遊離（そのままの状態の）脂肪酸は少なく，中性脂肪などのエステル（エステル結合 [-O-] をもつ）として存在する（3・3）．多くの脂肪酸の炭素数は偶数で（例：炭素数が 16 や 18），炭素数が増えるに従って固体の性質が強くなる．脂肪酸の炭化水素部分は脂溶性，カルボキシ基は親水性を示すが（注：両方に溶媒に溶ける性質を**両親媒性**という），この性質／性質をもつ基を，それぞれ**非極性**／非極性基，**極性**／極性基という．

|解説| **脂肪酸には界面活性がある**
極性基と非極性基をもつ脂肪酸は，水と油を混ぜあわせる**界面活性**という性質（水と油の境界面を消す性質）を示す．非極性基の集団が油滴を包み，油を水に分散させる（**乳化**）（コラム図参照）．

3・2・2 飽和脂肪酸と不飽和脂肪酸

アシル基（RCO- [R はアルキル基などの任意の原子団]．例：アセチル基）の炭素骨格に二重結合をもつものを**不飽和脂肪酸**，炭素のすべてに水素が結合したものを**飽和脂肪酸**という．隣接する炭素に結合する炭素（原子団）の向きが同じものを**シス**（分子が大きく屈曲する），反対のものを**トランス**（ジグザグした伸びた構造をとる）というが，飽和脂肪酸はトランス構造をもつのに対し，不飽和脂肪酸の多くは二重結合に関して安定なシス構造をとる（人為的に合成するとトランス型もできる）．不飽和度が大きくになるに従い融

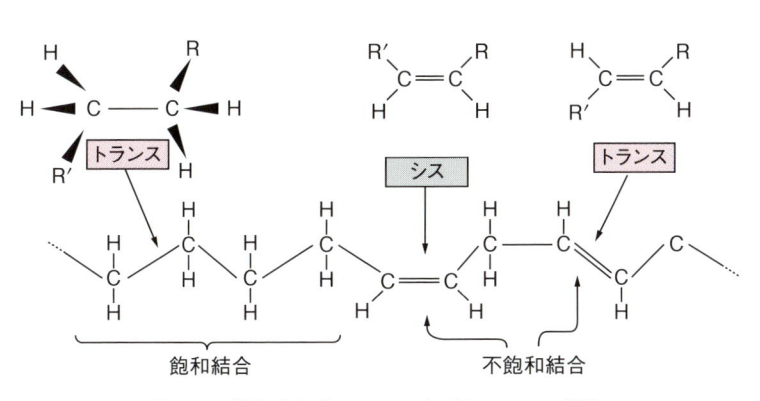

図 3・1　炭化水素鎖のシスおよびトランスの構造

表3·2 主な脂肪酸

脂肪酸名	炭素数	分子式	二重結合の数と位置*	融点(℃)
飽和脂肪酸				
ギ酸	1	HCOOH		8.4
酢酸	2	CH_3COOH		16.7
プロピオン酸	3	C_2H_5COOH		-21.0
酪酸	4	C_3H_7COOH		-7.9
吉草酸	5	C_4H_9COOH		-34.5
カプロン酸	6	$C_5H_{11}COOH$		-3.0
カプリル酸	8	$C_7H_{15}COOH$		16.7
カプリン酸	10	$C_9H_{19}COOH$		31.4
ラウリン酸	12	$C_{11}H_{23}COOH$		44.0
ミリスチン酸	14	$C_{13}H_{27}COOH$		54.0
パルミチン酸	16	$C_{15}H_{31}COOH$		63.0
ステアリン酸	18	$C_{17}H_{35}COOH$		69.6
アラキジン酸	20	$C_{19}H_{39}COOH$		75.5
不飽和脂肪酸				
パルミトレイン酸	16	$C_{15}H_{29}COOH$	1(9)	5.0
オレイン酸	18	$C_{17}H_{33}COOH$	1(9)	13.4
リノール酸	18	$C_{17}H_{31}COOH$	2(9, 12)	5.0
α-リノレン酸	18	$C_{17}H_{29}COOH$	3(9, 12, 15)	-11.0
γ-リノレン酸	18	$C_{17}H_{29}COOH$	3(6, 9, 12)	-26.0
アラキドン酸	20	$C_{19}H_{31}COOH$	4(5, 8, 11, 14)	-49.5
EPA(イコサペンタエン酸)	20	$C_{19}H_{29}COOH$	5(5, 8, 11, 14, 17)	-54.0
DPA(ドコサペンタエン酸)	22	$C_{21}H_{33}COOH$	5(7, 10, 13, 16, 19)	-78.0
DHA(ドコサヘキサエン酸)	22	$C_{21}H_{31}COOH$	6(4, 7, 10, 13, 16, 19)	-44.0

*カルボキシ基の炭素を1として番号をつける

点が下がり，液体となる（注：サラダ油は不飽和脂肪酸を多く含む）．

　不飽和脂肪酸は脂肪の流動性維持や分子形保持のため，生物にとって必要なものであるが，哺乳動物は不飽和度の高い脂肪酸（例：リノール酸［二重結合2個］，リノレイン酸［二重結合3個］，アラキドン酸［二重結合4個］）を合成できず（もしくは合成量が乏しく），栄養として摂取する必要のある**必須脂肪酸**となっている．

3·2·3 エイコサノイド

炭素が20個の不飽和脂肪酸から誘導される生理活性をもつ脂質を**エイコサノイド**という．中央に環状構造をもつシクロオキシゲナーゼ系（例：**プロスタグランジン類，トロンボキサン類**など）と，もたないリポキシゲナーゼ系（例：**ロイコトリエン類**）に分けられるが，いずれも少数の酸素や水酸基をもつ．5員環をもつプロスタグランジン（PG）類（はじめ前立腺［prostate gland］から発見された）はPGA，PGEなど種類が多く，子宮収縮／弛緩，血管拡張／収縮，気管拡張／収縮などの生理作用をもつ．

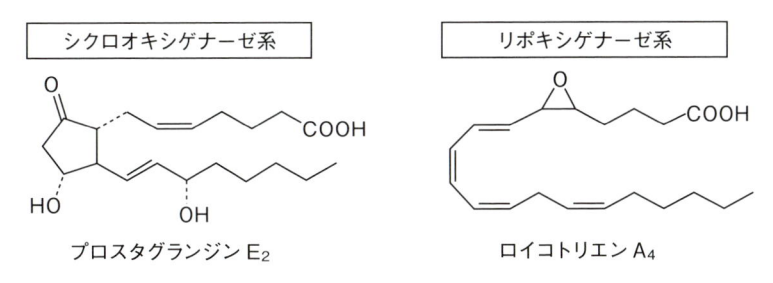

プロスタグランジン E_2　　ロイコトリエン A_4

図3·2　エイコサノイド

Column

トランス脂肪酸と健康

トランス脂肪酸は悪玉コレステロールを増加させ，善玉コレステロール（P.108コラム参照）を減少させるといわれており，食品中含有率を下げる努力がなされている．天然にはトランス脂肪酸は少ない．牛の第一胃では微生物によりトランス体が生成する．マーガリンやショートニングのような固化油脂をつくるときにも（3·3），副産物としてトランス体ができる．

3·3　単純脂質

グリセロールの水酸基の脂肪酸エステルを**中性脂肪**といい，グリセロールにアシル基が結合した構造をもつ．生体内に見られる中性脂肪の大部分は水酸基がすべて置換された**トリアシルグリセロール（トリグリセリド）**であるが，2個（ジグリセリド）や1個（モノグリセリド）のみ置換されたものもわずかに見られる．トリアシルグリセロールは主要なエネルギー貯蔵物質で，

動物では脂肪組織の脂肪細胞，植物では種子に多く含まれる．膵臓の消化酵素**リパーゼ**は，脂肪酸とグリセロールの結合を切断する．

　一般に常温で液体のものを**油**（Oil），固体のものを**脂**（Fat），あわせて**油脂**とよぶ．植物は不飽和度の高い脂肪酸を多く含むため，液体のものが多い．植物性不飽和脂肪酸を水素で還元すると飽和脂肪酸に変わり，固化してマーガリンができる．

　脂肪族の第一級高級アルコール（多数の炭素を含むアルコール．例：炭素数 14, 16）と長鎖脂肪酸のエステルを**ロウ**といい，植物や昆虫などの外皮にあり，乾燥や湿潤から組織を守っている．

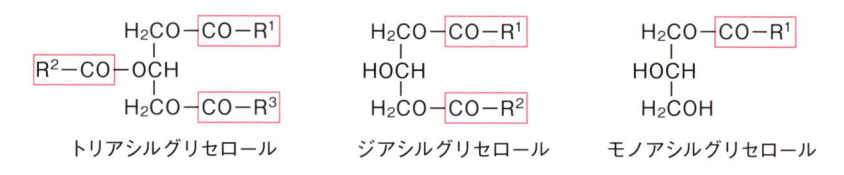

$$
\begin{array}{ccc}
\text{H}_2\text{CO}-\text{CO}-\text{R}^1 & \text{H}_2\text{CO}-\text{CO}-\text{R}^1 & \text{H}_2\text{CO}-\text{CO}-\text{R}^1 \\
\text{R}^2-\text{CO}-\text{OCH} & \text{HOCH} & \text{HOCH} \\
\text{H}_2\text{CO}-\text{CO}-\text{R}^3 & \text{H}_2\text{CO}-\text{CO}-\text{R}^2 & \text{H}_2\text{COH} \\
\text{トリアシルグリセロール} & \text{ジアシルグリセロール} & \text{モノアシルグリセロール}
\end{array}
$$

図 3・3　中性脂肪の構造
　ジアシルグリセロールやモノアシルグリセロールのアシル基は任意の－OH 基とエステルとなる（本図では一例のみを示す）．

Column

石けんは油脂をけん化してつくる

　油脂をアルカリ性にして塩化ナトリウムを加えると（油に苛性ソーダと食塩を加える），中性脂肪が分解してグリセロールと不溶性の脂肪酸ナトリウム塩，いわゆる**石けん**（石鹸）となるが，この現象を**けん化**という．石けんは水に溶けて負に荷電した脂肪酸となり，油を水に分散させる界面活性を発揮する．汚れ（油が含まれている）が落ちるのも同様の原理．

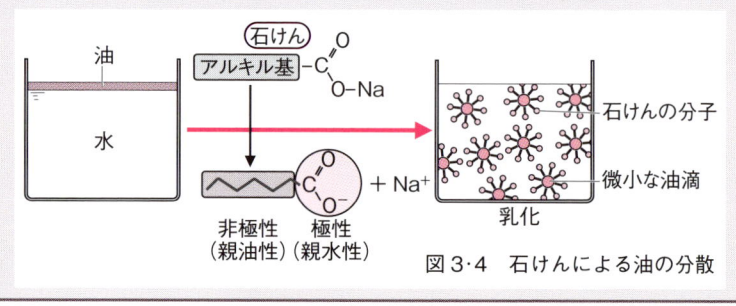

図 3・4　石けんによる油の分散

3・4 複合脂質

3・4・1 リン脂質

リン酸をもつ脂質で，グリセロリン脂質とスフィンゴリン脂質がある．

a．グリセロリン脂質：グリセロールの1位と2位に脂肪酸が結合し（注：1位は飽和脂肪酸，2位は不飽和脂肪酸），3位にリン酸がエステル結合したものを**ホスファチジン酸**という．このホスファチジン酸のリン酸基部分に種々の分子がエステル結合したものを**リン脂質**といい，糖脂質やコレステロールとともに**細胞膜**の成分となる．脂肪酸部分は非極性，リン酸基誘導体部分は極性を示す．リン脂質のうち主要なものは置換基がコリンである**ホスファチジルコリン（レシチン）**で，神経組織，血清などにとくに多い．この他にホスファチジルエタノールアミン，ホスファチジルセリン，ホスファチジルイノシトールなどがある．ホスファチジルグリセロールが2個連結した**カルジオリピン（ジホスファチジルグリセロール）**は動物細胞のミトコンドリアにある．グリセロールの1位にビニルエーテル（-CH=CH-）結合した脂肪酸をもつものをプラスマローゲン類といい，神経組織中のミエリン，心臓，筋肉に多い．

b．スフィンゴリン脂質：スフィンゴシンのアミノ基に脂肪酸がアミド結合で連結したものを**セラミド**という．セラミドの末端 OH 基にいろいろな化学基が結合したものをスフィンゴ脂質というが，とくにリン酸が介在して結合するタイプのものを**スフィンゴリン脂質**といい，細胞膜の成分にもなる．コリンが結合したスフィンゴミエリンは神経組織に多い．スフィンゴリン脂質と後述（3・4・2b）の**スフィンゴ糖脂質**をあわせて**スフィンゴ脂質**という．

3・4・2 糖脂質

a．グリセロ糖脂質：ホスファチジン酸の誘導体でリン酸や塩基性基の代わりに糖を含むものを**糖脂質**という．**グリセロ糖脂質**はグリセロリン脂質のリン酸部分が糖になっている．ガラクトシルアシルグリセロールは植物に広く見られ，**スルホリピド（硫脂質**．硫黄を含む脂質で，糖の硫酸エステル）は葉緑体や精子に存在する．

図3·5 グリセロリン酸の構造

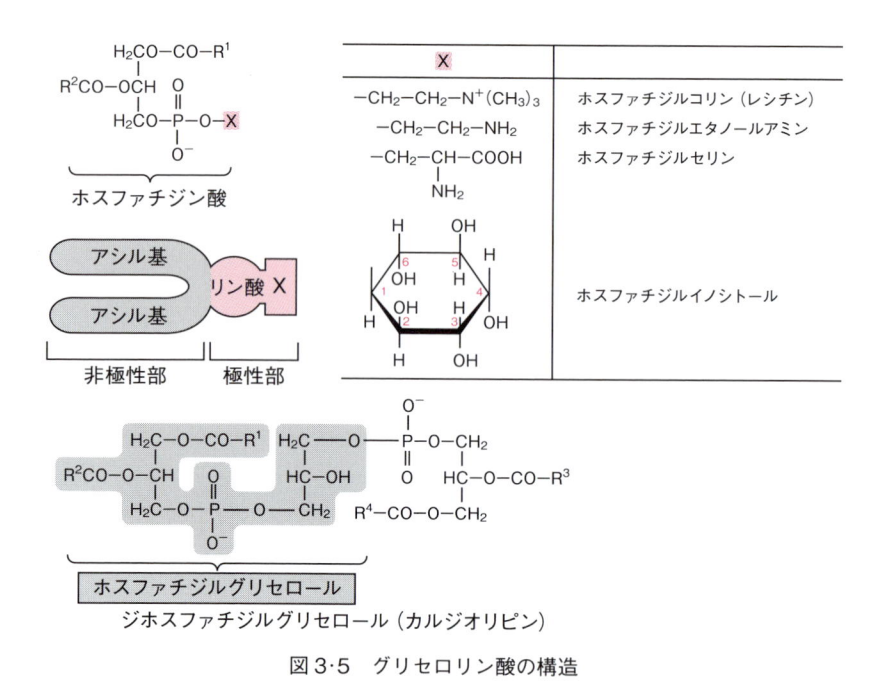

b. スフィンゴ糖脂質：セラミドと糖からなる．セラミドにグルコースやガラクトースなどの六炭糖がついた**セラミドヘキシド**のうち，糖が1個ついたものを**セレブロシド**という．ムコリピドにはセラミドヘキシドに加えてアミノ酸（=**グロボシド**）やシアル酸（=**ヘマトシド**）が結合している．グロボシドは赤血球膜にあり血液型物質となっている．アミノ酸とシアル酸の両

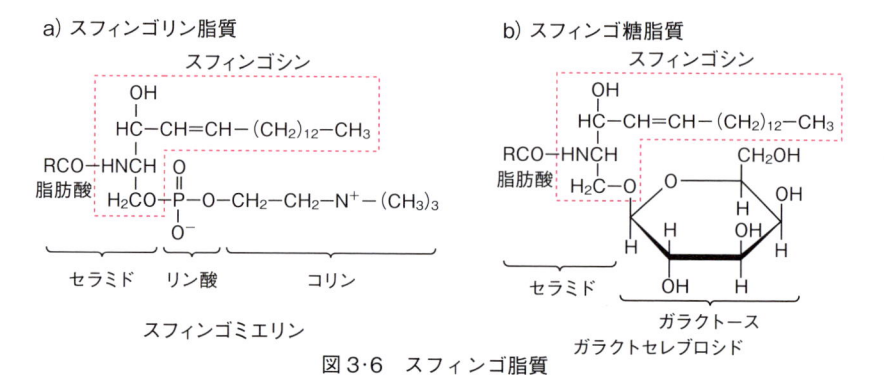

図3·6 スフィンゴ脂質

方をもつものを**ガングリオシド**といい，極性部分には先端にシアル酸（☞ *N*-アセチルノイラミン酸）をもつオリゴ糖が付いている．

3・5 その他の脂質

3・5・1 ステロイド

ステロイド核をもち，多くは炭素の 17 位に脂肪族の置換基を有する．

a．ステロール：ステロイド核の 3 位に水酸基，17 位に側鎖をもつものの総称．**コレステロール**は動物組織に大量に存在するステロールであり，血清中コレステロールの大部分は水酸基が結合したエステル型になっている．リン脂質とともに細胞膜成分の一つで，膜の安定化，弾力化にかかわる．肝臓などで合成され，他のステロイド生合成の材料になる．

b．胆汁酸：胆のうから分泌される胆汁の主成分で，複数のステロイドの混合物である．コレステロールからつくられ，グリシンやタウリンとの結合型（包合型）になっている．**コール酸**などの**一次胆汁酸**は腸内細菌により変化して**デオキシコール酸**などの**二次胆汁酸**となる．包合型胆汁酸の塩は水溶性で，十二指腸で脂肪を分散させる界面活性剤として機能する．

c．プロビタミン D：プロビタミン D_2（エルゴステロール）はキノコ類に多く，プロビタミン D_3 は動物組織に多い．紫外線によりビタミン D_2 やビタミン D_3 に変化し，タンパク質と結合し吸収される．骨代謝に関与する．

d．ステロイドホルモン：ホルモン作用を示すステロイド．(1) **副腎皮質ホルモン**には糖代謝にかかわる**グルコ（糖質）コルチコイド**（例：コルチゾール，コルチゾン）とミネラルの代謝にかかわる**ミネラル（鉱質）コルチコイド**（例：アルドステロン）がある．3 位にケト基，11 位に水酸基をもつ．(2) 男性ホルモン［**アンドロゲン**］にはテストステロンやアンドロステロンがあり，(3) 女性ホルモン［**エストロゲン**］にはエストロンやエストラジオールがあり，3 位や 17 位がケト基か水酸基になっている．(4) **黄体ホルモン**は妊娠の成立などにかかわる．

3・5・2 テルペノイド

イソプレン（$CH_2=C[CH_3]-CH=CH_2$）が複数結合したものを**テルペノイド**

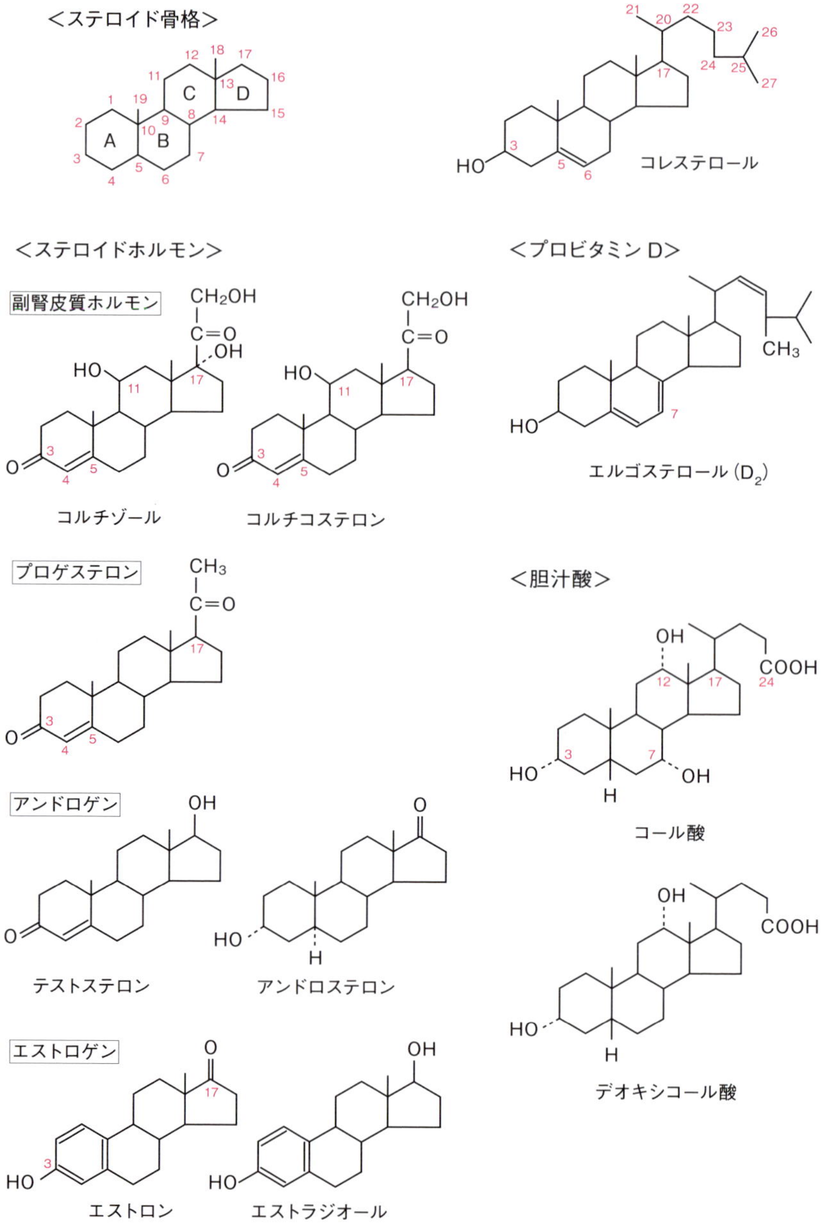

36　　3. 脂質と細胞膜

図 3·7　ステロイドの構造

A) β-カロテン

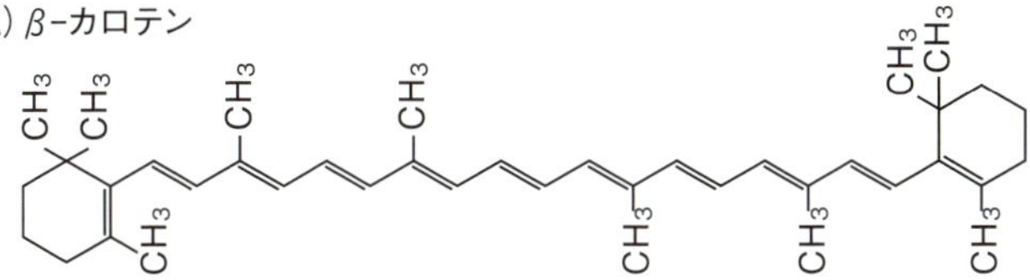

B) ビタミンA₁（レチノール）

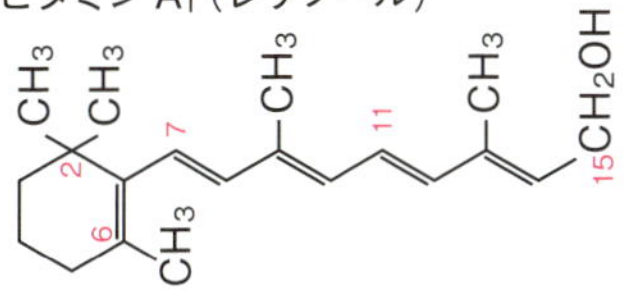

図3·8　β-カロテンとビタミンA
レチナールは末端がアルデヒド．

といい，植物の香り成分（例：メントール）にもなっている．**カロテノイド**（イソプレン4個の重合体）は有色野菜に見られる黄～赤色の物質で，**リコピン**，**カロテン**などがある．β-カロテンは動物体内で**ビタミンA（レチノール）**になり，発生にかかわるホルモン様作用や目の視覚色素として作用する．炭素数30のトリテルペン（例：肝油に含まれる**スクワレン**）は**コレステロール**の合成中間体となる．ステロイド，ビタミンK，ビタミンEもイソプレンが基本となっている．ホルモン作用をもつテルペノイドは細胞内に直接入り，遺伝子発現を誘導する（12·4）．

3·6　結合脂質とリポタンパク質

他の物質と結合した**結合脂質**のうち，タンパク質と結合し，血液や母乳に含まれるものを**リポタンパク質**といい，親水性の性質をもつ．水不溶性で脳にあるものを**プロテオリピド**，細菌壁にあるものを**リポ多糖**という．血中の**遊離脂肪酸**はアルブミンと結合しているが（注：この状態のものはリポタンパク質とはいわない），中性脂肪，リン脂質，コレステロールは種々の**アポタンパク質**と結合した粒子として存在し，生活習慣病や肥満との関連で注目されている．リポタンパク質は密度により**LDL**（低密度リポプロテイン），**HDL**（高密度リポプロテイン）など数種類に分類される．HDL（いわゆる善玉コレステール）はコレステロールのエステル化にかかわり，末梢コレステロールを肝臓に運ぶが，LDL（いわゆる悪玉コレステロール）はコレステロールを肝臓から末梢組織に運ぶ．

A) リポタンパク質の構造模式図

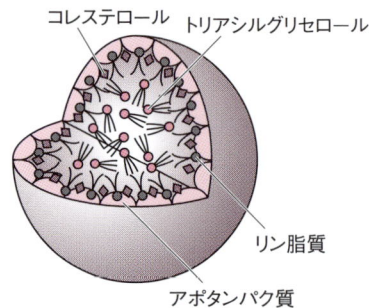

B) リポタンパク質の分類

名称	密度(g/ml)	機能
カイロミクロン	0.96以下	摂取した中性脂肪やコレステロールの輸送
VLDL	0.96～1.006	内在性トリアシルグリセロールの末梢への輸送
IDL	1.006～1.019	
LDL	1.019～1.063	コレステロールを肝臓から末梢へ輸送
HDL	1.063～1.21	余剰コレステロールを肝臓にもどす
VHDL	1.21以上	

図3・9　リポタンパク質

3・7　細胞膜の構造

3・7・1　細胞膜はリン脂質の二重膜からなる

　細胞膜はコレステロールも多く含むが，主な成分はリン脂質で，このほか糖脂質も含む．コレステロールは膜に強度と弾力を与えている．**リン脂質**（3・4・1）は不飽和脂肪酸をもち，液体状態を保持している（注：低温順応生物では不飽和度が大きい）．2本の非極性基と一つの極性基がそれぞれ同じ向きで平面的に集合し，さらにこの面が脂質層の非極性基同士で向き合って厚さ30 nmの二重層構造をとる（**脂質二重膜**）．脂質二重層は水平方向に流動できるが，膜タンパク質はこの二重膜にモザイクのように埋め込まれ，ともに動いている（**流動モザイクモデル**）．細胞小器官も含め，生体膜はこのような構造をしている．

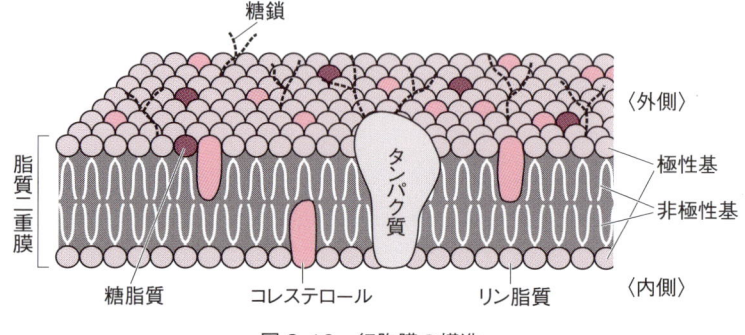

図3・10　細胞膜の構造

3・7・2 細胞膜にあるタンパク質

細胞膜タンパク質の量は重量では脂質と同程度存在し，膜内部の内在性のものと表在性（☞膜を安定化している）のものがある．タンパク質には糖鎖が結合しており，特異的結合にかかわる（糖鎖情報：2・5）．タンパク質はいくつかの種類に分けられる．一つ目は**受容体**で，細胞外分子（＝リガンド）と特異的に結合し，その情報をシグナル伝達機構（14・3）を介して細胞内に伝える．タンパク質性のホルモンや増殖因子の情報はこのようにして細胞内に伝わる．第2は**細胞結合（接着）タンパク質**で，他の細胞あるいは基質との結合に関与する．接着タンパク質は細胞内にまで達しており，その細胞内領域は細胞膜直下の細胞膜裏打ちタンパク質と連結している．第3は物質の輸送や移動にかかわるタンパク質である（3・8・2）．

3・8 細胞膜で見られる物質移動

細胞は生存や機能維持のため，物質を取り入れたり出したりする．

3・8・1 膜の流動性を介する物質移動

細胞膜の流動性や融合能を使い，細胞は物質を取り込んだり（**エンドサイトーシス**：食作用）排出する（**エキソサイトーシス**）ことができる．前者には細菌などを細胞に取り込む**貪食作用**（ファゴサイトーシス）と，液体や微粒子を飲み込むように取り込む飲作用（ピノサイトーシス）がある．食作用

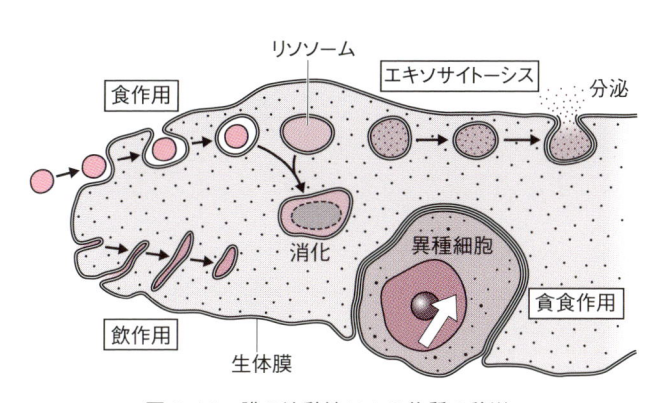

図 3・11 膜の流動性による物質の移送

は白血球でみられ，取り込まれた異物は細胞内の消化酵素で分解される．後者の場合は，膜構造をもつ小胞に包まれた物質が膜と融合する形で，細胞外に放出／分泌される．

3・8・2　タンパク質を介する物質輸送

a．受動拡散による輸送：チャネルやトランスポーター（例：グルコーストランスポーター）による輸送で，輸送の選択性はあるが，濃度に逆らわないためエネルギーを必要としない．チャネルは弁をもつ孔のような構造で，電位差（細胞内外の電圧の差）（例：カリウムイオンチャネル）やアミノ酸の結合などで開閉する．神経や筋肉の機能に重要である（14 章）．

b．能動輸送：濃度に逆らって物質を移動させる現象で，エネルギーを必要とする．細胞にはカリウムイオンが多く，ナトリウムイオンが少ないが，これはそれぞれのイオンがポンプによって汲み出されるために起こる．ここに関与する膜タンパク質がナトリウムポンプ，すなわちATP加水分解で生じるエネルギーでイオンの運搬を行う**ナトリウム-カリウム ATP アーゼ**である（14・1・2）．このほかにもカルシウムポンプや，水素イオンを取り込むATPアーゼ（胃が酸性環境をつくるために用いる）などがある．

解説　自然拡散による細胞間物質移動

低分子の脂質やガス（例：酸素や二酸化炭素など）は，自由拡散により濃度の低い方に向かって細胞に入ったり出たりする．

演習
1. 冷蔵庫でも固まらないサラダ油と固まるてんぷら油の違いは，どのような化学的違いによるか．
2. 同じホルモンでもタンパク質であるインスリンは細胞に入らなくても効くが，副腎皮質ホルモンは細胞に入って直接効く．この違いは何によるか．
3. 細胞膜をつくっている主要な物質の性質と，その構造上の特徴を述べなさい．
4. 石けんは自分でもつくれるが，何があればつくれるか．石けんは油と水のどちらによく溶けるか．

4 アミノ酸とタンパク質

タンパク質は20種類のL型アミノ酸からなり，その一次構造は遺伝子により直接指定される．アミノ酸は溶解度やイオン化する電気的性質がそれぞれ異なるが，このような性質はタンパク質にも受け継がれる．タンパク質はアミノ酸配列に応じた特異的な二次構造をとり，それが分子全体で一定の高次構造をとることによって機能を発揮する．細胞には多くのタンパク質分解酵素があり，また高次構造を修正する働きをもつタンパク質もある．

4・1 アミノ酸とは

4・1・1 アミノ酸の役割

炭素原子に**アミノ基**（-NH$_2$）と酸の性質を示す**カルボキシ基**（-COOH）をもつ分子を**アミノ酸**という．カルボキシ基の付く炭素（**α炭素**）にアミノ基が付いているものをα［アルファ］アミノ酸という（注：隣の炭素に付く場合は順次β，γ，δ…アミノ酸という）．アミノ酸はタンパク質の構成成分になるほかにも，窒素を含む化合物（例：ヌクレオチド，メラニン）の材料となり，さらには細胞内／細胞間伝達物質（例：神経伝達物質）などにも利用される．

4・1・2 タンパク質構成アミノ酸

a. 構造：タンパク質は20種類の**αアミノ酸**からなり，その平均的分子量は110である．カルボキシ基とアミノ基のついているα炭素には，他に水素原子とアミノ酸に特有な原子団である**側鎖**が付いている．これゆえα炭素は不斉炭素（2・1・2a）であり，立体異性体が存在しうる．カルボキシ基と水素を分子の上と下にしたとき，アミノ基と側鎖の向きは2種類あり，アミノ基が右にあるものをD型，左にあるものをL型という．D型とL型は異なる光学活性を示す光学異性体であるが（2・1・2a参照），タンパク質構成アミノ酸はすべて**α-L-アミノ酸**である．

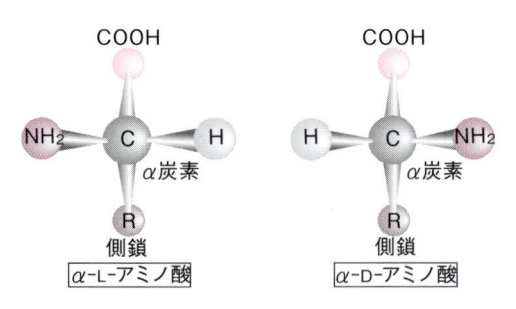

図4・1 アミノ酸の基本構造

b．種類：アミノ酸のうち脂肪族炭化水素をもつ**脂肪族アミノ酸**には**アラニン，ロイシン，イソロイシン，バリン，プロリン**（側鎖がアミノ基と結合するイミノ酸となっている）が，芳香環（ベンゼン環）をもつ**芳香族アミノ酸**には**チロシン，フェニルアラニン，トリプトファン**がある．硫黄をもつ**含硫アミノ酸**には**メチオニンとシステイン**がある．以上のアミノ酸は水に溶けにくい**疎水性アミノ酸**である．一方，正電荷をもつ**塩基性アミノ酸**としては**ヒスチジン，リシンそしてアルギニン**が，負電荷をもつ**酸性アミノ酸**としては**アスパラギン酸とグルタミン酸**がある．**アスパラギンとグルタミン**はアミドをもち，**トレオニンとセリン**は水酸基をもつ．以上のアミノ酸は水に溶けやすい**親水性アミノ酸**である．**グリシン**は側鎖が水素のために光学異性体がなく，上のどの分類にも当てはまらない（表4・1）．

解説　**非タンパク質アミノ酸**
　　生体には代謝中間体であるシトルリン，神経伝達物質の γ-アミノ酪酸（GABA）やビタミンの一種パントテン酸など，非タンパク質性アミノ酸も多く存在する．細菌の細胞壁は D 型アミノ酸を含む．

4・2 アミノ酸の物理化学的性質

4・2・1 アミノ酸のイオン化と等電点

アミノ酸は分子内にカルボキシ基とアミノ基という，それぞれ水中で水素イオンを放出（自身は負に荷電）あるいは捕捉（正に荷電）する基をもつため，正と負の解離状態をとる**両性イオン**となる（**双極子イオン**ともいう）性質を

表4・1 タンパク質を構成する20種類のアミノ酸

性質		名称	3文字表記	1文字表記	側鎖の構造
中性		グリシン#	Gly	G	—H
親水性	正電荷をもつ	ヒスチジン	His	H	—CH₂—（イミダゾール環）
		リシン	Lys	K	—(CH₂)₄—NH₃⁺
		アルギニン	Arg	R	—(CH₂)₃—NH—C(=NH₂⁺)—NH₂
	負電荷をもつ	アスパラギン酸	Asp	D	—CH₂—COO⁻
		グルタミン酸	Glu	E	—CH₂—CH₂—COO⁻
	アミドを含む	アスパラギン	Asn	N	—CH₂—CO—NH₂
		グルタミン	Gln	Q	—CH₂—CH₂—CO—NH₂
	ヒドロキシ基を含む	セリン	Ser	S	—CH₂OH
		トレオニン	Thr	T	—CH(OH)—CH₃
疎水性	芳香環をもつ	フェニルアラニン	Phe	F	—CH₂—C₆H₅
		チロシン	Tyr	Y	—CH₂—C₆H₄—OH
		トリプトファン	Trp	W	—CH₂—（インドール環）
	硫黄を含む	メチオニン	Met	M	—CH₂—CH₂—S—CH₃
		システイン	Cys	C	—CH₂—SH
	脂肪族の性質をもつ	アラニン	Ala	A	—CH₃
		ロイシン	Leu	L	—CH₂—CH(CH₃)₂
		イソロイシン	Ile	I	—CH(CH₃)—CH₂—CH₃
		バリン	Val	V	—CH(CH₃)₂
		プロリン†	Pro	P	HN⟨環⟩—COOH†

†：プロリンは全構造を示す． #：形式上非極性だが，疎水結合には関与しない．

もつ**両性電解質**である．ただ両方のイオン化の程度は同等ではなく，また分子内に付加的に電離基があるなどの理由により，通常，電荷はどちらかに傾

表4·2 主なアミノ酸の等電点

アミノ酸	pI
<中性アミノ酸>	
グリシン	5.97
アラニン	6.01
イソロイシン	6.02
チロシン	5.66
セリン	5.68
グルタミン	5.65
<塩基性アミノ酸>	
リシン	9.74
ヒスチジン	7.59
アルギニン	10.76
<酸性アミノ酸>	
アスパラギン酸	2.77
グルタミン酸	3.22

く．たとえば余分なカルボキシ基をもつグルタミン酸は負に（溶液は酸性になる），余分なアミノ基をもつリシンは正に（溶液はアルカリ性になる）荷電する．両方の基が荷電しているところに酸を加えると，大量の水素イオンでカルボキシ基が中和されて分子が正に荷電し，逆にアルカリを加えると分子は負に荷電する．このことからアミノ酸の正と負の電荷がつり合うpHがあることがわかるが，このpHを**等電点**といい，アミノ酸固有の値を示す．**中性アミノ酸**は等電点がpH6付近だが，**酸性アミノ酸**や**塩基性アミノ酸**（表4·2）はそれぞれpH2.8〜3.2，pH7.6〜10.8を示す．このような電気的性質はタンパク質中でも発揮され，タンパク質の分子形成や他の分子との相互作用の原動力になっている．

4·2·2 親水性／疎水性

イオン化しやすい基，アミド，水酸基をもつアミノ酸は水になじむ親水性を示す．一方，鎖状あるいは芳香環炭化水素側鎖をもつアミノ酸はどちらかというと溶けにくい疎水性を示す．一般にタンパク質は疎水性部分を芯にし，周囲に親水性のアミノ酸が配置して球状になりやすい．タンパク質の高次構造（4·4）は電荷と親水性／疎水性に依存する．

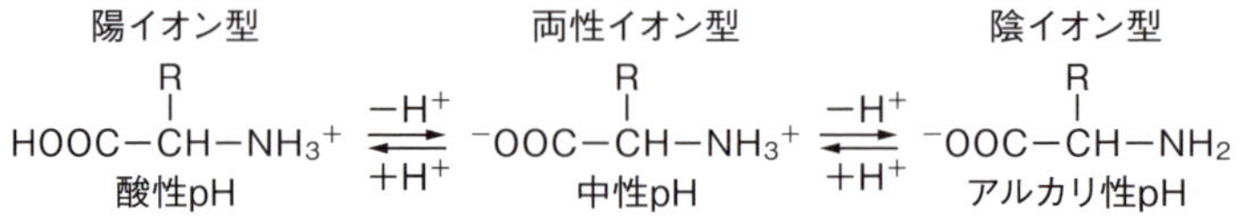

陽イオン型　　　　両性イオン型　　　　陰イオン型
$$HOOC-CH-NH_3^+ \underset{+H^+}{\overset{-H^+}{\rightleftarrows}} {}^-OOC-CH-NH_3^+ \underset{+H^+}{\overset{-H^+}{\rightleftarrows}} {}^-OOC-CH-NH_2$$
酸性pH　　　　　　中性pH　　　　　　アルカリ性pH

図4·2 アミノ酸の電離

解説　**紫外線の吸収特性**

タンパク質は280 nmの紫外線を特異的に吸収するが，この性質は芳香族アミノ酸に由来する（ベンゼン環がこの性質をもつ）．

4·3 ペプチド／タンパク質の形成

4·3·1 ペプチド結合

二つのアミノ酸（AA1 と AA2）があるとき，AA1 のカルボキシ基と AA2 のアミノ基の間で**脱水縮合**（両分子から水分子が除かれ，共有結合で連結される）が起こると二つのアミノ酸が結合する．生成物をジ（di：2）ペプチドという．次に AA3 が同じ反応で結合するとトリ（tri：3）ペプチドができる．少数のアミノ酸（通常 10 個程度）がこのように鎖状に結合したものをオリゴペプチド，または単に**ペプチド**といい，結合様式を**ペプチド結合**という．アミノ酸が多数結合したポリペプチドが，すなわちタンパク質である（注：アミノ酸 50 個以上をタンパク質，それ以下をポリペプチドという場合もある）．AA1 は遊離アミノ基をもつので**アミノ末端**（N 端ともいう）といい，反対側の末端は遊離カルボキシ基をもつので**カルボキシ(ル)末端**（C 端ともいう）という．

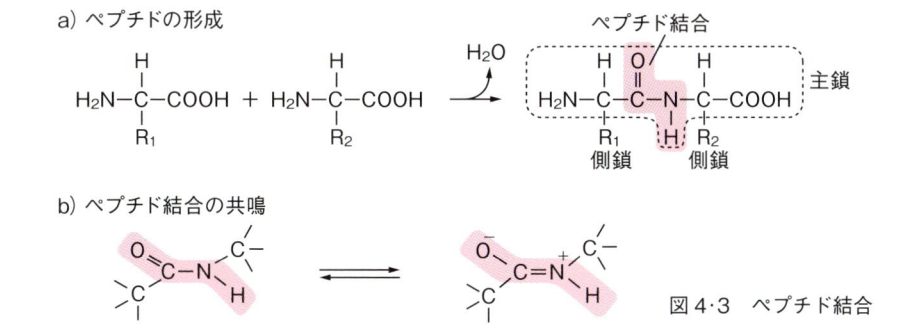

a) ペプチドの形成

b) ペプチド結合の共鳴

図 4·3 ペプチド結合

解説　タンパク質（蛋白質）の語源
　タンパク質の英語 protein は最も重要なものという意味．漢字の蛋白（たんぱく）はドイツ語でタンパク質を表す eiweiss「卵白」に由来する．

4·3·2 タンパク質の一次構造

タンパク質の N 端から C 端へ向うアミノ酸配列を**タンパク質の一次構造**といい，遺伝子の塩基配列により決められ，実際の合成も C 端に向か

って進む．タンパク質のポリペプチド鎖の長さはアミノ酸数十個（数千Da）から約2700個（300kDa）までとさまざまだが，複合体の形になるともっと大きくなる．ペプチド結合は**共鳴構造**をとるので（-C(=O)-N(H)- と -C(O⁻)=N⁺(H)- が絶えず変換している）（図4・3b）自由に回転することができないが，両脇の炭素は自由に回転できるので，タンパク質の鎖は比較的自由な構造をとることができる．

解説 **タンパク質の溶解性**

タンパク質は少量の塩があるとよく溶ける（**塩溶**）が，塩濃度が高すぎると逆に不溶性になる．この現象を**塩析**という．

4・4 タンパク質の高次構造

4・4・1 タンパク質の二次構造

ペプチド鎖は原子間の弱い電気的引力や反発力によって特徴的立体構造をとる．これを**タンパク質の二次構造**といい，いくつかの種類がある．**αヘリックス**は3.6側鎖ごとに1回転する右巻きコイル構造で，-NH と >C=O の間の水素結合がかかわる．**β構造（βシート構造）** は波打つような伸びた構造をしているが，側に別のβ構造があると波が同じ位相で横に並び，全体でヒダ状シート構造（**βシート**）をとる．ペプチド鎖が同じ方向（例：N端→C端）で並ぶ平行βシートと反対側の逆平行βシートがある．βシートが180度で反転する構造は**βターン**といい，特徴的二次構造をつなぐ不規則な部分をループという．ランダム構造は上記のような定型構造をもたない．

4・4・2 タンパク質の三次構造

二次構造をとるペプチド鎖は分子全体の弱い分子間力により，一定の折り畳み構造をとるが，これを**タンパク質の三次構造**という．三次構造は最も安定な形になるように，基本的には一次構造によって自動的に決まる（☞変性剤で変性したリボヌクレアーゼが変性剤除去により元の三次構造をとり，活性が戻るという事実から明らかとなった）．三次構造には水素結合やイオン結合，疎水結合がかかわり，疎水性残基は内部に集まる傾向にある．以上

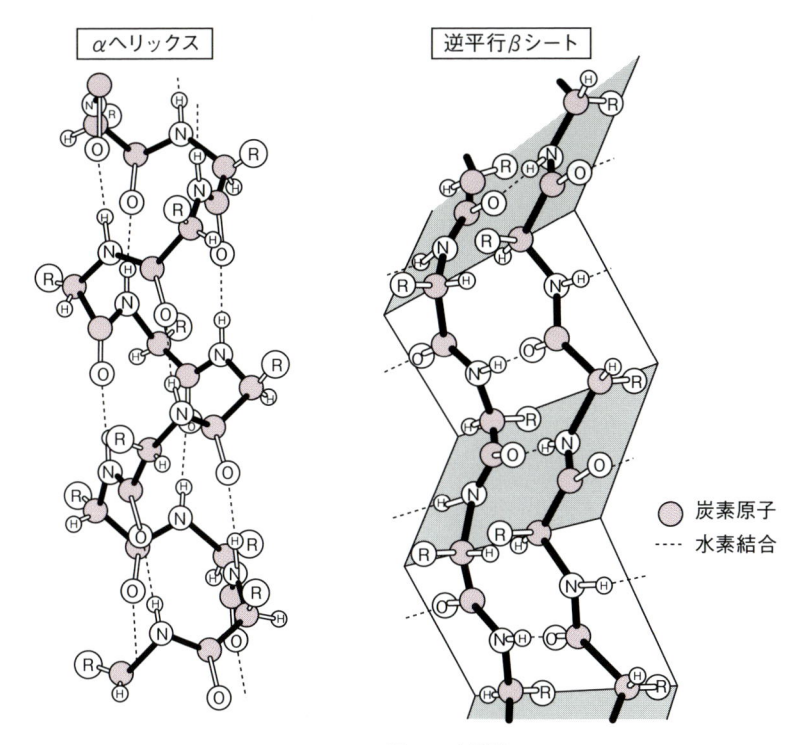

図4·4 タンパク質の二次構造

のようにタンパク質は球状を示すが，中には繊維状構造をとるものもある（例：β構造からなる絹タンパク質のフィブロイン．αヘリックスからなるケラチン．両方を含むコラーゲン）．システイン残基が2個あると，**スルフヒドリル基**（-SH）同士が共有結合して，**ジスルフィド結合**（-S-S-）ができて両者が共有結合する場合があるが，これも三次構造に加える．

> **Column**
> ### パーマネントウエーブはS–S結合の改変
> 　頭髪にパーマネントウエーブを施すパーマには，タンパク質の三次構造がかかわる．パーマをかけるときには2種類の液体を使うが，最初の液体は還元剤で，毛髪タンパク質のS–S結合を切る．第2液として酸化剤を作用させると，今度はS–S結合が新しいところにつくられる．反応後に液を流せば立体構造の異なる（ウエーブのついた）毛髪タンパク質繊維ができる．

4・4・3 タンパク質の四次構造

複数タンパク質が非共有結合で緩く結合して機能をもつ場合，この複合体構造を**タンパク質の四次構造**，あるいは**サブユニット構造**といい，個々のポリペプチド鎖をサブユニットという．サブユニットは同じものの場合もあれば，異なるものの場合もある．ヘモグロビン（血色素）は2個のα-グロビンと2個のβ-グロビンからなる四量体をとることにより，酸素と効率よく結合できる．異なるサブユニットからなる**複合体タンパク質**の中には，分子量が数百万ダルトンという巨大なものも存在する（例：ヒトのRNAポリメラーゼ）．二次〜四次構造を**タンパク質の高次構造**という

4・4・4 タンパク質の変性

何らかの原因でタンパク質の高次構造が壊れることがあり，これを**タンパク質の変性**という．変性要因「**変性剤**」には極端に高い／低いpH，有機溶媒，重金属塩，水素結合を切る尿素やグアニジン塩酸，SDS（ドデシル硫酸ナトリウム）などの界面活性剤，強力な酸化剤といった化学的なものから，熱，凍結，放射線，音波，表面張力といった物理的なものまでいろいろある．変性が進むと二次構造も壊れ，ペプチド鎖はランダムな構造をとり，活性も失われる．変性したタンパク質の高次構造が復活することを再生というが，再生可能な失活を可逆的失活，そうでない場合を不可逆的失活（例：熱による卵白アルブミンの変性［つまり，ゆで卵状態］）という．

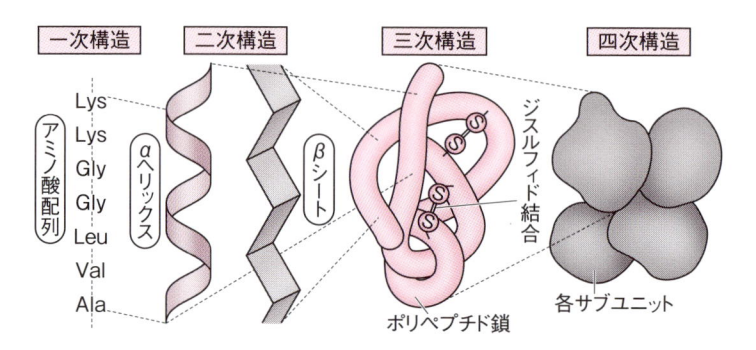

図4・5 タンパク質構造の各段階

解説　消毒薬の成分

消毒薬にはタンパク質変性剤が多い．ヨードチンキは酸化力のあるヨウ素を含み，エタノールは有機溶媒，逆性石けんは界面活性剤である．

Column

変性タンパク質が起こすプリオン病

哺乳類には**プリオン**というタンパク質があり，通常は神経系で働いている．プリオンはβシート構造をとって不溶性になりやすく，不溶性プリオンが脳細胞に大量に沈着すると脳細胞が死滅し，やがて脳が委縮して死亡する．不思議なことに，不溶化したプリオンが近傍の正常プリオンを不溶化型に変化させるという性質を示すため，異常プリオンは常に増える性質を示し，脳変性疾患も確実に進行する．ヒトのプリオン病には**クロイツフェルトヤコブ病**（遺伝子に変異があって不溶化しやすい）などがあり，いくつかの動物（例：牛の狂牛病［**BSE**：牛海綿状脳症］）にも同じような脳症がある．BSE動物の肉を食べることにより受動的にプリオン病になる可能性がある．異常プリオンはきわめて安定で，熱や消毒薬では変性しない．

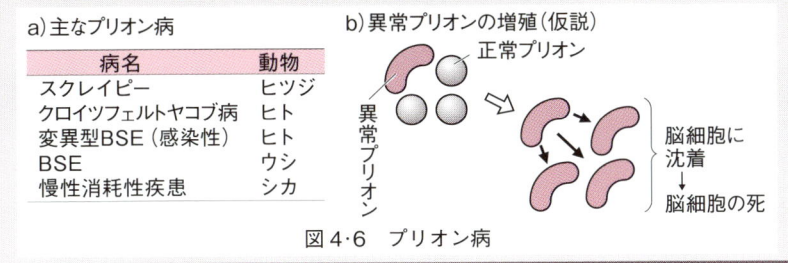

a) 主なプリオン病

病名	動物
スクレイピー	ヒツジ
クロイツフェルトヤコブ病	ヒト
変異型BSE（感染性）	ヒト
BSE	ウシ
慢性消耗性疾患	シカ

b) 異常プリオンの増殖（仮説）

図4・6　プリオン病

4・5　タンパク質の種類と機能

アミノ酸だけからなるタンパク質を**単純タンパク質**，タンパク質以外の原子団や分子が結合したものを**複合タンパク質**という．これにはリンタンパク質（注：セリン，トレオニン，チロシンのリン酸化），リポタンパク質（脂質が結合している），糖タンパク質（例：ムチン），色素タンパク質（例：ヘモグロビン，ミオグロビン），金属タンパク質（例：フェリチン）など，さまざまなものがある．核タンパク質（例：リボソームタンパク質やヒストン）は核酸と複合体を形成する．タンパク質を溶解度や物理化学的性質で分類す

表4·3 単純タンパク質の性質

種類	特徴	例
アルブミン	・動植物の細胞, 体液中に存在. 血清総タンパク質の60%を占める ・水, 希酸, 希アルカリによく溶解する	血清アルブミン, ラクトアルブミン(乳汁), 卵白アルブミン
グロブリン	・動植物の細胞, 体液中に存在. 血清総タンパク質の40%を占める ・水には溶解しにくいが, 塩類溶液には可溶	α, β, γ-グロブリン(血清)
ヒストン	・DNAと複合体を形成 ・水と酸に可溶で, アルカリに不溶の塩基性タンパク質	H1, H2A, H2B, H3, H4 ヒストン
プロタミン	・動物精子の核DNAと複合体を形成する	プロタミン
硬タンパク質	・皮膚などに存在する ・水, 希酸, 希アルカリ, 塩類溶液に不溶	コラーゲン, ケラチン

ることもできる (表4·3). 多くのタンパク質はある程度水に溶けるが, **硬タンパク質** (例: 毛髪のケラチン, 絹糸のフィブロイン) という不溶性のものもある. タンパク質には, 細胞膜成分, 細胞骨格, 染色体成分などの構成的なもののほか, 受容体／チャネル, ホルモン／増殖因子, 酵素, 調節因子といった制御にかかわるものもある. このほかタンパク質は運搬 (例: 酸素を運ぶヘモグロビン), 運動 (例: 筋肉のアクチンやミオシン), 生体防御 (例: 抗体) などにもかかわり, 生体内で重要な働きをしている.

> **解説　ペプチドの機能**
>
> ペプチドもさまざまな生物活性をもつ (注: ここではアミノ酸50以下のものも列記する). グルタチオンは生体酸化還元反応にかかわり, バソプレッシン (9アミノ酸: 血管収縮), オキシトシン (9アミノ酸: 子宮収縮), グルカゴン (29アミノ酸: 血糖値上昇) はホルモン作用をもつ. エンドルフィン (31アミノ酸: 鎮痛作用) やカルシトニン (32アミノ酸: 血中カルシウムの低下) も特有の生理作用をもち, バシトラシンは抗生物質として抗菌作用をもつ.

4·6　タンパク質の分解

4·6·1　タンパク質分解酵素

タンパク質は加水分解により切断されるが, これにかかわる酵素を**プロテ**

4·6 タンパク質の分解

表 4·4 主なタンパク質分解酵素

分類	酵素の名称	切断形式
エキソペプチダーゼ	カルボキシペプチダーゼA	$-X-Y\overset{\downarrow}{-}Z-COOH$ （Zはアルギニン，リシン以外．Yはプロリン以外）
	カルボキシペプチダーゼB	$-X-Y\overset{\downarrow}{-}Z-COOH$ （Zはアルギニンかリシン）
	ロイシンアミノペプチダーゼ	$NH_2-Z\overset{\downarrow}{-}Y-X-$ （Zは大部分のアミノ酸）
エンドペプチダーゼ	トリプシン	$NH_2-........-M\overset{\downarrow}{-}N-........-COOH$ （Mはリシンかアルギニン）
	キモトリプシン	$NH_2-........-M\overset{\downarrow}{-}N-........-COOH$ （Mは芳香族アミノ酸，ロイシン，メチオニン）
	ペプシン	$NH_2-........-M\overset{\downarrow}{-}N-........-COOH$ （Nは芳香族アミノ酸，酸性アミノ酸）

アーゼあるいは**ペプチダーゼ**という．酵素は端からアミノ酸を1個ずつ分解する**エキソペプチダーゼ**と，内部を切る**エンドペプチダーゼ**に分けられるが，後者の中には特定の部位で制限的に切断するものもある（表 4·4）．生体内には多くのタンパク質分解酵素があり，消化管ではペプシン（注：胃で作用するので，至適 pH は 1 と低い），トリプシン，キモトリプシンなどの消化酵素の作用により，タンパク質は最後はアミノ酸にまで分解される．これらの酵素は細胞内ではプロ酵素という不活性の状態にあるが，分泌されると特異的部分で切断され，活性型に変わる．プロテアーゼは**血液凝固反応系**でも作用し（P. 81 コラム），また細胞内にもある（4·6·2）．

4·6·2 細胞内タンパク質分解

リソソームは多数のエンドペプチダーゼ，エキソペプチダーゼを含み，比較的長寿命の内在性タンパク質やエンドサイトーシス（3·8·1）で取り込んだ外来性タンパク質を分解する．

　細胞内で起こるもう一つのタンパク質分解は**プロテアソーム**によるもので，細胞分裂制御因子や転写制御因子などの比較的短寿命の制御活性をもつ

タンパク質が分解される．プロテアソームはATPアーゼ活性をもつ巨大な複合体型タンパク質分解装置で，活性中心にトレオニンをもつ．筒状をとっており，基質タンパク質はATPアーゼ活性をもつ制御部位で折り畳みをほぐされてから中に入り分解される．

標的タンパク質に**ユビキチン**という8.6kDaの小型のタンパク質が鎖状に結合することがプロテアソーム分解の目印となっている．細胞には基質特異性の異なるさまざまなユビキチン連結酵素があり，タンパク質分解を介して細胞機能の調節（例：細胞増殖制御，遺伝子発現調節）を行っている．

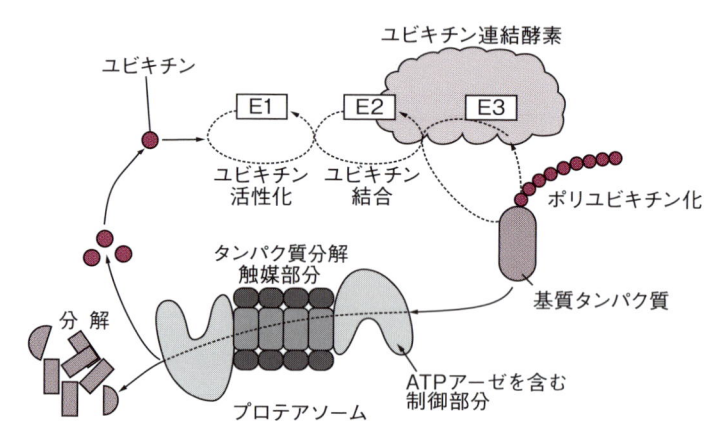

図4・7　ユビキチン-プロテアソームシステム

Column

タンパク質の品質を管理する分子シャペロン

タンパク質の品質を管理する**分子シャペロン**といわれる一群のタンパク質が存在する（注：chaperoneとは，社交界にデビューする若い淑女に付き添う年輩の婦人という意味のフランス語）．タンパク質の折り畳みに欠陥があると，分子シャペロンがATP加水分解のエネルギーを使ってその折り畳みを直し，正常な三次構造にする．熱で部分失活したタンパク質の場合には，**熱ショックタンパク質**（例：**Hsp70**）という分子シャペロンが働く．

ペプチド鎖ができはじめのとき，分子シャペロンが一時的に折り畳みを抑え，ペプチド鎖ができ上がったところで折り畳みを行わせる（注：この機構がないと，N端から勝手な折り畳みをつくってしまう）．

解説　**カスパーゼ**
細胞の自死（アポトーシス）で働くプロテアーゼ．活性中心にシステイン（Cys）をもちアスパラギン酸（Asp）のC末端を切断する．

4・7　タンパク質やアミノ酸がかかわる化学反応

アミノ酸やタンパク質中のアミノ酸側鎖，あるいは末端の遊離アミノ基やカルボキシ基はさまざまな試薬と反応するが，実際に使われる化学反応にはアミノ基との反応を利用したものが多い．

ニンヒドリンはアミノ基と反応して青紫色を呈する（**ニンヒドリン反応**）．イソチオシアン酸フェニルはタンパク質の遊離アミノ基と反応する．この反応を利用し，あらかじめタンパク質のアミノ末端をイソチオシアン酸フェニルで保護し，酸でカルボキシ末端から順次ペプチド結合を切ることで，アミノ酸配列をN端から決定できる（**エドマン分解法**）．タンパク質のアミノ酸側鎖との特異的な反応を用いると，それぞれのアミノ酸を検出できる．強アルカリと硫酸銅でペプチド結合を検出する青色呈色反応を**ビウレット反応**というが，この反応にチロシンのフェノール性水酸基との反応を組みあわせて感度を上げた**銅ーフォリン法**は，タンパク質の定量法としてよく用いられる．タンパク質を臭化シアンで処理してメチオニンで切断する反応は，タンパク質の化学的断片化に汎用される．

演習
1. 正に荷電している分子は電圧をかけると陰極に動く（負に荷電している場合は逆）．電気を帯びていないタンパク質をアルカリ性にして電圧をかけると，タンパク質はどういう挙動をとるか．
2. 酵素溶液に尿素を加えたら酵素活性が失われたが，溶液から尿素を除いたら酵素活性が再び見られた．この理由を考えなさい．
3. 生肉よりも加熱した肉のほうがタンパク質の消化効率がよい．この理由はなぜか．

5 核酸と遺伝子

　DNAやRNAはヌクレオチドがリン酸ジエステル結合で結合した線状分子である．DNAは相補的塩基間の水素結合で2本の鎖が結合し，それが右巻にねじれる二重らせん構造の分子として存在する．DNA複製はDNAポリメラーゼによって行われるが，DNA合成が3′の方向にしか進まないため，不連続DNA合成という現象が見られる．真核生物の染色体は，DNAにヒストンが結合し，それが高度に凝集したクロマチン構造をとっている．

5・1　核酸の成分：ヌクレオチド

5・1・1　核酸とは

　核酸には **DNA**（デオキシリボ核酸：deoxyribonucleic acid）と **RNA**（リボ核酸：ribonucleic acid）の2種類があり，はじめ核内の酸性物質として発見された．いずれもヌクレオチドが多数連結した重合分子で，DNAは核に（注：一部はミトコンドリアや葉緑体）あり，RNAは細胞質に多い（注：核でつくられ，細胞質に移動する）．DNAは巨大な分子でゲノムとして機能するが，RNAは遺伝子ごとにDNAから転写されて（12章）つくられる．

> **解説　ゲノム**
> 　生物がもつ生存に必要なDNAの1セットを**ゲノム**といい，遺伝子と非遺伝子部分から構成される．二倍体生物は一対（計2個分）のゲノムをもつ．

5・1・2　ヌクレオチドの構造と名称

　核酸の単位である**ヌクレオチド**は，塩基と糖が結合した**ヌクレオシド**にリン酸（実際にはリン酸基）が結合した構造をもつ．リン酸が解離して水素イオンを出すため，核酸は負に荷電する．糖はDNAでは **2-デオキシリボース**（2位のOHがHとなっている），RNAでは**リボース**が使われ

る（2章）．塩基は糖の1位にNグリコシド結合で付き，5位にはリン酸が付く．ただ1位，2位，…という記号はすでに塩基に使用されているため，ヌクレオチド／ヌクレオシド中の糖の位置は，1′，2′…とダッシュ（′）を付けて表示する．ヌクレオシド中の糖の5′位にはリン酸が3個まで結合でき，糖に近い方から α（アルファ），β（ベータ），γ（ガンマ）とする（図5・1）．アデニンとリボースが結合したアデノシンというヌクレオシド

(A) 塩基の種類

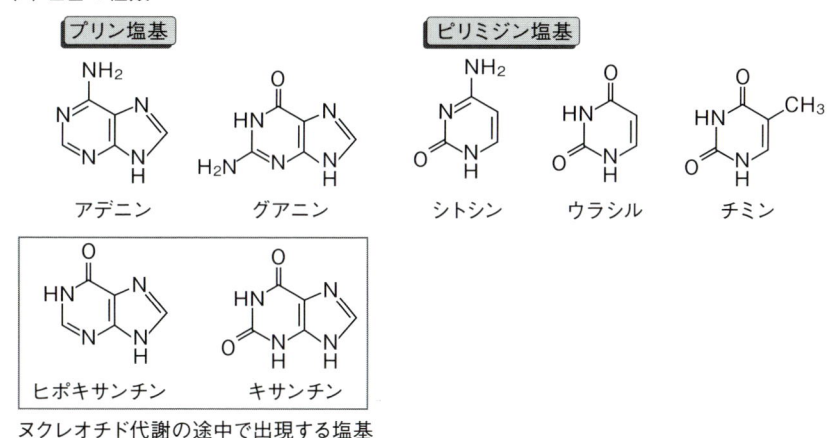

プリン塩基：アデニン，グアニン
ピリミジン塩基：シトシン，ウラシル，チミン

ヒポキサンチン，キサンチン
ヌクレオチド代謝の途中で出現する塩基

(B) ヌクレオチド

デオキシシチジン5′-リン酸（dCMP）
（デオキシシチジル酸）

アデノシン5′-三リン酸（ATP）

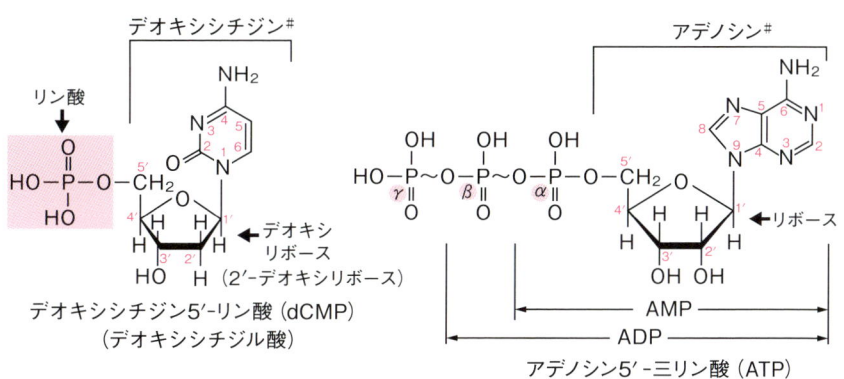

図5・1　核酸をつくるヌクレオチドの構造
＃：塩基＋糖部分は一般にヌクレオシドという．
〜は高エネルギーリン酸結合を表す．

にリン酸が1～3個付いたものは，それぞれアデノシン一リン酸（AMP: adenosine monophosphate），-二リン酸（ADP），-三リン酸（ATP）という（表5・1）．一リン酸型は～酸ともいう（例：AMPはアデニル酸）．デオキシ型の場合はdAMP（deoxyadenosine monophosphate）などと表記する．

> **解説　分子名に使用される数字**
> 位置は算用数字で，個数は漢数字で表す．代表的高エネルギー物質のATPを丁寧に書けば，アデノシン5′-三リン酸となる．

5・1・3　塩基の構造と種類

核酸の**塩基**（水に溶けて塩基性の性質を示す物質）は**プリン環**か**ピリミジン環**をもつものが使われる．プリン（R）には**アデニン**（A）と**グアニン**（G），ピリミジン（Y）には**シトシン**（C），**チミン**（T），**ウラシル**（U）があり，それぞれアミノ基，ケト基，メチル基などが特異的な部位に付いている（注：かっこ内は1文字表記の記号を示す）．チミンはDNA用として用いられ，

表5・1　ヌクレオチドの名称

塩基	糖†	ヌクレオシド 名称	ヌクレオチド 一リン酸	二リン酸	三リン酸
プリン					
アデニン (A)	R	アデノシン	アデニル酸（AMP）	ADP	ATP
	D	デオキシアデノシン	デオキシアデニル酸 (dAMP)	dADP	dATP
グアニン (G)	R	グアノシン	グアニル酸（GMP）	GDP	GTP
	D	デオキシグアノシン	デオキシグアニル酸 (dGMP)	dGDP	dGTP
ピリミジン					
シトシン (C)	R	シチジン	シチジル酸（CMP）	CDP	CTP
	D	デオキシシチジン	デオキシシチジル酸 (dCMP)	dCDP	dCTP
ウラシル (U)	R	ウリジン	ウリジル酸（UMP）	UDP	UTP
	D	デオキシウリジン	デオキシウリジル酸 (dUMP)	dUDP	dUTP
チミン (T)	D	（デオキシ）チミジン	（デオキシ）チミジル酸 (TMP)	TDP	TTP

† R：リボース，D：デオキシリボース

RNA では代わりにウラシルが用いられる．プリンとピリミジンはそれぞれ 9 位と 1 位の窒素が糖と結合する．プリン代謝中間体のヌクレオチドである**イノシン酸**は**ヒポキサンチン**を塩基にもつ．

解説　**塩基の記号**

5・1・3 の塩基記号以外にも，DNA を構成する 2 種類以上の塩基を同時に表す場合は，以下のような 1 文字記号を用いる：アデニン＋チミン [W], グアニン＋シトシン [S], チミン＋グアニン [K], シトシン＋アデニン [M], アデニン以外 [B], グアニン以外 [H], シトシン以外 [D], チミン以外 [V], すべての塩基 [N または X].

5・2　DNA 鎖の構造

5・2・1　DNA はヌクレオチドが連なった分子

DNA 構成成分であるヌクレオチドは見かけ上はリン酸を 1 個しかもたない．ヌクレオチド中の糖の 3′ の -OH に，他のヌクレオチドの 5′ 位のリン酸基の -OH が，水がとれる形で結合（脱水縮合）するとジ（2）ヌクレオチド

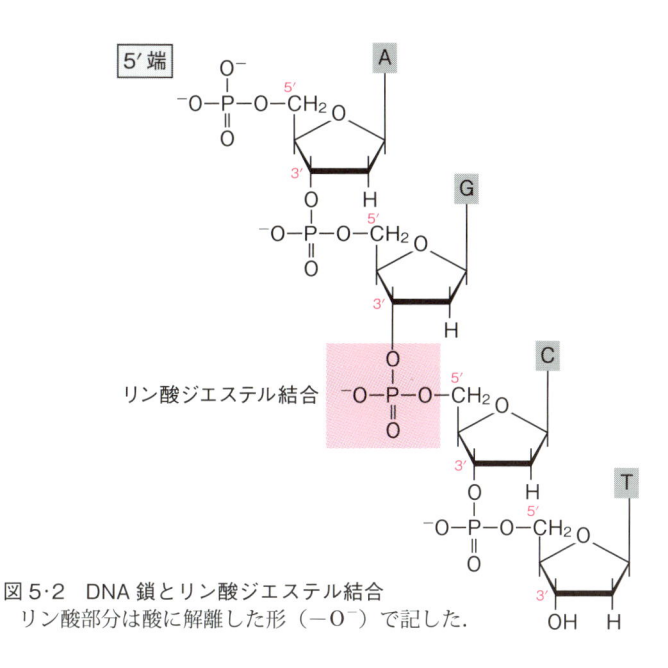

図 5・2　DNA 鎖とリン酸ジエステル結合
　リン酸部分は酸に解離した形（−O⁻）で記した．

ができる．この結合形を**リン酸ジエステル結合（ホスホジエステル結合）**といい，同様の反応が次々起こると，ヌクレオチドが連なる鎖が形成される．ヌクレオチドが2個から100個程度をもつものを**オリゴヌクレオチド**，それ以上のものを**ポリヌクレオチド**（つまりDNA）ともいう．ヒトのDNAをすべてつなげると半数体当たり1m以上になり，塩基対数は30億におよぶ．DNA鎖は糖の5′にリン酸が付く端と，3′に水酸基が付く端をもつ，方向性のある分子である．

5·2·2 DNAは2本の鎖が塩基の相補性で結合する

DNAは通常2本のDNA鎖が平行に結合した二本鎖として存在する（注：実際は5′→3′鎖に対して3′→5′鎖が結合するので，逆平行である）．結合は塩基同士の**水素結合**で維持されているため，不安定である．塩基の結合はアデニンにはチミン，グアニンにはシトシンと決まっているが，水素結合の数が**A-T対**が2，**G-C対**が3のため，G-C対の方が安定である．一方の塩基（配列）が決まれば他方も自動的に決まるこの性質を**相補性**という．5′-ATGGC-3′鎖には3′-TACCG-5′鎖が結合するというように，相補鎖のDNA分子の向きは逆になる．

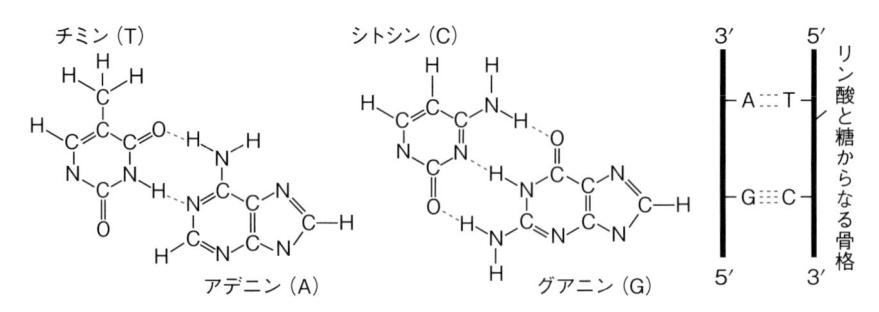

図5·3 2種類の塩基対
点線は水素結合を示す．

解説　**DNAの形態**
染色体など，DNAは通常は二本鎖線状であるが，原核生物のゲノムDNAは環状である．またウイルスの中には一本鎖環状DNAをもつものもある．

5・3 核酸の性質

5・3・1 DNA の変性と二本鎖再形成

DNA 二本鎖の水素結合が切れ，一本鎖になった状態を **DNA の変性** という．DNA を変性させる要因としては熱や水素結合切断試薬（例：尿素，ホルムアミド），アルカリ，重金属，ある種の酵素（例：DNA ヘリカーゼ）などがある．DNA を 100℃で加熱変性させても，ゆっくり冷ますと各一本鎖が元の相補鎖を見つけてまた水素結合を形成し，二本鎖 DNA が復元される．これを DNA 二本鎖の再形成という（アニーリングともいう）．熱によって DNA が 50％変性したときの温度を**融解温度**（T_m）といい，通常 70～90℃である．T_m は GC 塩基対が多いほど高く，またナトリウムイオンなどの一価陽イオンがあると二本鎖が安定化するので，T_m は上がる．

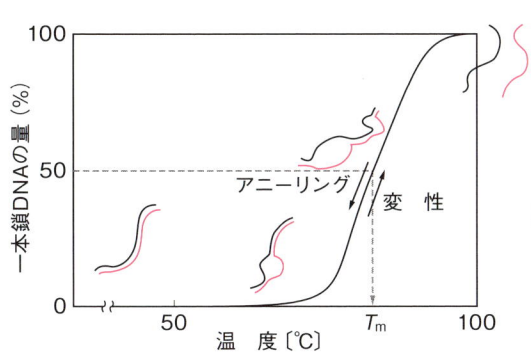

図 5・4 温度変化による DNA の変性と再生（アニーリング）

解説　核酸のハイブリダイゼーション

一本鎖 DNA が二本鎖に戻る反応は 80～90％程度のやや不完全な相補性でも起こる．別種 DNA 同士で二本鎖ができることを核酸の雑種形成反応（**ハイブリダイゼーション**）といい，DNA と RNA，RNA 同士でも起こる．

5・3・2 DNA の二重らせん構造

塩基を内側にした二本鎖 DNA は，全体が右にねじれる**右巻きらせん**の構造をとる（**DNA 二重らせん構造**）．らせんは 10.5 塩基で 1 回転であり，ら

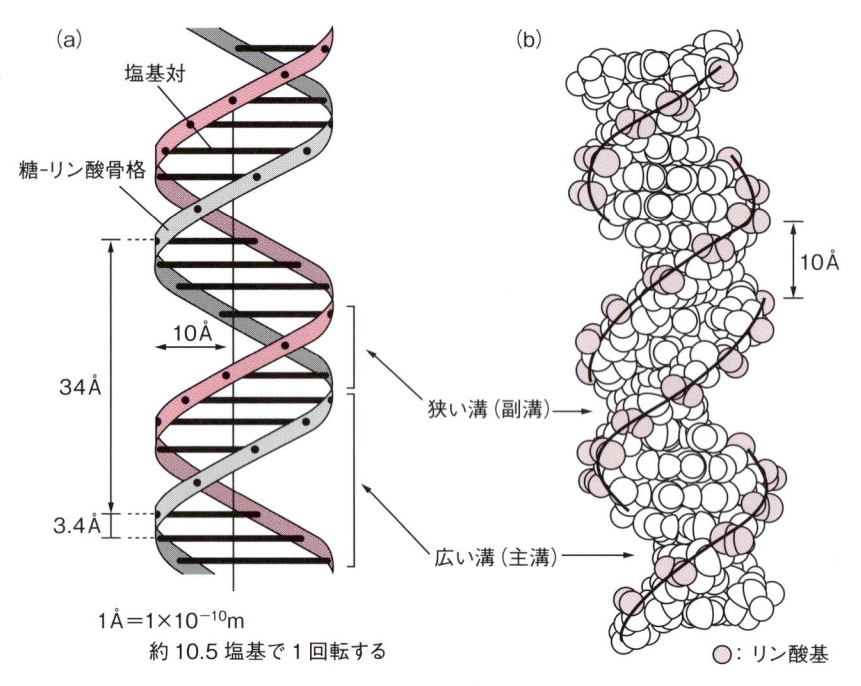

(a) 塩基対
糖-リン酸骨格
10Å
34Å
3.4Å
1Å=1×10⁻¹⁰m
約10.5塩基で1回転する

(b) 10Å
狭い溝（副溝）
広い溝（主溝）
○：リン酸基

図5・5　DNAの二重らせん構造

せんの直径は約20Å［オングストローム］（1Åは1×10^{-10}m），二本鎖の距離は10Åである．DNA二重らせんを分子模型で眺めると**広い溝**と**狭い溝**がみえるが（図5・5, b），このような部分にはタンパク質などが結合しやすい．ワトソンとクリックにより明らかになったこの右巻らせんは**B型DNA**といわれるが（注：水のないところでつくられる構造はA型という），天然には左巻きの**Z型DNA**も部分的に存在する．

5・3・3　DNAの超らせん構造

　天然DNAのらせんは理論値よりもわずかに巻数が少ないため，DNAは安定になろうと分子全体がさらに右にねじれる**超らせん構造**をとる．このタイプの超らせんを負の超らせんという．超らせんは力学的エネルギーを含み，DNAのかかわる反応に関与する．転写や複製などである部分のDNAらせんが開かれると，反対側にらせんが溜まって反応はそれ以上進まなくなるが

（そこでは左巻の正の超らせんができる），細胞にはこのような過剰な超らせんを解消したり，あるいは逆に超らせんをつくったりする酵素**トポイソメラーゼ**が存在する．

5·3·4　RNA の構造と性質

RNA は DNA に似た線状分子であるが，塩基としてウラシルがチミンの代わりに使われることと，リボース（2 位が -OH）が使われることが DNA と異なる．RNA は DNA の一部をコピーした分子で，基本的に一本鎖であるが，分子内で部分的に二本鎖をつくって折り畳まれる傾向があり，全体的にはタンパク質のような球状となる．DNA がゲノムとして使われるのに対し，RNA はタンパク質合成や遺伝子発現調節因子，酵素や翻訳抑制因子など，多様な目的に使用される（12，13 章）．

5·4　酵素による DNA 合成

5·4·1　DNA ポリメラーゼ

a．鋳型とプライマー：DNA 合成にかかわる酵素を一般に **DNA ポリメラーゼ**といい，DNA を鋳型に DNA を合成する DNA 依存 DNA 合成酵素である．鋳型 DNA は一本鎖だが，反応を開始する部分にはあらかじめ DNA（RNA）断片が相補的に結合している（二本鎖部分がある）必要があり，合成反応はこの二本鎖部分の断片の端にヌクレオチドを付ける形で進められる．反応開始に必要なこの短い核酸を**プライマー**といい，数ヌクレオチドもあれば充分で，RNA であってもよい．

b．合成の方向：核酸合成はどのような場合でも 3′ の方向にしか伸びないという法則がある．したがって DNA ポリメラーゼもプライマーの 3′ 端から順次ヌクレオチドを付加して鎖を延ばす．DNA ポリメラーゼは，ヌクレオチドをプライマーに付加する転移酵素に分類される．

c．基質：DNA 合成に用いられる基質は三リン酸型のヌクレオチドである．たとえば鋳型鎖の塩基がアデニンの場合，チミジン三リン酸が運ばれてくる．反応する場合は：$\beta-\gamma$ 位 2 個のリン酸がピロリン酸として切断され，残った一リン酸型ヌクレオチドが**リン酸ジエステル結合**で組み込まれる（注：

DNAにはα位リン酸が残る).合成に必要なエネルギーは,ピロリン酸の切断とピロリン酸の分解によって供給される.

5・4・2 大腸菌の DNA ポリメラーゼ

最も性質のわかっているDNAポリメラーゼに,大腸菌の**DNAポリメラーゼⅠ**(DNA pol Ⅰ)や**DNAポリメラーゼⅢ**がある.DNAポリメラーゼⅢはDNA合成の中心で,分子数は少ないが反応速度は速い.他方DNAポリメラーゼⅠは反応速度は遅いが数が多く,主にDNA修復(例:二本鎖DNA中で部分的に一本鎖になっている部分を二本鎖にする)やRNAプライマーの除去(5・5・2)に使われる.いずれの酵素もDNA合成活性のほかにDNAを5′側に戻って削る**3′→5′エキソヌクレアーゼ活性**(5・4・3)がある(注:多くのDNAポリメラーゼにこの活性がある).DNA pol Ⅰにはこのほかに3′に向かって核酸を削る**5′→3′エキソヌクレアーゼ活性**(進行方向にあるDNAやRNAを削る活性)がある.

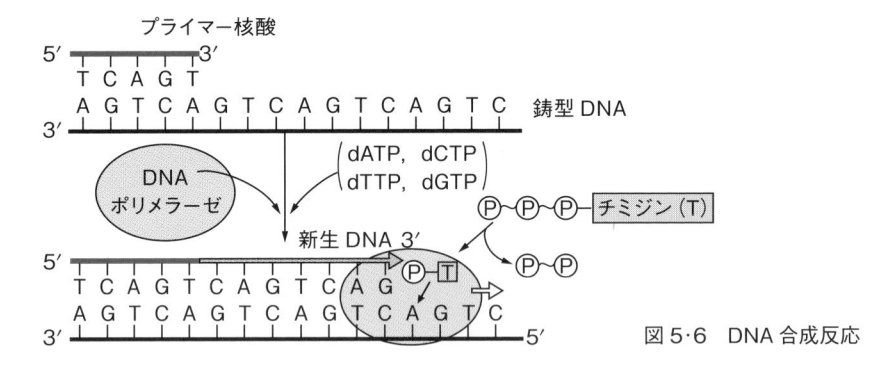

図5・6 DNA合成反応

5・4・3 DNAポリメラーゼの校正機能

DNAポリメラーゼは鋳型に相補的なヌクレオチドを正確に選ぶが,ある頻度で間違いが起こる.DNA合成中に間違ったヌクレオチドが取り込まれるとDNAポリメラーゼの進行が止まり,3′→5′エキソヌクレアーゼ活性で間違ったヌクレオチドを削る.その後再度DNA合成反応が起こる.このように酵素がもつ3′→5′エキソヌクレアーゼ活性は合成の間違いを直す**校正機能**に必須であり,この機能があるため,DNA合成の間違いは非常に低く

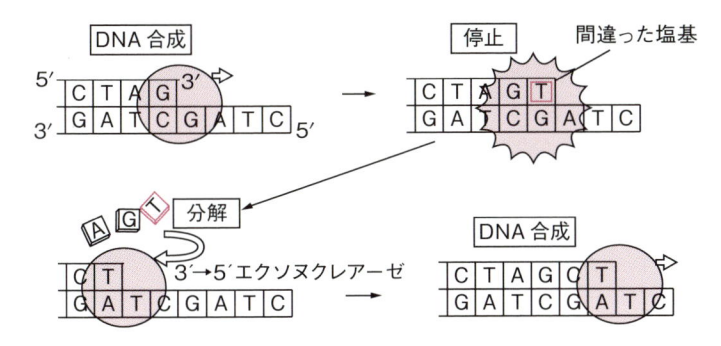

図 5・7 DNA ポリメラーゼの校正機能

抑えられる.

5・4・4 PCR

　試験管内で DNA の特定部分を複製しようとする場合，鋳型 DNA，DNA プライマー（5・4・1a），基質ヌクレオチド，活性化因子を加えた反応液を用意する．まず温度を上げて DNA を変性させ，次にそれを冷ますとプライマーが一本鎖になった鋳型に結合するので，そこに DNA ポリメラーゼを加えて DNA を合成する．酵素は熱に不安定なため，その都度加えなくてはならないが，もし耐熱性酵素であれば，それを最初に加えておくと，反応液を高温→低温→高温→と数十回繰り返すだけで，プライマーに挟まれた領域が指数関数的に増幅される．この方法は**ポリメラーゼ連鎖反応**（Polymerase Chain Reaction：**PCR**）といわれ，短時間で微量な DNA を大量に増幅でき，微量 DNA の検出や DNA 鑑定などに応用されている．

> **Column**
>
> **逆転写酵素**
> 　RNA を鋳型にして DNA 合成を行う RNA 依存 DNA ポリメラーゼ．転写の逆反応をするので**逆転写酵素**ともいわれる．RNA ウイルスの一種の**レトロウイルス**から発見された．生物の誕生期，はじめに RNA 生物の世界があり（**RNA ワールド仮説**），それを元に DNA 生物が生まれたと考えられているが，この酵素はそこでも関与したのではないかと推定されている．染色体の末端を複製するテロメラーゼなど，特殊な局面で機能するものもある．

5・5 細胞内で起こるDNA合成：複製

5・5・1 半保存的複製

複製は元の二本鎖DNA（親DNA）が1本鎖に変性し，そのおのおのが鋳型となって新生DNA鎖が鋳型相補的に合成される．このようにして親DNAとまったく同じ配列の娘DNAが2個できる．親DNAのそれぞれの一本鎖が娘DNAの中に半分だけ残るこのタイプの複製を**半保存的複製**という．

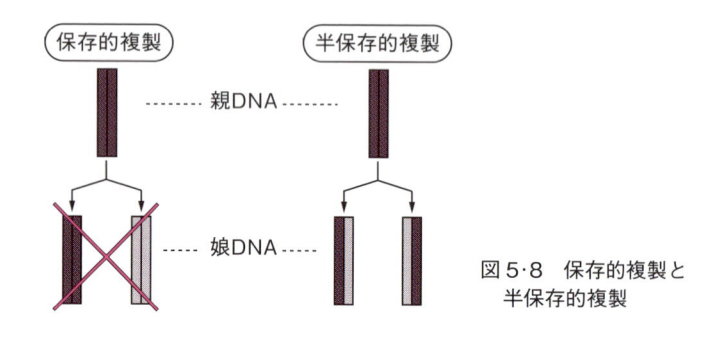

図5・8　保存的複製と半保存的複製

5・5・2 レプリコンの複製過程

細胞内ではDNA複製は決まった場所から始まり，一定の領域を複製して完了する．複製開始点を**複製起点**といい，1回の過程で複製されるDNA領域を**レプリコン**（複製単位）という．原核生物のゲノムは単一レプリコン，真核生物は複数レプリコン（注：染色体のいろいろな場所から複製が始まる）である．大腸菌では複製起点にdnaA，dnaB，dnaCなどの複製因子とATPの作用で部分的に変性した構造ができ，プライマー合成酵素で**RNAプライマー**がつくられ，そこにDNAポリメラーゼⅢが来てDNA合成反応が始まる．プライマーRNAは不要なため，DNAポリメラーゼⅠの5′→3′エキソヌクレアーゼ活性で除かれる．複製は複製起点から左右両方向に進む（**二方向性複製**）．

5・5・3 不連続複製：5′方向へDNAを延ばす戦略

親DNAが変性して複製が進んでいる部分を**複製のフォーク**というが，複製のフォーク付近では複製が新生鎖で見て3′へ伸びるものと5′へ伸びるも

のがある．前者の鎖を**リーディング鎖**（先行する鎖の意），後者を**ラギング鎖**（遅れる鎖の意）という．リーディング鎖の新生DNAはフォークの進行と同じ方向に伸びる．しかしラギング鎖ではフォーク進行と同じ5′方向へのDNA合成が起こらないため，DNA合成は後ろに向かって進むしかない．実際には，ラギング鎖ではまず短いDNAが後ろ向きにつくられ，それが後で連結される．この方式をDNAの**不連続複製**といい，最初にできる短鎖DNAを発見者の名をとって**岡崎断片**という．二本鎖DNAの合成では，図5・9のように，合成が両鎖で同調的に進むと考えられる．

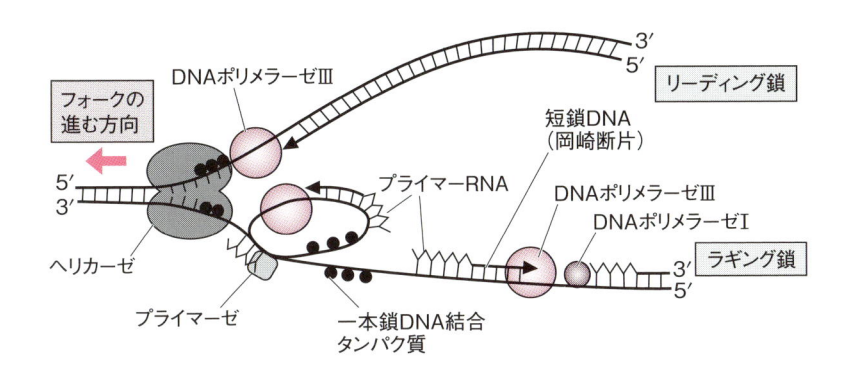

図5・9 複製フォーク付近の出来事（大腸菌の例を示す）

ヘリカーゼ：DNAを変性させる．
一本鎖DNA結合タンパク質：一本鎖DNAを安定化する．
プライマーゼ：RNAプライマーを作る酵素．
DNAポリメラーゼⅠはRNAを分解する

解説　**線状DNA複製における末端問題**

鋳型鎖の5′側では3′末端にRNAプライマーが付くが，細胞はこのRNA部分を複製することができないため，娘DNAのこの部分は複製されず短くなってしまう．この現象は真核生物の染色体でも起き，細胞分裂の度に染色体が短小化してしまう．しかし染色体の末端には無意味なDNA配列のくり返し，**テロメア**が存在するため，DNAが多少削れても遺伝子への影響は回避できる．環状DNAにはこのような問題はない．

5・6 クロマチンと染色体

真核生物のゲノム DNA は**染色体**として核内に存在する．染色体は細胞分裂前に複製した染色体が凝集し，それが顕微鏡で見えるようになった形態を示す用語であるが，物質的には DNA－タンパク質複合体からなる**クロマチン**（染色質）といわれる．タンパク質の大部分は塩基性の**ヒストン**であり，**コアヒストン**と**リンカーヒストン**（ヒストン H1 など）に分類される．4種類のコアヒストン（H2A, H2B, H3, H4）はそれぞれ2個集まって球状となり，そこに 146 塩基対の DNA が約2回巻き付く．この構造を**ヌクレオソーム**という（注：約 200 塩基ごとに形成される）．ヌクレオソームはリンカーヒストンに束ねられて縄状に巻かれた **30 ナノメートル繊維**となり，この繊維が何重にも折り畳まれて太い染色体となる．ヒストンのアミノ末端領域はヌクレオソームから突出した構造をもち，アセチル化やメチル化など，多くの化学修飾の標的となり，遺伝子発現調節などにかかわる（12・4）．

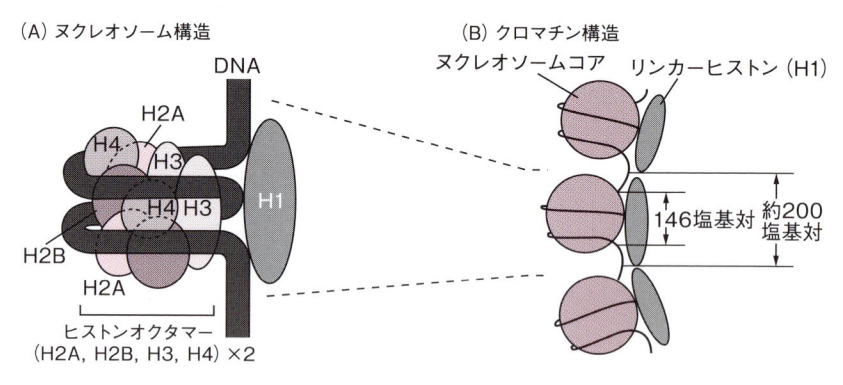

図 5・10 クロマチンの構造
　実際の染色体は，クロマチンが何重にも凝縮した構造をとっている．

5・7 核酸の切断や分解

5・7・1 物理化学的切断

RNA に比べ，DNA は水流や超音波，高温，極端に低い pH（酸性）で切断されやすい（注：酸でプリン塩基が外れ［脱プリン化］，その結果リン酸

ジエステル結合が不安定になる).一方,強アルカリの中ではRNAのリン酸ジエステル結合が切断されやすい.DNAは放射線に感受性があり,この性質はガンマ線滅菌(滅菌:すべての生命体を死滅させること)に応用されている.

5・7・2 核酸切断酵素

核酸分解酵素(加水分解酵素の一種.6章)は基質により,DNAを分解する**DNアーゼ**[DNase],RNAを分解する**RNアーゼ**[RNase],両方を分解する**ヌクレアーゼ**に分類される.別に一本鎖を切るもの,二本鎖を切るもの,両方切るなどの分類もある.分解様式でも,核酸の内部を切る**エキソヌクレアーゼ**と端からヌクレオチドを1個ずつ削る**エンドヌクレアーゼ**に分類できる.ヘビ毒の成分であるホスホジエステラーゼは核酸を3′-OH末端側から分解する.大部分のヌクレアーゼは切断後に3′-OH,5′-リン酸という末端を生じる.

> **解説**　**制限酵素**
> **制限酵素**は細菌のDNAエンドヌクレアーゼの一種で,4〜8塩基対の決まった配列を認識し,その付近の特定の塩基対部分でDNAを切断する(12章発展学習).

演習
1. DNAなどの核酸が,酸性ではなく塩基性の色素でよく染まるのはなぜか.
2. 解説にある塩基の一文字表記のルールを参照して,5′-WBHNYという一本鎖DNAの相補鎖の構造を5′側から書きなさい.
3. 5・2・1の記述を参考に,DNA中のヌクレオチドの平均分子量(300)とアボガドロ数(1・1・3解説)から,ヒト細胞1個に含まれるDNA量(グラム数)を計算しなさい.
4. テロメア複製酵素テロメラーゼの豊富な癌細胞は不死化している.このような性質をもつ理由を,DNA末端問題を参考に考えなさい.

6 生体化学反応の触媒：酵素

酵素は触媒能をもつタンパク質で，ほとんどの生体化学反応にかかわり，生存温度で最大活性を発揮する．酵素には反応形式や反応にかかわる分子「基質」で分類される多くの種類が存在し，中にはビタミンとして働く補酵素を必要とするものもある．酵素はさまざまな制御を受けるが，この中には活性部位以外への作用が活性を修飾するアロステリック効果や，反応生成物が上流の酵素活性を抑えるフィードバック阻害などがある．

6・1 酵素の基本的性質

6・1・1 酵素はタンパク質触媒

化学反応の進み具合は物質の濃度と温度や圧力で決まる（1・2）．化学工業の現場では反応を起こすために数百℃，数百気圧という極限の条件を設定し，さらに反応効率を上げるために白金などに触媒を使う．**触媒**とは反応に一時的にかかわって反応速度を高める物質で，反応の平衡には影響せず，反応のきっかけとなる活性化エネルギーを低くすることにより反応平衡点到達時間を短くする．生物は体温や環境温度といった低い温度で化学反応を進めなくてはならず，触媒は必須である．生体で作用する触媒（**生体触媒**）を**酵素**（enzyme）といい，タンパク質でできている．生体化学反応は一部を除き，すべて酵素の存在に依存する．

> **Column**
> **リボザイム：酵素活性をもつ RNA**
> 通常酵素はタンパク質であるが，RNA で酵素活性をもつものを**リボザイム**という（注：リボは RNA を，ザイムは酵素［enzyme］を意味する）．原生動物の rRNA の自己スプライシング（12・4・4）や RN アーゼ P（触媒活性は酵素に含まれる RNA がもつ）による tRNA を限定分解，mRNA の 3′末端の CoCT による mRNA 3′末端の切断など，切断反応でその例が知られているが，rRNA（13・4）の最大分子種にはペプチド結合形成触媒能がある．

解説	**酵素の結晶化**

酵素研究の黎明期，タンパク質が真の触媒かどうかの議論があったため，結晶化により酵素を純化する試みが盛んに行われた．最初の結晶化は 1926 年，サムナーがウレアーゼで成功した．

解説	**酵素の語源**

酵素（エンザイム）はもともと en（内部）＋ zyme（酵母），つまり酵母の中でアルコール発酵などをする細胞内因子「発酵素」という意味をもつ語句であった．

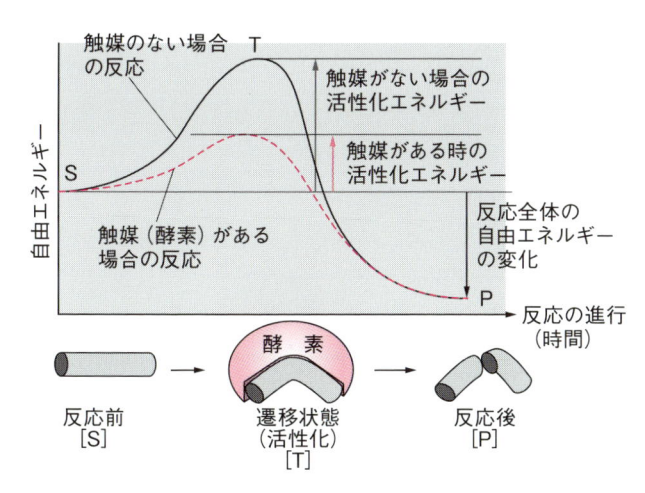

図 6・1　酵素の作用と活性化エネルギー
酵素反応の様子を下に模式的に示した．遷移状態では基質と酵素の相互作用の状態が複数存在する．

6・1・2　酵素反応の至適条件

　触媒の効果が高温高圧ほど出やすいのに対し，酵素タンパク質は 50 〜 60 ℃以上で変性失活するため，反応にちょうどよい**至適温度**が存在する．多くの場合，至適温度は生存環境温度や体温である．タンパク質の構造に影響をおよぼす pH にも至適があり，多くの酵素の**至適 pH** は中性付近である．このほか，活性化因子（例：重金属イオン）濃度や，イオン強度（ナトリウムイオンなどの一価陽イオンの濃度）にもそれぞれの至適条件がある．

6・1・3 基質特異性と反応特異性

酵素反応に参加する分子を**基質**，つくられるものを生成物という．どの反応にも利く無機触媒と異なり，酵素には特定の基質にしか効果を示さないという**基質特異性**が見られる．反応に先立って酵素は基質と一時的に結合するが，基質と酵素の関係は鍵と鍵穴の関係に例えられ，たとえばグルコースを基質にする酵素はフルクトースとは結合しない．反応の平衡に影響を与えない触媒でありながら，理論的に両方向に起こる反応でも，一方向の反応しか促進しない酵素が存在する理由も基質特異性から説明できる．酵素は触媒する反応の種類でも特異性を示す（**反応特異性**）．グルコースを基質とする酵素でも，グルコキナーゼは6位のリン酸化を，グルコースイソメラーゼはフルクトースへの変換［異性化］を，そしてグルコース脱水素酵素は1位の酸化でグルコン酸を生成する．

6・1・4 活性中心

酵素タンパク質の中で反応に直接関与する部分を**活性中心**といい，通常一つの酵素に1個存在し，関連するアミノ酸はたとえ一次構造上の位置が離れていても，立体構造上は接近している．それ以外の部分は構造維持や調節因子との結合などに必要である．活性中心にあるアミノ酸側鎖は基質や補酵素

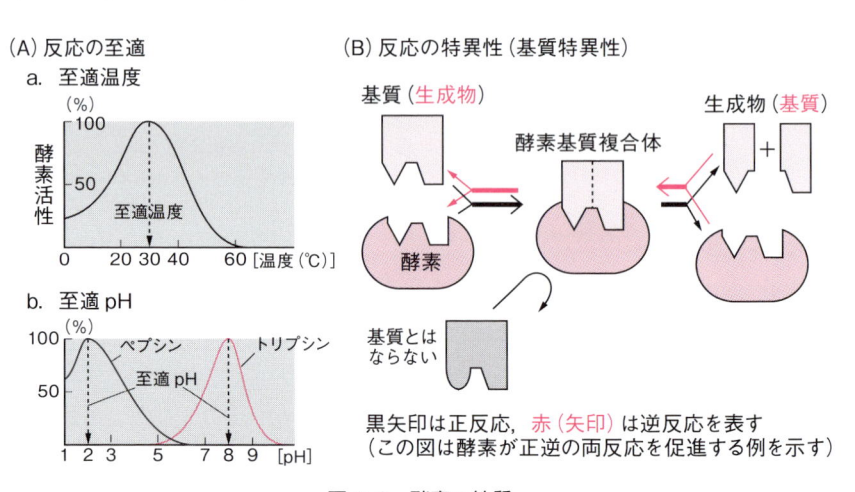

図6・2 酵素の性質

と結合し，触媒反応（例：電子の転移）にかかわる．活性中心に基質以外の物質が結合すると機能が阻害される（6・4・2）．

解説　酵素のもつ触媒活性の数

1種類の酵素タンパク質は，通常1つあるいは一対の反応を触媒する．しかし酵素によっては複数の触媒活性をもつものがあり（核酸合成関連酵素に多い），その場合は活性中心も複数存在することになる．**逆転写酵素**タンパク質はDNA合成活性，DNA／RNA二本鎖中のRNA分解活性，DNA組換え活性をもつ．また大腸菌の**DNAポリメラーゼⅠ**はDNAポリメラーゼ活性，3′→5′エキソヌクレアーゼ活性，5′→3′エキソヌクレアーゼ活性をもつ（前者二つの活性をもつ部分的タンパク質を**クレノー断片**という）．

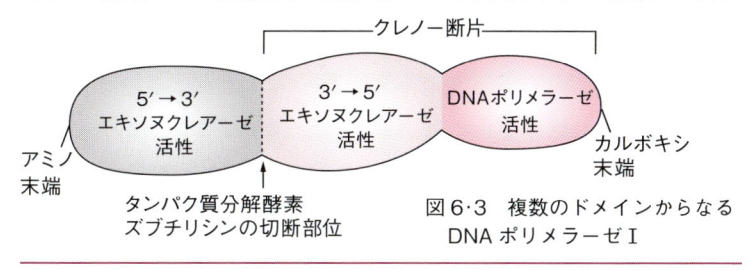

図6・3　複数のドメインからなるDNAポリメラーゼⅠ

6・2　酵素の種類と作用様式

6・2・1　酵素の分類と命名

膨大な数の酵素の整理のために国際酵素委員会（EC）によって酵素に**EC番号**が付けられている．EC番号は四つの数字で表され，1番目の数字は反応形式による大まかな分類で6種類ある．EC1は酸化還元酵素，EC2は転移酵素，EC3は加水分解酵素，EC4は脱離酵素，EC5は異性化酵素，EC6は合成酵素を表す．第2，第3番目の数字を使い，基質，反応形式，活性中心などによる詳細に分類がなされ，4番目の数字で通し番号が付けられる．酵素の名称は，基質名＋反応名の次にアーゼ(-ase)をつける（例：ヒストンアセチルトランスフェラーゼ：ヒストンにアセチル基を付加する）のが基本だが，複雑な場合は慣用名（例：トリプシン）を用いることも多い．反応生成物で呼称する場合もある（例：チミジン合成酵素）．

6・2・2 酵素の分類

a．酸化還元酵素：2種類の基質の間の酸化と還元（10章）を触媒する酵素．一つの基質が酸化され，他は還元される．(i) **脱水素酵素（デヒドロゲナーゼ）** は離脱した水素を酸素以外の物質（通常 NAD^+ などの補酵素）に渡す．生体酸化還元反応の大部分はこのタイプの酵素が行う．(ii) **酸化酵素（オキシダーゼ）** は基質の電子を酸素に渡す酵素で，水や過酸化水素ができる．(iii) **酸素添加酵素（オキシゲナーゼ）** は基質を分子状酸素と直接結合させる．(iv) **カタラーゼ** は過酸化水素を水と酸素に分解し，(v) **ペルオキシダーゼ** は基質の水素を過酸化水素に移して水をつくる．

b．転移酵素：A-X + B → A + B-X と，一方の基質の基を他方の基質に移す**トランスフェラーゼ**である．グリコシル基転移を行うグリコーゲンシンターゼ（合成酵素），リン酸基転移を行うグルコキナーゼなどがある．

c．加水分解酵素：水を使って基質を分解する（**ヒドラーゼ**）．作用する化学結合により，エステル結合に作用するリパーゼ，グリコシル結合に作用するアミラーゼ，ペプチド結合に作用するトリプシンなどの種類がある．

d．脱離酵素：加水分解によらずに基質からある基を除く．C-C結合に作用するデカルボキシラーゼ，C-O結合に作用するアンヒドラーゼなどがある．

e．異性化酵素：構造異性体など，異性体間の相互変化を触媒する（**イソメラーゼ**）．光学異性に関連するものにはエピメラーゼ，分子内で酸化還元反応を起こすものとしてグルコース6-リン酸イソメラーゼなどがある．DNA トポイソメラーゼは DNA 立体構造を変化させる（5・3・2）．

f．合成酵素：**リガーゼ**．ATP のリン酸の切断を伴い，エネルギー依存的に2種類の分子を連結する．CoA シンテターゼ（**合成酵素**）などがある．

6・3 酵素活性の必須因子

酵素にはポリペプチド鎖だけだと活性が発揮されず，金属や低分子の有機化合物を要求するものがあるが，後者を**補酵素**といい（表6・2），酵素タンパク質側を**アポ酵素**という．補酵素は活性化因子というよりも，基質からある化学基を受け取ったり他の基質に渡す補助基質としての機能が強く，関連する逆反応によって元の形に戻る．脱水素酵素の酸化還元反応で水素を受容

表 6・1　酵素の分類

分類	反応の概要	分類番号と酵素の例
1. 酸化還元酵素	2種の基質間の酸化還元反応（電子の転移）を行う．	1.1.1.27. 乳酸デヒドロゲナーゼ 1.9.3.1. シトクロムcオキシダーゼ 1.11.1.6. カタラーゼ
2. トランスフェラーゼ （転移酵素）	アミノ基，メチル基，リン酸基などを基質から他の基質へ移す．DNA合成酵素などもこれに入る	2.3.1.6. コリンアセチルトランスフェラーゼ 2.6.1.1. アスパラギン酸トランスアミナーゼ 2.7.3.2. クレアチンキナーゼ
3. 加水分解酵素	種々のエステル結合，多糖，タンパク質などの加水分解	3.2.1.1. アミラーゼ 3.4.21.4. トリプシン 3.6.1.3. ATPアーゼ
4. リアーゼ （脱離酵素）	基質から加水分解や酸化によらずにある基を除く．二重結合をつくることが多い．逆反応は二重結合に対する付加なので付加酵素ともよばれる．	4.1.1.31. ホスホエノールピルビン酸カルボキシラーゼ 4.1.3.7. クエン酸シンターゼ 4.6.1.1. アデニル酸シクラーゼ
5. イソメラーゼ （異性化酵素）	アミノ酸のラセミ化，糖のエピマー化，シス－トランス変換，分子内転移などを行う	5.1.1.10. アミノ酸ラセマーゼ 5.3.1.1. トリオースリン酸イソメラーゼ 5.4.99.2. メチルマロニル CoA ムターゼ
6. リガーゼ （合成酵素） （またはシンテターゼ）	ATPの加水分解を伴って2分子を結合させる	6.2.1.1. アセチル CoA シンテターゼ 6.3.1.2. グルタミン酸アンモニアリガーゼ 6.4.1.1. ピルビン酸カルボキシラーゼ

する NAD や FAD（10・1・5），アルデヒド基の運搬をするチアミン二リン酸，アシル基運搬体となる補酵素 A（CoA）などがある．酵素と強く結合して一体化している金属や有機化合物はとくに**補欠分子族**といわれる（例：ピルビン酸カルボキシラーゼのビオチン［ビタミン H］，酵素ではないが，酸素を運ぶヘモグロビンのヘム）．

6・4 酵素反応の理論
6・4・1 酵素反応の動力学

酵素反応の進み方の理解には反応の動力学，すなわち速度論の理解が必要である．AとBが反応してCとDができる反応は次のように書かれる．

$$A + B \rightleftarrows C + D$$

基質濃度を [A] などと，**速度定数**（基質濃度以外の要因で決まる係数）を k_{+1} などと表現すると，右向き反応速度は $k_{+1} \cdot [A] \cdot [B]$，左向き反応速度は $k_{-1} \cdot [C] \cdot [D]$ となる．平衡状態では両反応速度が等しく，$k_{+1} \cdot [A] \cdot [B] = k_{-1} \cdot [C] \cdot [D]$ と表されるが，この式は $[C][D]/[A][B] = k_{+1}/k_{-1}$ となり一定の値 K となる．**K 値**を**平衡定数**といい，酵素の有無には影響されない．上の場合，K 値が 1 を超えると反応は右に進み，1 未満だと左に進む．

酵素が反応にかかわる場合，まず基質 S と酵素 E が結合して複合体 ES ができ，次に ES が解離して生成物 P ができる（下記）．

$$E + S \underset{k_{-1}}{\overset{k_{+1}}{\rightleftarrows}} ES \quad （反応1）$$

$$ES \xrightarrow{k_2} E + P \quad （反応2）$$

反応1は平衡状態にあるが，2はほぼ右向きにしか進まない．基質と酵素が結合して複合体ができる速度は速く，一方，複合体から生成物ができる速度は遅いので，酵素反応中，複合体は一定濃度存在するとみなされ，

$$k_{+1} \cdot [E] \cdot [S] = k_2 \cdot [ES] + k_{-1} \cdot [ES] \quad (1)$$

となる．酵素の全濃度つまり初濃度を $[E_0]$ とすると，$[E_0] = [E] + [ES]$ となり，これと前の (1) 式から次式が導かれる．

$$[ES] = \frac{[E_0] \cdot [S]}{K_m + [S]} \quad (2)$$

K_m（ミカエリス定数）は濃度で表わされ，$K_m = (k_2 + k_{-1})/(k_{+1})$ である．酵素反応全体の速度 v は P のできる速度（$k_2 \cdot [ES]$）なので

$$v = \frac{k_2 \cdot [E_0] \cdot [S]}{K_m + [S]} \quad (3)$$

となるが，この式を**ミカエリス・メンテンの式**という．通常 k_2 は k_{-1} に比べ

6・4 酵素反応の理論

(A) 基質濃度 [S] と初速度 (V_o) の関係

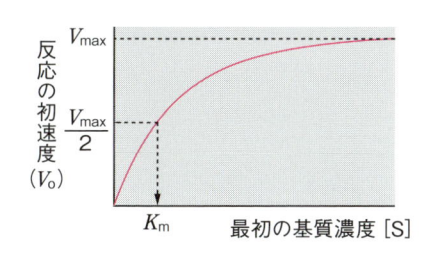

(B) ラインウィーバー・バークプロット

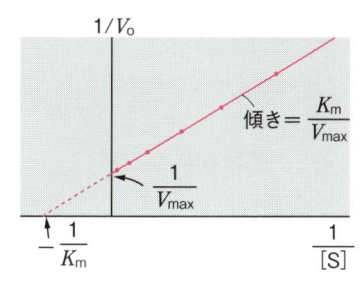

(C) 主な酵素のK_m値

酵素　（基質）	K_m（mM）
ヘキソキナーゼ　（ATP）	0.4
キモトリプシン　（グリシルチロシニルグリシン）	108
β-ガラクトシダーゼ　（D-ラクトース）	4.0

図6・4　酵素反応速度論

て充分小さいので $K_m = k_{-1}/k_{+1}$ と近似できる．つまり K_m 値は ES の解離のしやすさを表し，小さいほど酵素が基質と結合しやすいことを意味する．

ミカエリス・メンテンの式から，酵素量が一定なら酵素反応速度は最初の基質濃度（基質の初濃度）に依存することがわかる．基質初濃度のときの反応速度を**初速度**という（注：基質は減ってくるので，反応速度は時間とともに下がる）．基質濃度を上げていくと初速度が大きくなり，徐々に**最大速度**の V_{max} に近づく（$V_{max} = k_2 \cdot [E_0]$）．この場合ミカエリス・メンテンの式は

$$v = \frac{V_{max} \cdot [S]}{K_m + [S]} \quad (4)$$

となる．反応速度 v が V_{max} の半分で式が $K_m = [S]$ となることから，K_m は最大反応速度の半分の反応速度となる基質濃度であることがわかる（図6・4）．基質濃度を変えて V_{max} や K_m を曲線から求めるのは難しいが，(4)式を変形し，

$$\frac{1}{v} = \frac{1}{V_{max}} + \frac{K_m}{V_{max} \cdot [S]} \quad (5)$$

とすると，速度と基質濃度の逆数，$1/v$ と $1/[S]$ に関して一次関数（**ラインウィーバー・バークの式**）となり，速度と基質濃度の関係を直線で表すこと

ができる．この図の直線（**ラインウィーバー・バークプロット**，**両逆数プロット／二重逆数プロット**）がX軸とY軸と交わった点から，V_{max} と K_m が求められる．V_{max} と K_m は酵素の性能を示す重要な指標となる．

6・4・2 酵素反応の阻害

a．阻害の形式：酵素反応を阻害する阻害物質の作用により，**可逆的阻害**と**不可逆的阻害**に分けられる．可逆的阻害物質は酵素と緩く結合し，阻害物質がなくなれば阻害は消える．不可逆的阻害物質は活性中心のアミノ酸と共有結合し，アミノ酸が化学修飾される．タンパク質変性要因（例：高温，極端なpH，重金属）は形式上，酵素活性を非特異的に阻害する．

b．可逆的阻害：(1) **競合阻害**：競争阻害，拮抗阻害ともいう．基質と同様に酵素活性中心に結合するが，反応はしない．基質濃度を高めると解離し基質にとって代わられる．基質と類似構造をもつ物質にこのタイプの阻害剤が多い（例：コハク酸脱水素酵素に対するマロン酸）．基質と酵素の親和性に影響を与えるために K_m は上がるが，結合すればそのまま反応するため，V_{max} は変化しない（以下の解説参照）．(2) **非競合阻害**：阻害物質が活性中心以外に結合することにより酵素の構造に影響を与え，それにより阻害する．

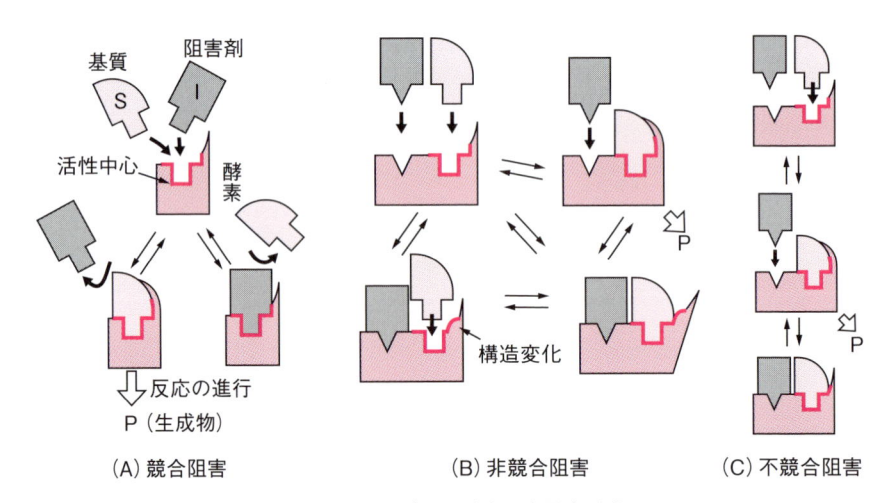

図6・5　さまざまな酵素反応阻害形式

(A) 競合阻害

$$v = \frac{V_{max} \cdot [S]}{K_m(1+\frac{[I]}{K_I}) + [S]}$$

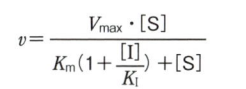

$$\frac{1}{v} = \frac{K_m}{V_{max} \cdot [S]}(1+\frac{[I]}{K_I}) + \frac{1}{V_{max}}$$

(B) 非競合阻害

$$v = \frac{V_{max} \cdot [S]}{K_m(1+\frac{[I]}{K_I}) + [S](1+\frac{[I]}{K_I})}$$

$$\frac{1}{v} = \frac{K_m}{V_{max}}(1+\frac{[I]}{K_I})\frac{1}{[S]} + \frac{1}{V_{max}}(1+\frac{[I]}{K_I})$$

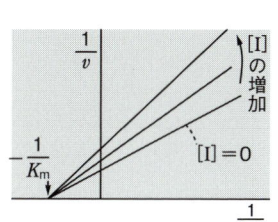

(C) 不競合阻害

$$v = \frac{V_{max} \cdot [S]}{K_m + [S](1+\frac{[I]}{K_I})}$$

$$\frac{1}{v} = \frac{K_m}{V_{max} \cdot [S]} + \frac{1}{V_{max}}(1+\frac{[I]}{K_I})$$

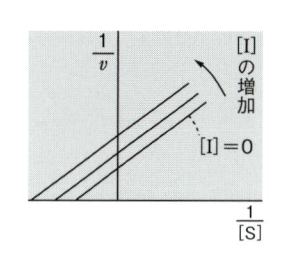

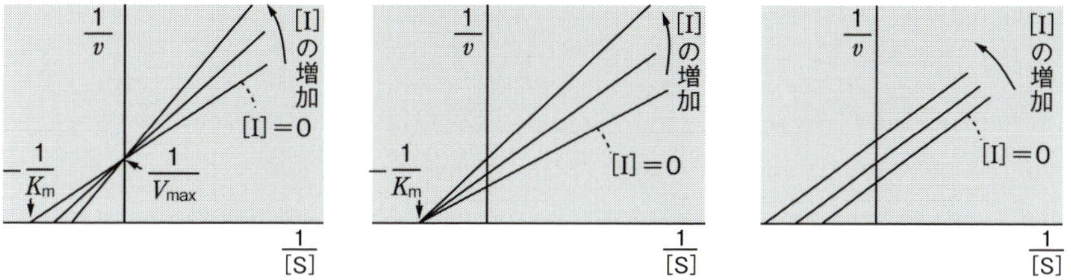

図 6·6　各阻害における反応の動力学
　[I] は阻害剤 I の濃度．K_I は阻害定数（酵素・阻害剤複合体 EI の解離定数）．

基質結合とは無関係に起こるために K_m は変化しないが，阻害物質が触媒能を低下させることから V_{max} は低下する．(3) **不競合阻害：反競合阻害**ともいい，阻害物質は酵素−基質複合体に結合する．触媒効率が低下するので V_{max} は低下するが，同時に K_m も下がる（注：基質−酵素複合体の解離が妨げられ，見かけ上酵素の基質親和性が高まるために起こる）．阻害があると酵素の状態は図 6·5 のようになるが，ラインウィーバー・バークの式を用いて反応状態を直線で表すと，変化した K_m や V_{max} を正確に求めることができる．

6·4·3　酵素反応の測定

　酵素量は，30℃，1分間で，1マイクロモルの生成物をつくる**酵素活性**として表わされる（☞国際単位）（注：より正確に表すため，1秒間の反応を基準にする方法もある）．酵素の種類によっては生成物ではなく，基質量の減少や補酵素の変化量を定量する場合もある．NAD を補酵素（6·3）として利用する脱水素酵素は，NAD 量の変化から酵素活性が求められる（注：NAD は 340 nm の紫外線を特異的に吸収するので，吸光度から物質量がわかる）．酵素活性は，充分量の基質存在下で（注：通常 K_m の数倍）酵素の量を変化させ，酵素に比例して生成される反応物の量を元に測定する．

6・5　生体における酵素活性の調節

6・5・1　酵素機能と恒常性維持
　酵素活性が異常になると代謝異常が起こり，生体内の恒常性維持が困難になって病気になったりする．このため，生体ではさまざまな調節機構によって酵素活性レベルの調節を介する代謝の制御が行われている．活性調節機構の一つは酵素タンパク質量の制御で，遺伝子発現レベルの制御，あるいは翻訳や分解の制御である．このほかに，基質量の変化や酵素活性の直接的な修飾といった，よりシャープに酵素活性が変化する制御機構もある（下記）．

6・5・2　フィードバック調節
　X，Y，Zをつくるそれぞれの酵素A，B，Cが順番に働く代謝系において，最終産物Zの量を調節するには，簡単には酵素Cが調節される機構があればよいと思えるが，これではYが溜まってしまい，むしろ最初のXを減らす方が経済的である．この考えに添うような，Zが酵素Aを阻害する**フィードバック阻害**という現象がいくつかの酵素で見られる（例：トレオニンから最終的にイソロイシンができる反応で，イソロイシンがトレオニンから2-オキソ酪酸をつくる最初の酵素トレオニンデヒドラターゼを阻害する）．

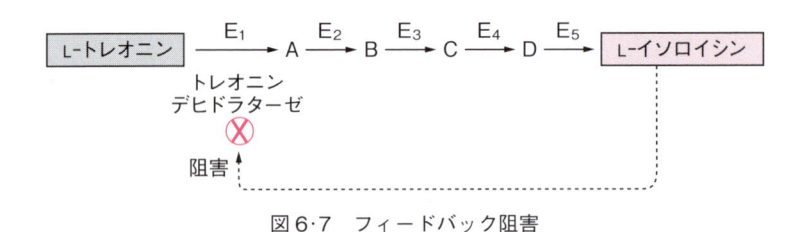

図6・7　フィードバック阻害

解説	**律速酵素**

　上記のような連続した代謝系において，酵素Aの反応が他の二つに比べて極端に遅い場合，Zの生成速度は酵素Aの有無で決まる．酵素Aをその代謝系における**律速酵素**といい，制御もここにおよぶことが多い．

6・5・3 アロステリック効果

酵素の基質結合部位以外の部位（アロステリック部位）に結合した調節因子によって酵素活性が調節される場合があるが，そのような現象を**アロステリック効果**といい（注：アロステリックは「異なる構造」の意），活性化と抑制の2通りがある．前述（6・4・2b(2)）の非競合阻害もこの機構を使っている．**アロステリック酵素**はサブユニット構造（4・4・3）をとるものが多い（例：AとBのサブユニットからなる酵素で，活性中心がA，調節部位がBにあり，Bに調節物質が結合するとAの活性発揮が修飾される）．調節物質が基質の場合もあり，たとえばATPの産生にかかわるホスホフルクトキナーゼには，基質ATPの結合部位のほかにもう一つのATP結合アロステリック部位があり，そこへの結合で負のアロステリック効果が起こる（☞ ATP過剰時に解糖系を働かせないための機構）．四量体からなるヘモグロビンに酸素が1個結合すると次の1個が結合しやすくなるという現象もアロステリック効果で説明できる．このような酵素の反応はミカエリス・メンテンの式に従わず，基質が少ないところでは基質の効果が出ないが，基質が増えると活性が急に発揮される**シグモイド型（S字型）反応曲線**を示す．

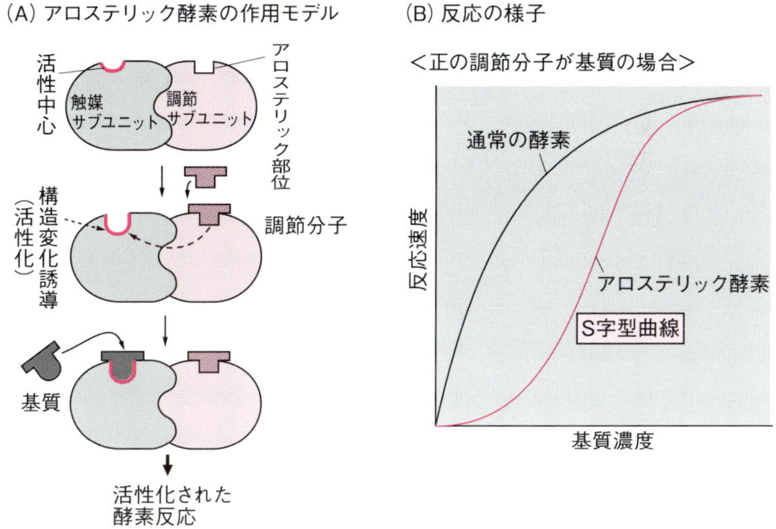

図6・8　アロステリック酵素

6·5·4 酵素分子の修飾と活性調節

翻訳されたばかりの酵素ポリペプチド（☞**プロ酵素**）では活性をもたず，何らかの修飾後に活性をもつ酵素が少なくない．修飾の一つは限定分解で，タンパク質分解酵素に例が多い（コラム参照）．もう一つは化学修飾で，タンパク質リン酸化酵素（プロテインキナーゼ）によるリン酸化など多くの例がある．リン酸化酵素が他のリン酸化酵素をリン酸化（つまり活性化）するといった反応の連続／連鎖（＝**カスケード**）は，細胞内情報伝達系（14·3）に多く見られる．

解説　イソ酵素（アイソザイム）

一つの生物種がもつ同一の反応を触媒する酵素で，タンパク質の構造や酵素としての性質の異なる一群の酵素を**イソ酵素（アイソザイム）**という．乳酸脱水素酵素，アルカリホスファターゼなどで見出されている．

演習

1. 金属触媒と生体触媒の違いを述べなさい．
2. ある酵素反応で基質を2倍にしても生成物の量はほとんど変化しなかったのに，10倍にしたら生成物の量が100倍に増えた．この現象はどのような機構で起こったと考えられるか．
3. 補酵素の関与する酵素反応に補酵素を加えないと反応は極端に落ちるが，それでもわずかに起こるか，それともまったく起こらないのか．
4. 分解と合成の両方向の反応を触媒する酵素で，合成反応あるいは分解反応だけ見たいという場合は，どのような反応系をつくればよいか．

Column

血液凝固反応は酵素反応の連鎖で起こる

血管や血液にストレスがかかると血液が凝固する．この反応の一つ（**内因性経路**）は血管内の非生理的表面環境の発生をきっかけとし，因子XIIの活性化が引き金で起こる．活性化因子XIIは因子XIを，さらにそれが因子IXを活性化し，次にそれが**因子X**を，そして最後には**トロンビン**を活性化する．因子IXや因子Xの活性化は，血管損傷などの**外因性経路**によっても起こる．活性化はいずれもプロテアーゼによる限定的タンパク質分解で，分解後に加水分解能が現れるという酵素反応のカスケードがかかわる．トロンビンは**フィブリノーゲン**を限定分解して不溶性の**フィブリン**をつくり，フィブリンは凝集し，血餅となって傷口を塞ぐなどの効果を現す．

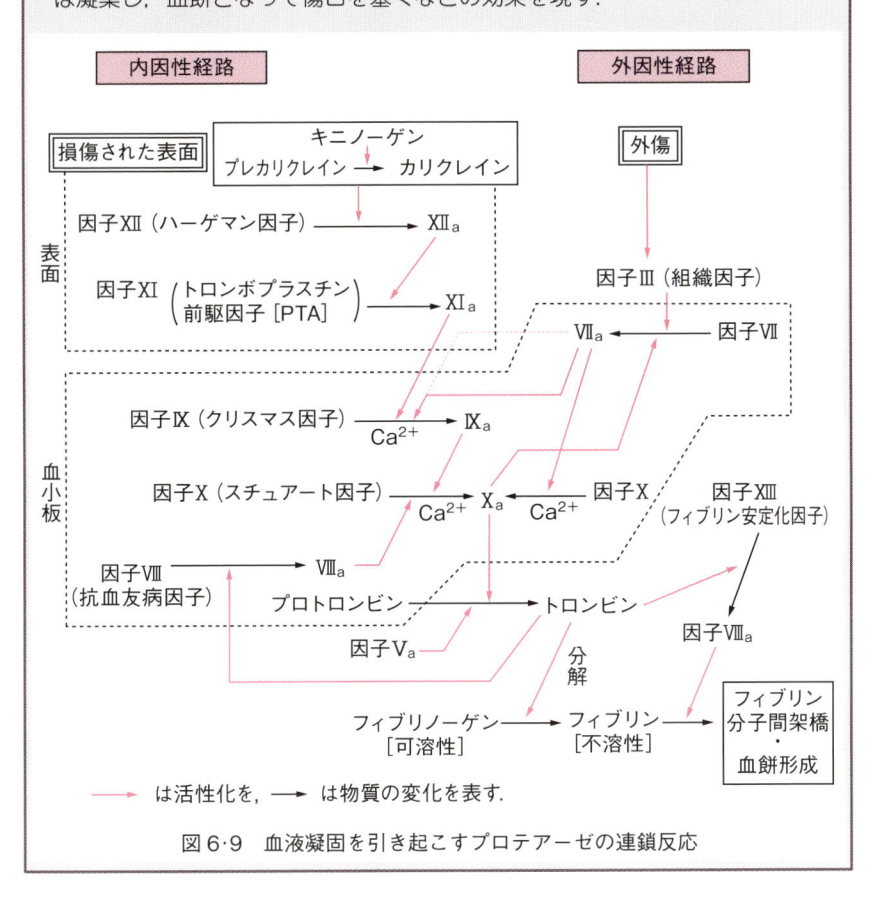

図6·9 血液凝固を引き起こすプロテアーゼの連鎖反応

<発展学習> ビタミンと補酵素

1. ビタミンとは

栄養素のうち,直接のエネルギー源や細胞構成要素とはならず,少量で作用を発揮する有機化合物をビタミンといい,不足すると欠乏症になる.脂溶性と水溶性に分けられる.脂溶性ビタミンは脂質に属し(3章),ビタミンA, -D, -K, -Eがある.ビタミンAは植物色素のカロチンから合成され,網膜のロドプシン(光を吸収する性質がある)の一部となり,不足すると夜盲症になる.ビタミンDはステロイドで,プロビタミンDとして摂取された後紫外線でビタミンDに変化し,カルシウム吸収に関するタンパク質の遺伝子発現を活性化する.不足すると骨代謝異常症(くる病)を起こす.

表6·2 B群のビタミンと補酵素

ビタミン	活性型補酵素	酵素反応	欠乏症
チアミン (ビタミンB_1)	チアミン二リン酸	脱炭酸反応	脚気 多発性神経炎
リボフラビン (ビタミンB_2)	フラビンモノヌクレオチド (FMN) フラビンアデニンジヌクレオチド (FAD)	<酸化還元> 脱水素反応と酸化反応	舌炎 口角炎 皮膚炎
ニコチン酸 (ナイアシン)	ニコチンアミドアデニンジヌクレオチド (NAD) ニコチンアミドアデニンジヌクレオチドリン酸 (NADP)	<酸化還元> 脱水素反応	ペラグラ症候群 (皮膚炎,下痢,神経障害)
パントテン酸	コエンザイムA (CoA)	アシルCoA合成酵素 脂肪酸合成酵素	まれ,成長停止,神経障害
ピリドキシン ピリドキサミン (ビタミンB_6)	ピリドキサルリン酸 (PALPまたはPLP)	<アミノ酸のアミノ基転移> アミノ酸の脱炭酸反応	まれ,皮膚炎,けいれん
葉酸	テトラヒドロ葉酸 (THFまたはTHFA) プテリン補酵素の一つ	ホルミル基やメチル基の転移反応	貧血
コバラミン (ビタミンB_{12})	5′-デオキシアデノシルコバラミン	分子内カルボキシ転移反応	悪性貧血
ビオチン (ビタミンH)	(アポ酵素と-CONH-結合), 補酵素R	CO_2固定反応	皮膚炎
α-リポ酸 (チオクト酸)	(アポ酵素と-CONH-結合)	2-オキソ酸の酸化的脱炭酸反応	

2. 補酵素と水溶性ビタミンの関係

　水溶性ビタミンは B 群と C に大別される．B 群は酵素反応を円滑に進めるのに必要な因子で，生化学的には補酵素あるいは補欠分子族として作用する．ニコチン酸（ナイアシン）は **NAD**（ニコチンアミドアデニンジヌクレオチド）や **NADP**（NAD リン酸）として酸化還元反応で水素原子の受容を行う（10・1・5）．パントテン酸は**補酵素 A**（**CoA**：Coenzyme A）の成分となるが，アシル基運搬機能があり，脂肪酸の代謝などにかかわる．ビタミン C（アスコルビン酸）には強い還元力があり，生体分子の非酵素的還元やラジカルの捕捉にかかわる．組織に強度を与えるコラーゲンの合成に関与するため，欠乏すると血管壁が弱くなって壊血病（出血傾向の症状）を起こす．

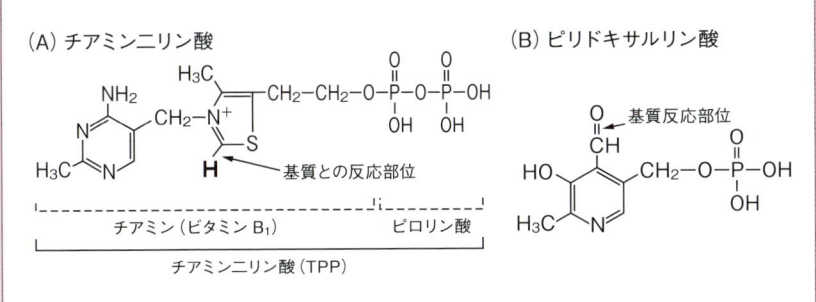

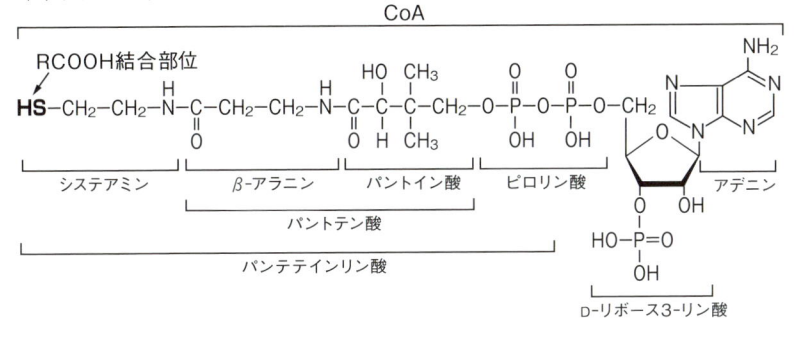

図 6・10　主な補酵素の構造
　　#：NAD と FAD は 10・1・5 に記す．

7 糖質の代謝

　グルコースからピルビン酸に至る解糖系においてATPが産生されるが，ピルビン酸がミトコンドリアにあるクエン酸回路に入るとより多くのATPが生み出される．グルコースはグリコーゲンとして蓄積され，必要なときにグルコースに分解して利用される．またクエン酸回路の基質などからもグルコースがつくられ，NADPHやリボースはペントースリン酸回路から供給される．細胞はグルコース以外の単糖類も利用することができ，また糖からは糖ヌクレオチドや複合糖質がつくられる．

7・1　グルコース異化の基本：解糖系
7・1・1　解糖系の代謝経路
　生存するためにはエネルギー源として**グルコース**が必要であり，細胞はこれを異化することによってエネルギーを得る．**解糖系**（あるいは **EMP**［Embden-Meyerhof-Parnas］**経路，EM経路**）はエネルギー代謝の最初に位置する基本的なもので，他の糖代謝系とも密接な関係にある．

　細胞に取り込まれたグルコースはヘキソキナーゼとATPにより糖の6位がリン酸化されて**グルコース6-リン酸**となる．この活性化型グルコースは他の糖代謝系においても鍵になる分子である．グルコース6-リン酸がフルクトース6-リン酸となると，再度ATPの消費を伴ってリン酸基がもう1個付いた**フルクトース1,6-ビスリン酸**となる．フルクトース1,6-ビスリン酸は**グリセルアルデヒド3-リン酸**と**ジヒドロキシアセトンリン酸**に分割されるが，後者は容易にグリセルアルデヒド3-リン酸に変換されるため，結局1モルのグルコースから2モルのグリセルアルデヒド3-リン酸が生成する（注：この下流もすべて2モル）．

　グリセルアルデヒド3-リン酸は酸化（脱水素反応）とリン酸により1,3-ホスホビスグリセリン酸となるが，さらにリン酸をADPに移して（ATPをつくって）3-ホスホグリセリン酸となる．これは2-ホスホグリセリン酸に

変換されて**ホスホエノールピルビン酸**となる．ホスホエノールピルビン酸はATPを産生してエノールピルビン酸となり，さらに**ピルビン酸**に変換される．この経路により2モルのATPと2モルのピルビン酸がつくられるが，ピルビン酸は乳酸脱水素酵素で**乳酸**となる（注：乳酸が解糖系の最終産物である）．筋肉を無酸素状態で激しく動かすと筋肉に乳酸が溜まり，それ以上筋肉を動かせなくなる．

解説 **糖利用に必須なホルモン：インスリン**
膵臓β細胞から分泌される**インスリン**は，グルコース輸送タンパク質を細胞表面に集めることにより，グルコースの取り込みを促進する．

7·1·2 解糖系の意義

解糖系はグルコースの無気的異化経路として，ATPを産生するために重要であるとともに，糖の水素をNADに渡してNADHを産生する（注：NADHはミトコンドリアでATPを生み出す元になる．10章）．すなわち，解糖系は酸素を使わない**無気呼吸**の一つの形である．解糖系は好気的条件では，効率的エネルギー産生経路であるクエン酸回路の原料となるピルビン酸を生成し，酸素のない嫌気的条件では乳酸を生成する．加えて，解糖系は他の糖代謝経路である糖新生経路，ペントースリン酸回路，グルクロン酸経路などとも密接に関連している．

7·1·3 解糖系，発酵，エタノール摂取

微生物が糖を代謝してエネルギーを取り出し，有機物をつくることを発酵という（10·1·1）．グルコースが解糖系に沿って代謝され，ピルピン酸を経て乳酸ができる場合が乳酸発酵である．アセトアルデヒドを経て（ここで二酸化炭素が出る）エタノールをつくる**アルコール発酵**は，酵母が無酸素条件で増殖するときに見られる（注：酸素が豊富にあるとピルビン酸はクエン酸回路に入り，アルコール発酵は低下する［**パスツール効果**］）．エチルアルコールを摂取するとアルコールが有毒な**アセトアルデヒド**に変化し，**アセトアルデヒド脱水素酵素**で酢酸に代謝された後，アセチルCoAとなってクエン

図7・1 解糖系

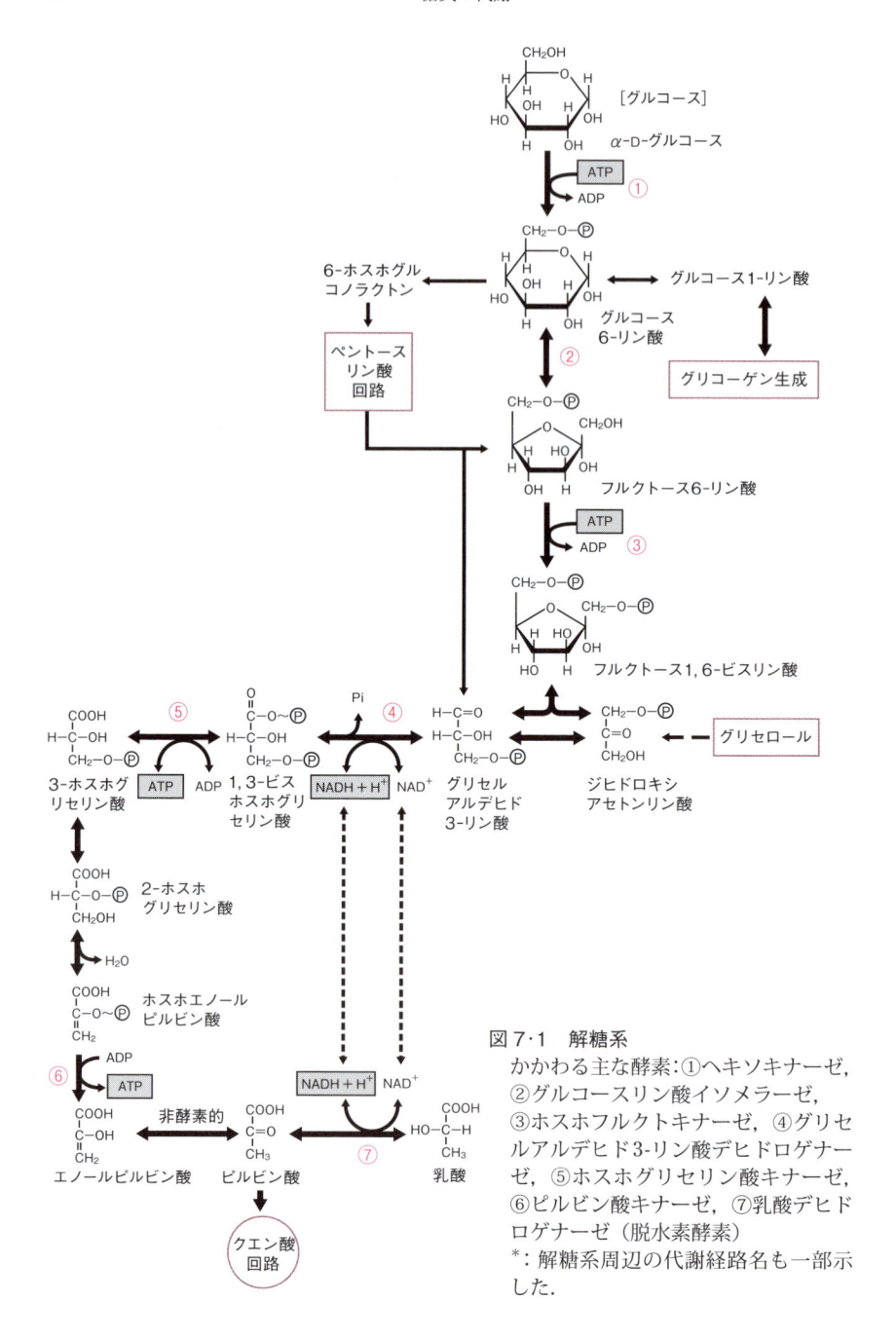

かかわる主な酵素：①ヘキソキナーゼ，②グルコースリン酸イソメラーゼ，③ホスホフルクトキナーゼ，④グリセルアルデヒド3-リン酸デヒドロゲナーゼ，⑤ホスホグリセリン酸キナーゼ，⑥ピルビン酸キナーゼ，⑦乳酸デヒドロゲナーゼ（脱水素酵素）
＊：解糖系周辺の代謝経路名も一部示した。

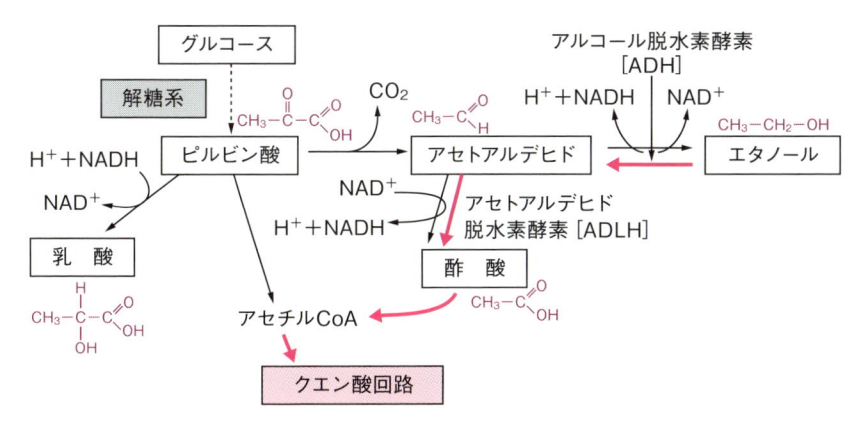

図7・2 発酵にかかわる代謝
エタノールをつくるアルコール発酵, 酢酸発酵 (エタノール→アセトアルデヒド→酢酸, という酸化発酵の形式をとる), 乳酸発酵について示した. →は動物がアルコールを摂取した場合の代謝経路.

酸回路に入る. 酢酸発酵はエタノールを基質に酢酸を生成する, 代表的な酸化発酵である.

解説　反応の可逆性
基質特異性などによって, 酵素が平衡反応のうちの一方しか触媒できない場合, 反応は見かけ上不可逆的となる. 一方, 可逆的に見える反応であっても, それぞれの反応に別々の酵素が使われる場合がある.

7・2　グリコーゲンの合成と分解

7・2・1　グリコーゲン合成経路

　余剰グルコースは**グリコーゲン（グリコゲン）**（2・4・1b）として肝臓や筋肉に貯蔵され, 必要なときにグルコースに分解される. 動物が水だけでもしばらくの間生きられるのはこのためである. まず解糖系の出発段階と同じく, グルコースから**グルコース6-リン酸**ができるが, これがホスホグルコムターゼによって**グルコース1-リン酸**に変換される. 細胞にはグルコース1-リン酸とヌクレオチドであるUTP（ウリジン三リン酸）を使って**UDP-グルコース**をつくる酵素と, このUDP-グルコースからグリコーゲンをつくるグ

```
                グルコース
         グルコース6-    ヘキソキナーゼ     PPi    UDP-グルコース   グリコーゲン
         ホスファターゼ              UTP                      シンターゼ
解                                     UDP-グルコース
糖        グルコース   ホスホグルコ   グルコース   ピロホスホリラーゼ
系        6-リン酸    ムターゼ     1-リン酸                       分枝酵素
         グルコースリン酸                                   グリコーゲン
         イソメラーゼ          ホスホリラーゼキナーゼ,
                              グリコーゲンホスホリラーゼ
        フルクトース6-リン酸         など
```

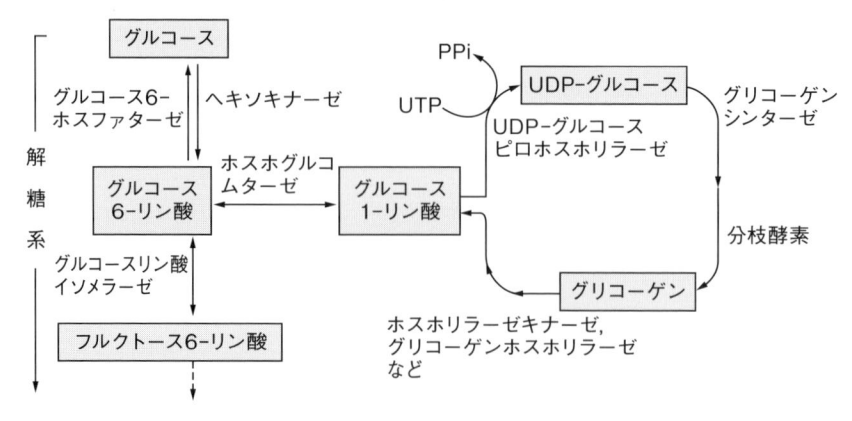

図7·3 グリコーゲンの合成と分解

リコーゲン合成酵素，そして分枝酵素（グリコーゲンは鎖分かれ構造をもつ）があり，これらの共同作業によりグリコーゲンがつくられる．

7·2·2 グリコーゲン分解経路

　グルコースが必要になるとグリコーゲンは分解されて**グルコース1-リン酸**になるが，UDP-グルコースからグリコーゲンに至る合成反応は不可逆なため，分解反応には別の複数の酵素（ホスホリラーゼなど）が使われる．グルコース1-リン酸は**グルコース6-リン酸**に変換されてグルコースとなる．グルコース→グルコース6-リン酸変換にかかわるヘキソキナーゼが不可逆的なため，この部分の反応には別の酵素（グルコース6-ホスファターゼ）が使われる．このようにして肝臓でグルコースがつくられ，血液によって全身に運ばれる．

7·2·3 グリコーゲン代謝の調節

　膵臓（α細胞）由来の**グルカゴン**や副腎髄質由来の**アドレナリン**（闘争や活動にかかわるホルモン．**エピネフィリン**ともいう）はグリコーゲンの合成と分解を調節する．これらのホルモンは細胞内の**環状AMP（cAMP）**を合成する**アデニル酸シクラーゼ**に働いてcAMPの量を上げる（注：cAMPは空腹時に増加する）．cAMPは酵素（**プロテインキナーゼA**）を活性化するが，

7·3 クエン酸回路

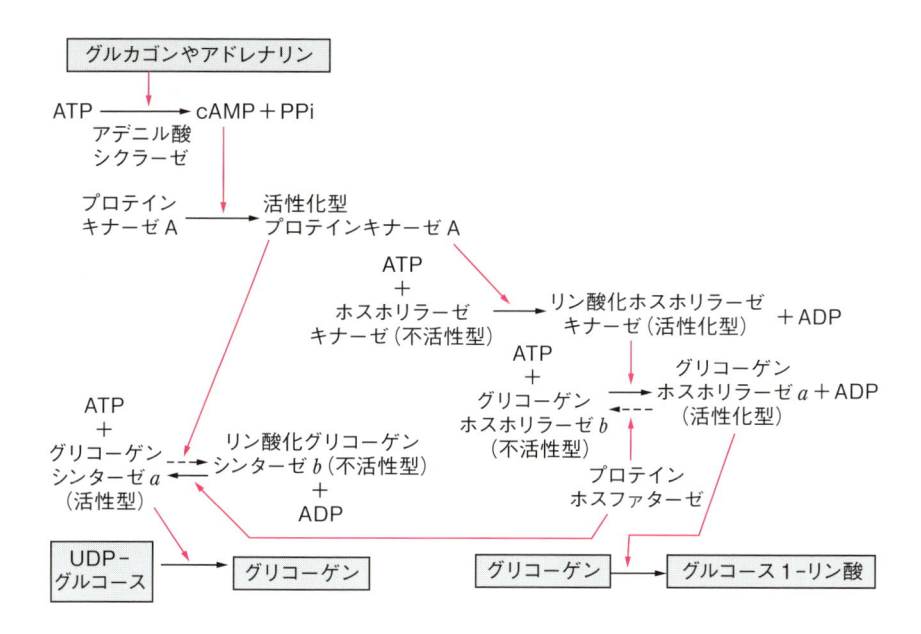

図7·4 ホルモンによるグリコーゲンの生成と分解の調節
　──▶ は活性化を示す．--▶ は不活性化を示す．

このプロテインキナーゼがホスホリラーゼキナーゼを活性化し，最後にこの活性化酵素によってホスホリラーゼが活性化型となり，グリコーゲンからのグルコース生成が活性化される．他方グリコーゲン合成にかかわる**グリコーゲンシンターゼ**はアドレナリンによるリン酸化で逆に不活化されるので，これによりグリコーゲン合成は抑えられる．グリコーゲンの合成と分解は，ホルモンによって同じ目的のために制御される．なお，リン酸基を除く**プロテインホスファターゼ**が活性化すると，逆反応によってグリコーゲンの合成が促進され，分解は抑制されるので，血中グルコースは減少する．

7·3　クエン酸回路

7·3·1　代謝経路

解糖で生じた炭素3のピルビン酸はミトコンドリアに入り2種類の補酵素，CoA と NAD$^+$ によって**アセチル CoA** になり，二酸化炭素と NADH が産生さ

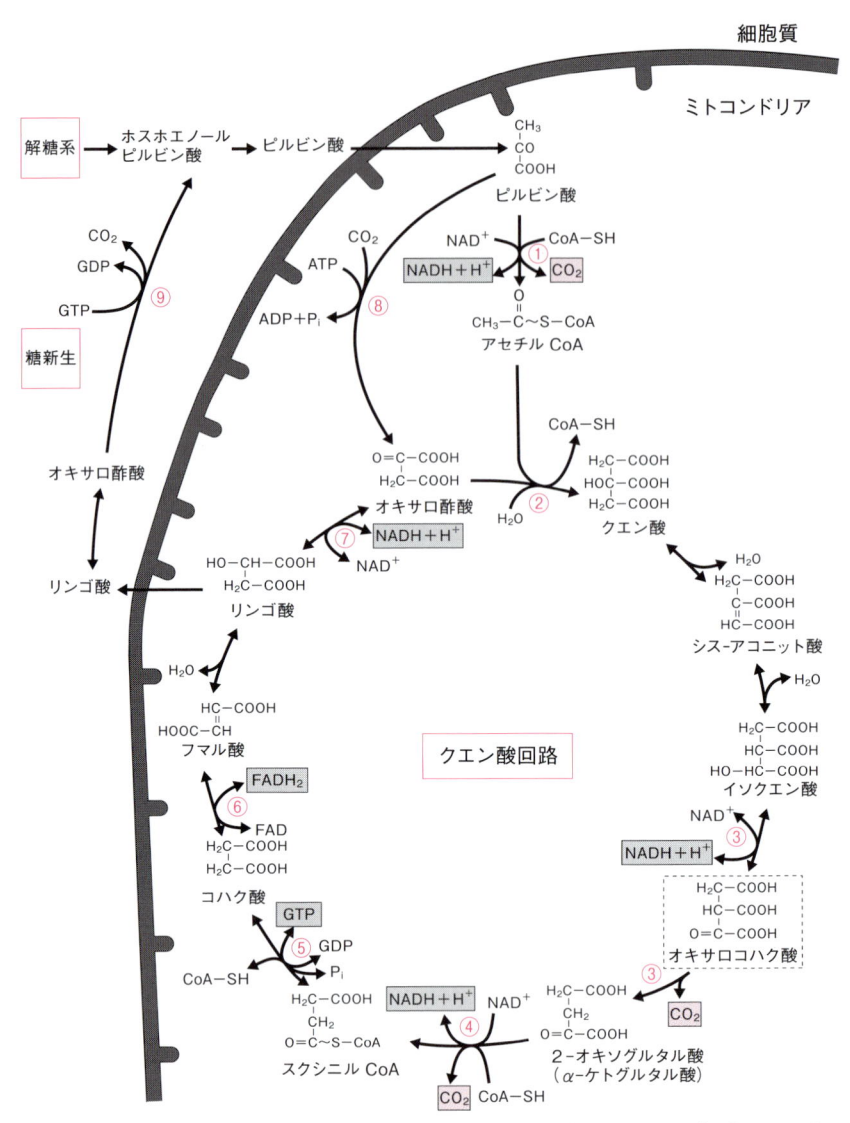

かかわる主な酵素：①ピルビン酸デヒドロゲナーゼ複合体（酸化的脱炭酸），②クエン酸シンターゼ，③イソクエン酸デヒドロゲナーゼ（酸化的脱炭酸，点線内は中間産物），④2-オキソデヒドロゲナーゼ複合体（酸化的脱炭酸），⑤スクシニルCoAシンテターゼ（基質レベルのリン酸化），⑥コハク酸デヒドロゲナーゼ，⑦リンゴ酸デヒドロゲナーゼ，⑧ピルビン酸カルボキシラーゼ，⑨ホスホエノールカルボキシナーゼ

図7・5　クエン酸回路とその周辺の代謝

れる．ミトコンドリア中の酸化反応で生じた NADH は電子伝達系と酸化的リン酸化による ATP 産生に利用される（10 章）．アセチル CoA（☞活性酢酸ともいう．CoA が結合しているのでエネルギーが高い）は炭素 4 のオキサロ酢酸と水があると，CoA を放出して炭素 6 の**クエン酸**になる．この後のクエン酸を出発とする代謝経路が**クエン酸回路**である（トリ [3] カルボン酸サイクル [**TCA サイクル**]，**クレブス回路**ともいう）．

クエン酸はシスアコニット酸，イソクエン酸を経て**オキサロコハク酸**になるが，ここで再び NADH が産生される．続いて二酸化炭素を出して炭素 5 の 2-オキソグルタル酸になるが，これが CoA と反応し，NADH を放出するとともにエネルギー状態の高い**スクシニル CoA** となる．スクシニル CoA は GDP にリン酸を渡して GTP（ATP と等価）をつくり，CoA を放出して炭素 4 の**コハク酸**になる．コハク酸は酸化されて（補酵素 FAD に水素を渡して $FADH_2$ を産生する）**リンゴ酸**となり，それが酸化されると，NADH を放出してオキサロ酢酸になる．オキサロ酢酸はアセチル CoA があれば再びクエン酸となって回路を回る．

7·3·2　エネルギー収支

ピルビン酸がミトコンドリアに入り，さらにクエン酸回路を一周すると 1 モルの GTP（ATP と同等）と 4 モルの NADH，および 1 モルの $FADH_2$ がつくられる．水素を受け取った補酵素は電子伝達系と酸化的リン酸化で 11.5 モルの ATP を生む（10·3）．これに GTP（= ATP）の 1 モルを加えると ATP 量は 12.5 モルとなり，グルコース 1 モルからだとこの倍，都合 25 モル

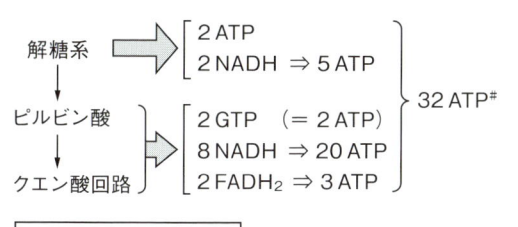

```
解糖系  ⇒  ┌ 2 ATP
           └ 2 NADH ⇒ 5 ATP      ┐
ピルビン酸                         │
   ↓        ┌ 2 GTP （= 2 ATP）   ├ 32 ATP#
クエン酸回路 ⇒ │ 8 NADH ⇒ 20 ATP   │
           └ 2 FADH₂ ⇒ 3 ATP    ┘

┌ 1 NADH  → 2.5 ATP
└ 1 FADH₂ → 1.5 ATP
```

図 7·6　グルコース 1 分子の異化における ATP 合成の収支
#: 細胞質 NADH をミトコンドリアに移行する時に $FADH_2$ の形にするグリセロール 3-リン酸シャトル機構（脳，骨格筋で働く）を使うと 30ATP となる．

となる．一方，解糖系では2モルのATPが基質レベルの合成反応で作られ，さらにNADHが2モル（☞5モルATPに相当）つくられるので，上述の25モルと合わせ32モルとなる（注：脳や筋肉ではNADHをFADに変えてからミトコンドリアに移送するため，30モルになる）(10・3)．これが1モルのグルコースが解糖系→クエン酸回路を経て好気的条件下で完全酸化された場合の**ATP収支**であり，無酸素条件下での解糖系のATP産生量2モルに比べ，はるかに効率的であることがわかる．

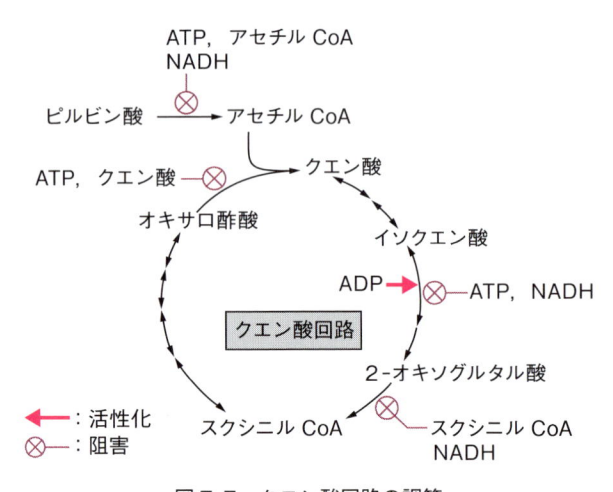

7・3・3 クエン酸回路の調節

　クエン酸回路には不可逆的反応がいくつかあり，この部分で代謝が調節される．ピルビン酸からアセチルCoAをつくる**ピルビン酸脱水素酵素複合体**やクエン酸をつくる**クエン酸合成酵素**は，ATPで阻害されるため，ATPが豊富にあるときはクエン酸回路が休止する．イソクエン酸からオキサロコハク酸を生成する代謝（イソクエン酸脱水素酵素による）は可逆反応だが，NADHで阻害され，ADP上昇（つまりATP下降）で活性化する．これらのしくみは，ATPが自身の合成経路の最初を抑えるフィードバック制御である．また細胞内に酸素が存在するとピルビン酸はクエン酸回路のために利用されて電子伝達系も動くが，酸素不足になると経路全体が停滞する．

図7・7　クエン酸回路の調節

解説　**ピルビン酸からオキサロ酢酸が直接できる経路**

クエン酸回路がスタートするにはオキサロ酢酸が必須であるが，クエン酸回路の物質はアミノ酸合成などにも転用されるため，オキサロ酢酸は不足する傾向がある．これを補うため，ピルビン酸がATPを使って直接オキサロ酢酸に変換される経路がある（図7・5）．この経路は糖新生にとっても重要である．

7・4　糖新生

7・4・1　グルコースを同化する糖新生経路

グルコースは分解されるだけではなく，ピルビン酸やクエン酸回路にある代謝産物などからつくられる代謝経路があるが，これを**糖新生**という．糖新生は基本的に解糖系を遡って行われるが，解糖系にいくつかの不可逆反応があるため，迂回経路あるいは別の酵素が使われる．

ピルビン酸は解糖系を戻って**ホスホエノールピルビン酸**（PEPA）に変換されないため，まず一度ミトコンドリアに入り，クエン酸回路を通ってリンゴ酸となり，それが細胞質に出てオキサロ酢酸を経由してPEPAとなる．ピルビン酸がミトコンドリア内で直接オキサロ酢酸になり（上記解説参照）リンゴ酸となってからミトコンドリア外に出る経路もある．PEPAが解糖系を遡っても，フルクトース1,6-ビスリン酸からフルクトース6-リン酸ができる部分とグルコース6-リン酸がグルコースになる部分では，解糖系酵素は逆反応を触媒できない．そのため，ここでは別の酵素を使って経路を遡るという方式がとられる．

7・4・2　糖新生経路の調節

糖新生はグルコースが減ったときに積極的に動き，グルコースを供給する．この経路の調節の一つはフルクトース1,6-ビスリン酸がフルクトースビスホスファターゼによりフルクトース6-リン酸になるところにある．この異化反応は解糖系ではホスホフルクトキナーゼによるが，両酵素とも**フルクトース2,6-ビスリン酸**によって，前者は阻害，後者は促進という調節を受ける．フルクトース2,6-ビスリン酸は**グルカゴン**により低下するので，グルカゴンが

増えると解糖が抑えられて糖新生が亢進し，グルコース濃度が上昇する．

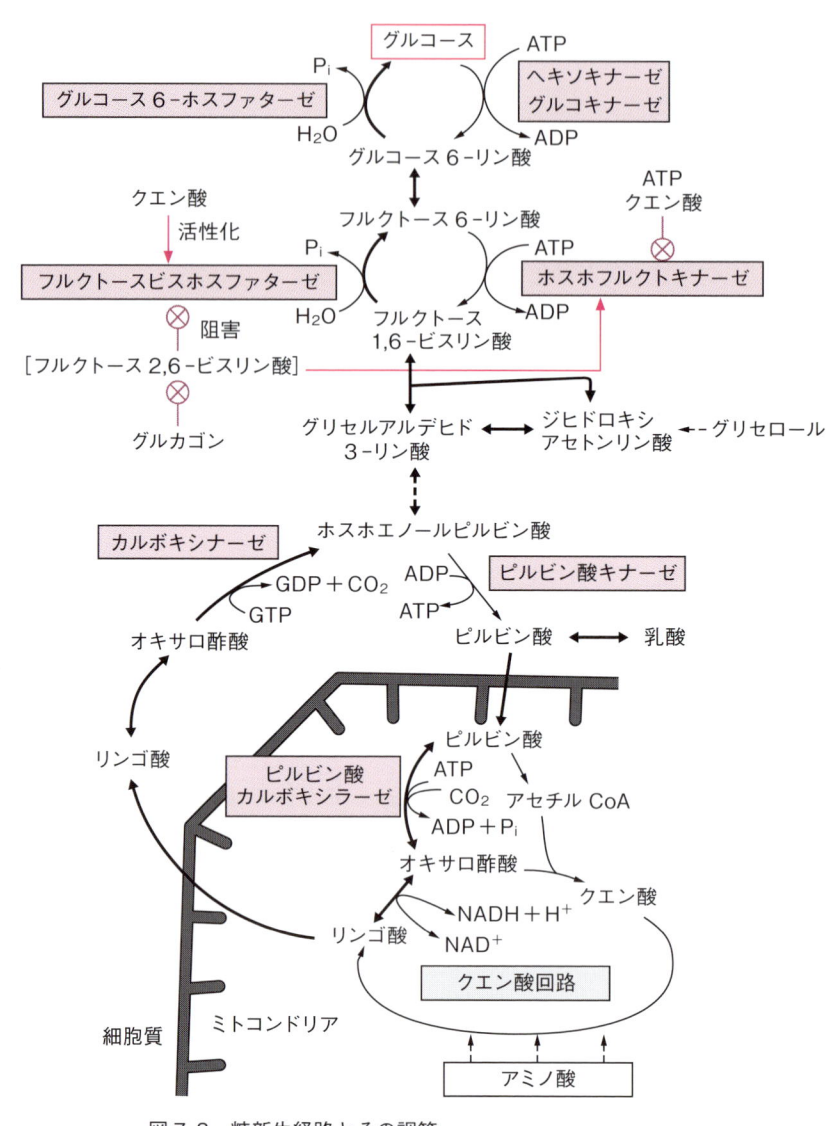

図 7·8　糖新生経路とその調節
＊：グルカゴンは解糖を抑え，グルコースの量を増やす．
［太い矢印 ⟶ は糖新生の代謝，→: 活性化, ⊗: 阻害］

解説　グルカゴンは二つの作用でグルコース量を高める

　グルカゴンは膵臓α細胞から出るホルモンで，インスリンとは逆に，血糖値を上げる．グルカゴンには 7・4・2 で述べたように，糖新生経路を活性化するのみならず，タンパク質リン酸化経路を高めることにより（7・2・2 参照），グリコーゲンからグルコース 1-リン酸への分解を高め，それによってグルコース合成を促進するという，両方の機能がある．

解説　コリ回路

　激しい運動で筋肉に溜まった**乳酸**は血液で肝臓に運ばれ，ピルビン酸になった後に糖新生回路によりグルコースに変換される．できたグルコースが筋肉に運ばれてまた利用される．この経路を**コリ回路**という．

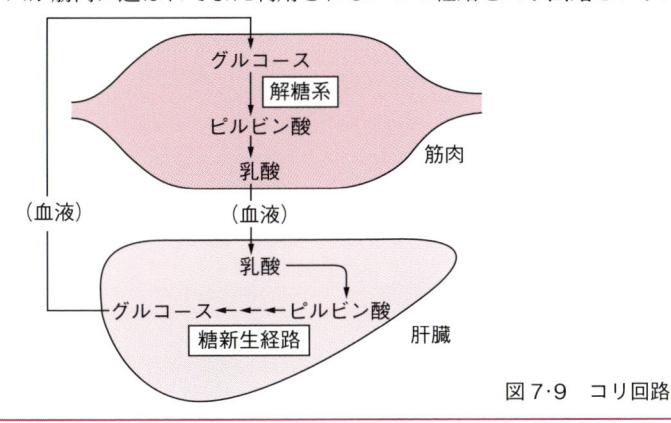

図 7・9　コリ回路

7・5　ペントースリン酸回路

　グルコースからできた**グルコース 6-リン酸**が代謝される解糖系とは別の経路で，大きく二つの部分に分けられる．一つ目はグルコース 6-リン酸が三つの反応を経て，五単糖（ペントース）であるリブロースにリン酸の付いた**リブロース 5-リン酸**ができるもので，一方向にしか進まない．2 番目はリブロース 5-リン酸が**リボース 5-リン酸**，あるいは**キシルロース 5-リン酸**に異性化され，これらが**グリセルアルデヒド 3-リン酸，セドヘプツロース 7-リン酸，エリトロース 4-リン酸，フルクトース 6-リン酸**に相互に変換される経路である．グリセルアルデヒド 3-リン酸とフルクトース 6-リン酸は解糖系

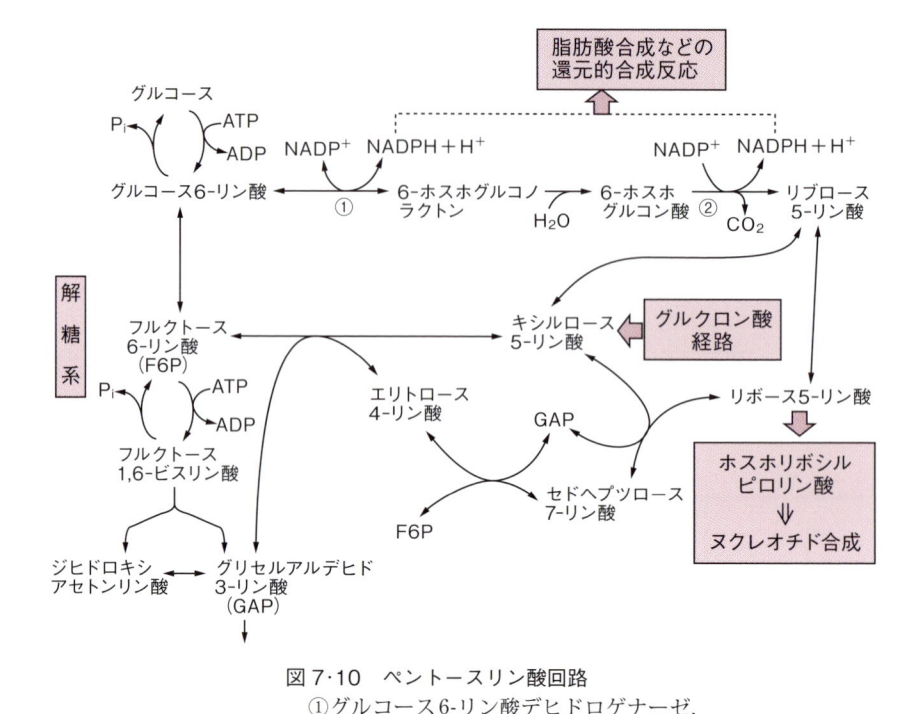

図 7・10　ペントースリン酸回路
① グルコース 6-リン酸デヒドロゲナーゼ,
② 6-ホスホグルコン酸デヒドロゲナーゼ

に入って代謝され，キシルロース 5-リン酸はグルクロン酸経路（7・6・2）からも供給される．この経路は脂肪酸合成などの水素添加反応に必要な補酵素 **NADPH** や，核酸材料の **リボース** の供給源として重要である．エネルギー生産のための解糖系に対し，材料をつくるための経路ということができる．

7・6　その他の糖代謝

7・6・1　フルクトース，ガラクトース，マンノース

　グルコース以外の糖はいずれも ATP 存在下でリン酸化されて解糖系に入る．**フルクトース** は果物に由来する他，スクロースの消化でできるが，ATP 存在下でリン酸化されてフルクトース 1-リン酸になり，アルドラーゼによってグリセルアルデヒド（これはグリセルアルデヒド 3-リン酸になる）とジヒドロキシアセトンリン酸という解糖系基質に変換される．**ガラクトース** は

ラクトース（乳糖：グルコース＋ガラクトース）の摂取，消化で生じるが，ガラクトースはガラクトース1-リン酸に変換された後，UDP-ガラクトース，そして **UDP-グルコース** となる．UDP-グルコースは糖ヌクレオチド経路やグルクロン酸経路，グリコーゲン合成経路にも入り，7・2で述べた経路に組み込まれる．**マンノース** はマンノース6-リン酸，そして解糖系基質であるフルクトース6-リン酸となる．

7・6・2　グルクロン酸経路

グルコースがグリコーゲン合成経路に沿って **UDP-グルコース** となり，これが **UDP-グルクロン酸** となった後，キシリトールなどを経て **キシルロース5-リン酸** となる．キシルロース5-リン酸はペントースリン酸経路の基質であり，前述（7・5）のように **グルコース6-リン酸** に戻ることができる．UDP-グルコースやUDP-グルクロン酸は糖ヌクレオチドや複合糖質合成で使われ，UDP-グルクロン酸は毒物の解毒（**生体解毒**）に働く **グルクロン酸包合**（溶解性を高めて早く排泄させる機構）にもかかわる．

7・6・3　複合糖質の代謝

複合糖質 は細胞表面の構築（例：糖鎖として）や生理活性物質として必要だが，この代謝は **糖ヌクレオチド** の合成とそれに続く糖鎖合成という二段階からなる．糖ヌクレオチドはUDP（ウリジン二リン酸）結合糖として合成され，ガラクトースであればUDP-ガラクトース（7・6・1），グルクロン酸であればUDP-グルクロン酸ができる．マンノースやフコースはそれぞれGDP-マンノースやGDP-フコースとなる．このようにしてつくられた糖ヌクレオチドは活性化状態にあるため，グリコシルトランスフェラーゼの基質となり，細胞表面において，ヌクレオチドの切断と共役する糖の転移反応や重合反応に供される．

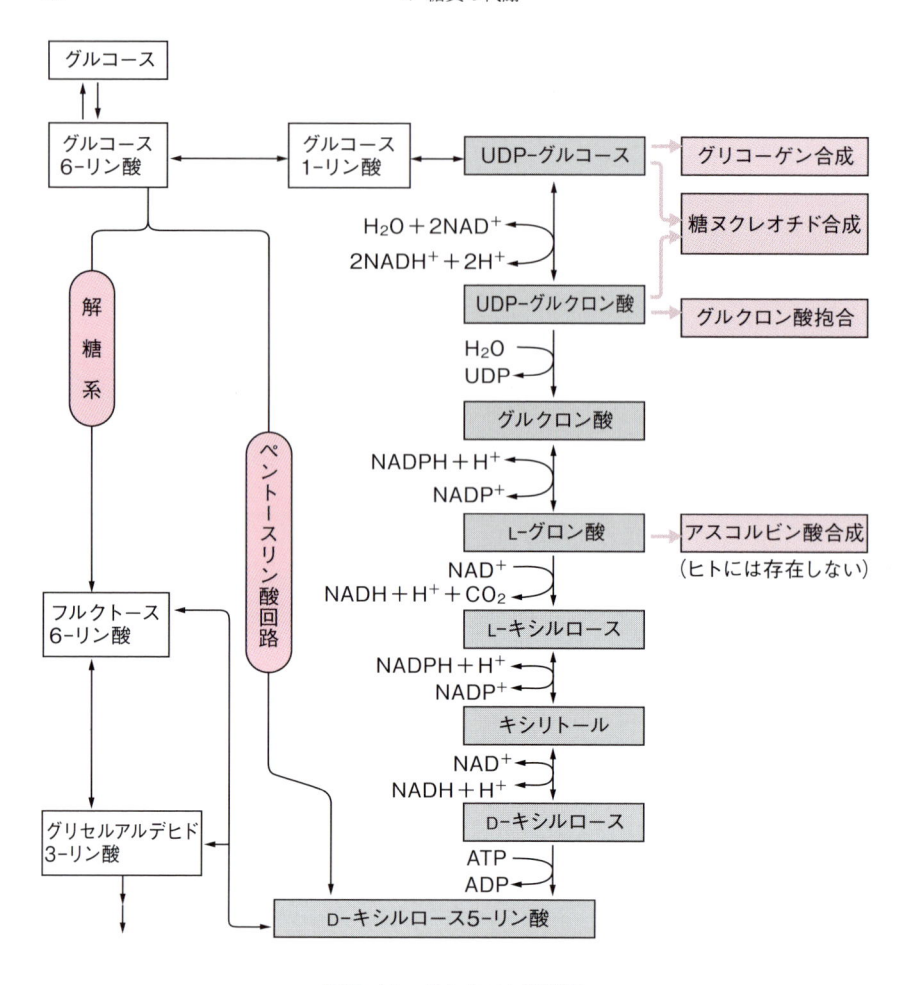

図7・11 グルクロン酸経路

> **演習**
> 1. ミトコンドリアをもたない突然変異細胞ともつ通常の細胞では，少ない栄養条件でどちらの方がよく増殖するか．またその理由は．
> 2. エネルギー源であるグルコースがなくなるとDNAやRNAの合成もできなくなるが，その理由を考えなさい．
> 3. 酵母は酸素存在下でグルコースを異化して盛んに増殖するが，酸素を過剰に供給し続けるとグルコース異化が低下する場合がある．その理由を考えなさい．

8 脂質の代謝

　脂質は効率のよいエネルギー源である．トリグリセリド中の脂肪酸はリパーゼで加水分解され，β酸化によってアセチル基を単位に切り出されたあと，糖代謝系でエネルギーが取り出される．脂質代謝はグリセロール，アセチルCoA, NADPHなどを介して糖代謝と密接に関連している．アセチルCoAは，脂肪酸合成の材料となるマロニルCoA合成に関与するとともに，ホルモンを含むさまざまなステロイド合成にもかかわる．

8・1　脂肪酸の分解

8・1・1　ミトコンドリアでの脂肪酸分解までの過程

　中性脂肪／トリグリセリド（TG）は主にエネルギー源となるが，細胞にあるTGはまず**リパーゼ**によって脂肪酸とグリセロールに加水分解される．**グリセロール**はグリセロールキナーゼによってリン酸化された後，グリセロール3-リン酸脱水素酵素＋NADによって酸化され，解糖系中間体でもあるジヒドロキシアセトンリン酸になって解糖系で利用される．一方，**脂肪酸**はミトコンドリア膜にある**アシルCoA合成酵素**により，ATP存在下で高エネルギーを有する**アシルCoA**にエステル化（エステル結合する）される（下記解説参照）．その後ミトコンドリアの中に入るが，直接は入れないので，いったんアセチルCoAと交換する形で**カルニチン**が脂肪酸と結合し，これが膜を通過し，その後再びカルニチンエステルからCoAエステルに戻る（注：形式的にはカルニチンがアシルCoAのシャトル因子になっている）．

| 解説 | **脂肪酸にアセチルCoAを付けるコスト** |

　アシルCoA合成反応はATP → AMP＋二リン酸（PPi）反応（8.6kcal発生）とPPiが無機リンになる反応(8.0kcal発生)が共役する必要があり，合成にはATP約2個分のエネルギーが使われる．この理由により，反応は見かけ上不可逆反応となる．

図 8·1 脂肪酸分解の準備（脂肪酸の活性化）

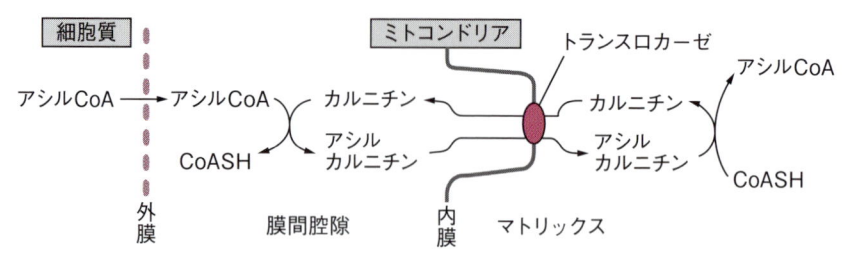

図 8·2 ミトコンドリアにおけるアシル CoA 輸送

8·1·2 脂肪酸分解サイクル：β酸化

活性化状態にあるアシル CoA は，カルボキシ基から数えて 2 番目（β位）の炭素の前で切断される**β酸化**によって異化される．はじめに補酵素である **FAD**（フラビンアデニンジヌクレオチド）存在下で α−β 間で酸化され，続いて**エノイル CoA ヒドラターゼ**で水が付加されて二重結合が切れる．次に NAD$^+$ 存在下で β 炭素のヒドロキシ基がケト基に酸化される．ここに新規に CoA が作用すると，α−β 間で切断が起き，末端アセチル基部分が**アセチル CoA** として放出されるとともに，端となった β 炭素に新規 CoA が結合して炭素が 2 個短いアシル CoA となる．この反応がくり返され，脂肪酸の炭素が 2 個ずつ短くなる．アセチル CoA となった断片はクエン酸回路で代謝され，電子伝達系で大量の水ができる．大量の脂肪をそれぞれコブや皮下に蓄えたラクダや冬眠中のクマが水なしで何日間も平気なのは，このようにしてできた**代謝水**を利用しているからである．

解説　**炭素数奇数の脂肪酸の酸化**

C3 のプロピオニル CoA まで異化された後，プロピオニル CoA カルボキシラーゼによって C4 の**メチルマロニル CoA** となり，**スクシニル CoA** に変換されたあとクエン酸回路に入って代謝される．

(A) β酸化回路

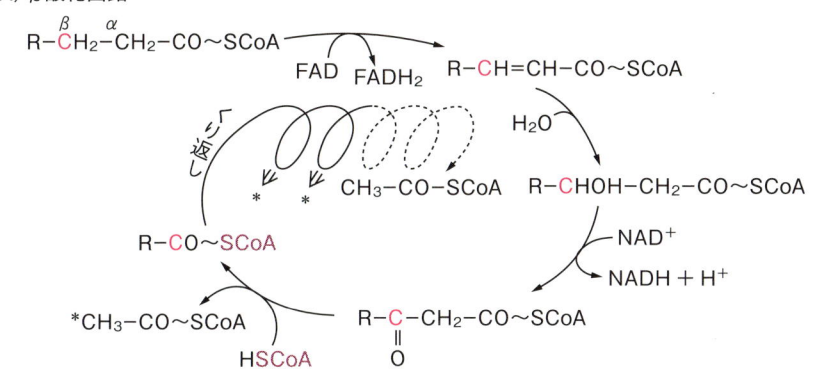

$$R-\underset{\beta}{C}H_2-\underset{\alpha}{C}H_2-CO\sim SCoA \xrightarrow{FAD \quad FADH_2} R-CH=CH-CO\sim SCoA$$

$$\xrightarrow{H_2O} R-CHOH-CH_2-CO\sim SCoA \xrightarrow{NAD^+ \quad NADH+H^+} R-\underset{\parallel}{C}-CH_2-CO\sim SCoA$$
$$\qquad\qquad\qquad\qquad\qquad\qquad\qquad\qquad O$$

$$\xrightarrow{HSCoA} R-CO\sim SCoA + {}^*CH_3-CO\sim SCoA$$

くり返し

(B) パルミチン酸β酸化の反応式

$C_{15}H_{31}COOH$ + 8CoASH + ATP + 7FAD + 7NAD$^+$ + 7H$_2$O
パルミチン酸　　　　　［最初の活性化に使われる］

$\longrightarrow$ 8CH$_3$CO$\sim$SCoA + AMP + PPi + 7FADH$_2$ + 7NADH + 7H$^+$

＊：アセチルCoAのクエン酸回路での異化（8CH$_3$-CO$\sim$SCoA + 16O$_2$
$\longrightarrow$ 16CO$_2$ + 8H$_2$O + 8CoASH）

図 8・3　脂肪酸のβ酸化

8・1・3　β酸化における ATP の収支

　パルミチン酸（C16）であれば 7 回のβ酸化を受け，計 8 個のアセチル CoA を生じる．基質の酸化で生じた FADH$_2$ と NADH は電子伝達系に入り，各 1.5 個と 2.5 個の ATP 産生にあずかる（10・3）ので，1.5 × 7 + 2.5 × 7 = 28 分子の ATP ができる．一方，アセチル CoA 1 分子からは ATP が 10 分子つくられるので（10・3・4 参照），都合 80 個の ATP 産生となり，上とあわせて 108 個の ATP が産生される．しかし，最初に脂肪酸がアセチル化されるところで 2 分子相当分の ATP が消費されているため（P. 99 解説参照），最終的には 1 分子のパルミチン酸から 106 分子の ATP が生産されることになる．1 モルのグルコースの完全酸化では 32（あるいは 30）モルの ATP ができるが（7・3・2），分子量がグルコースの 1.4 倍であることを考慮しても，パルミチン酸のエネルギー生産効率はグルコースの 2.4 倍高いことがわかる．

8・1・4　ペルオキシソームにおけるβ酸化

　ペルオキシソームは過酸化物分解などを行う細胞小器官であるが，脂肪酸化酵素をもち，**熱の生産**にもかかわる．アシル CoA はそのまま膜を通過して内部に入ることができ，ミトコンドリアのときと同じように代謝される．ミトコンドリアでは炭素数 20 以上の脂肪酸は代謝されないが，ペルオキシソームはそのような長い脂肪酸を優先的に代謝する．ただ電子伝達系や酸化的リン酸化経路（10・3）がないため，脱水素で放出された電子のエネルギーは過酸化水素をつくるのに使われ，一部は熱として放出される（☞このためペルオキシソームは**熱発生**にとって重要である）．

解説	**不飽和脂肪酸のβ酸化**

　不飽和脂肪酸のβ酸化では，水付加，異性化，NADH による水素付加などの反応を経て二重結合が解消され，β酸化の経路に入る．

8・1・5　ケトン体生成

　脂肪酸の異化が活発過ぎてアセチル CoA が過剰になると，**ケトン体**が産生される．アセチル CoA からアセトアセチル CoA を経て**アセト酢酸***を生じるが，ここから脱炭酸で**アセトン***，あるいは NADH で還元されて **D-3-ヒドロキシ酪酸***ができる．*印分子をケトン体という．ケトン体は肝臓や腎臓で生成するが，それ以外の臓器に運ばれて再度アセチル CoA に変換され，クエン酸回路で代謝される．筋肉や脳では，ケトン体は重要なエネルギー源となる．空腹や糖尿病になると，クエン酸中間体量が減る反面，脂肪酸が異化され，アセチル CoA が過剰となってケトン体が増加する．

8・2　脂肪酸の生合成

8・2・1　脂肪酸合成の原料，アセチル CoA の細胞質への輸送

　糖質を摂り過ぎると脂肪酸合成を経て，トリアシルグリセロールが貯蔵される．**脂肪酸合成**は肝細胞の主に細胞質で行われるが，その原料はピルビン酸がミトコンドリアに入ってできる**アセチル CoA** である．脂肪酸合成では，まずアセチル CoA が細胞質に出なくてはならないが，そのままでは出るこ

8・2 脂肪酸の生合成

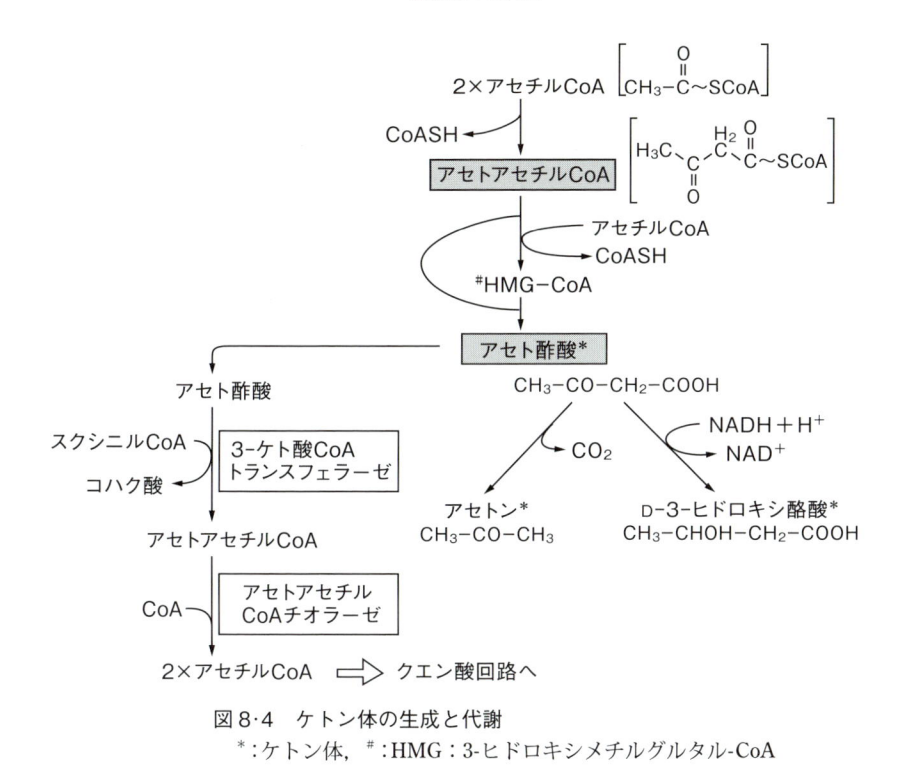

図8・4 ケトン体の生成と代謝
＊：ケトン体，＃：HMG：3-ヒドロキシメチルグルタル-CoA

とができない．そこで細胞はクエン酸回路を借り，オキサロ酢酸を縮合させてクエン酸をつくる．クエン酸はミトコンドリア外に移送され，アセチルCoAとオキサロ酢酸に開裂する．オキサロ酢酸はそのままではミトコンドリアに戻れないのでリンゴ酸，ピルビン酸と代謝されてから戻る（☞ミトコンドリアと細胞質の間に見られる**アセチル基シャトル機構**）．この代謝過程で，脂肪酸合成に必要なNADPHがつくられる．

8・2・2 脂肪酸合成経路

新規（*de novo*）の**脂肪酸合成**は分解の逆反応ではなく，まったく別の代謝経路で行われる（注：分解経路を逆行するとエネルギーを大量に消費してしまう）．合成は炭素3のマロニル基にCoAが結合した**マロニルCoA**が単位になって細胞質で進むが，マロニルCoA合成反応は**アセチルCoAカルボ**

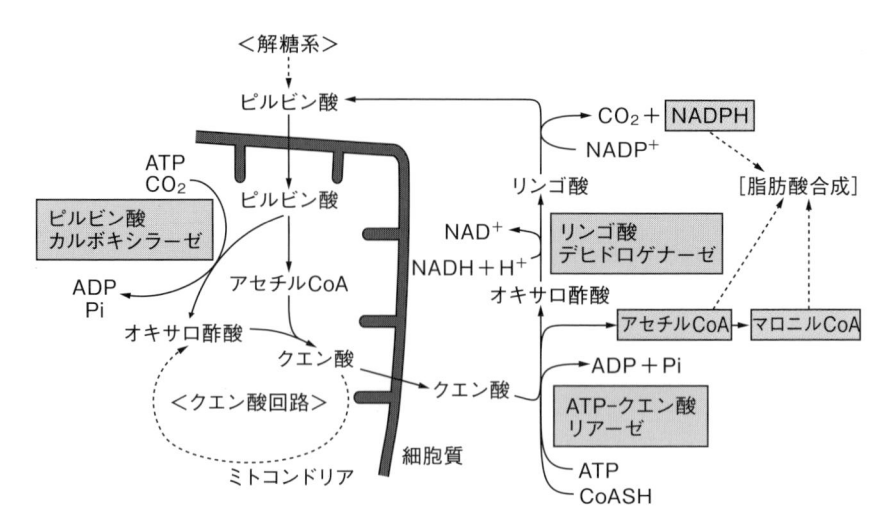

図8·5 脂肪酸合成にかかわるアセチル基の移送

キシラーゼと補酵素ビオチンの働きで，アセチルCoA，二酸化炭素，ATPを材料に起こる．次にアセチルCoAとマロニルCoAの縮合（アセトアセチル体生成）が起こり，還元（NADPH依存性），脱水，還元（NADPH依存性）と反応が進み，合成の1サイクルが終わる．アセチルCoAカルボキシラーゼは栄養不足時に上昇するサイクリックAMPや血糖上昇ホルモンである**グルカゴン**により抑制され，血糖値を低下させる**インスリン**で活性化される．

炭素2のアセチル基にマロニル由来の炭素2個分が付いて，炭素4のブチリルとなる．結局，アセチルの先に炭素2の単位でマロニルが付いて鎖が伸び（☞**炭素伸長反応**），多くの脂肪酸の炭素数が2の倍数となっているのもこの理由による．動物では脂肪酸合成にかかわるこれらの酵素反応は**アシルキャリアータンパク質（ACP）**を中心とする酵素複合体上で起こる．末端のマロニルはACPに結合しており，最後に加水分解されて遊離する．パルミチン酸合成反応の収支は以下の式のように表される．

アセチル CoA ＋ 7 マロニル CoA ＋ 14NADPH ＋ 14H$^+$
　→パルミチン酸＋8CoA＋7CO$_2$＋14NADP$^+$＋6H$_2$O

反応には大量の**NADPH**が必要だが，これらは（酸化的）ペントースリン酸回路（7·5）と，8·2·1に記したオキサロ酢酸からピルビン酸になる過程で

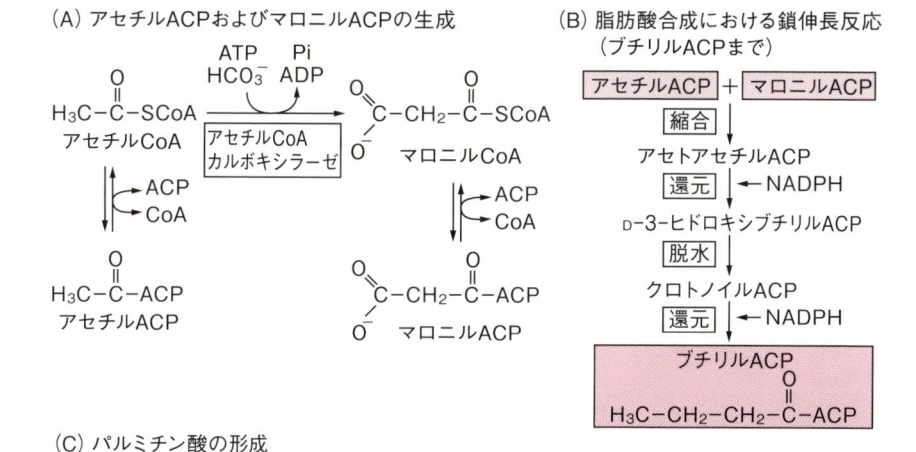

図8·6 脂肪酸の合成

(A) アセチルACPおよびマロニルACPの生成
(B) 脂肪酸合成における鎖伸長反応（ブチリルACPまで）
(C) パルミチン酸の形成

供給される．炭素伸長反応はミトコンドリアでも起こるが，その場合にはマロニルCoAの代わりにアセチルCoAが使われる．

8·2·3 不飽和脂肪酸合成

不飽和脂肪酸の合成は飽和脂肪酸（あるいは不飽和脂肪酸）に二重結合を導入する形で，動物では肝臓の小胞体で行われる．反応には酸素と**不飽和化酵素**（☞酸素添加酵素），そして NADH が関与する．哺乳動物は炭素9以上の脂肪酸に二重結合を導入する活性がないので，リノール酸（二重結合が炭素 9, 12 位）やリノレイン酸（二重結合が炭素 9, 12, 15 位）が合成できない．これらの脂肪酸は**必須脂肪酸**となり，栄養として摂取する必要がある．不飽和脂肪酸はアラキドン酸のような脂質合成の出発物質となる（8·4·1）．

8·3　トリグリセリドとリン脂質共通の前駆体：ホスファチジン酸の合成

トリアシルグリセロールは脂肪酸とグリセロールから同化される．グリセロール（ジヒドロキシアセトンリン酸から生じる）は3位がリン酸化された**グリセロール 3-リン酸**が直接の前駆体となる．この前駆体に，ATP とアセ

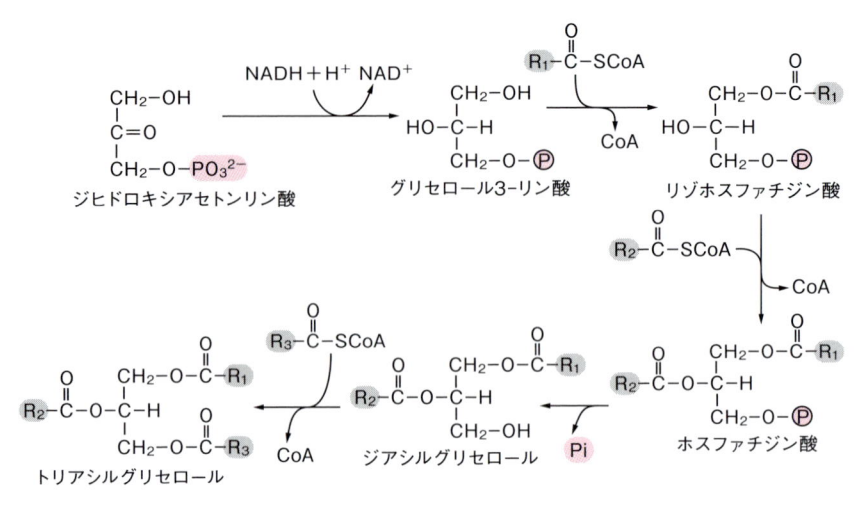

図8・7　トリグリセリドの生成

チル CoA 存在下でアセチルトランスフェラーゼにより脂肪酸が2個エステル化され，**ホスファチジン酸**となる．ホスファチジン酸は脱リン酸化後に3個目の脂肪酸でエステル化されてトリアシルグリセロールになるが，後述（8・4・1）のグリセロリン脂質の前駆体ともなる．

8・4　リン脂質代謝

8・4・1　リン脂質の分解

　フォスファチジルコリンやフォスファチジルエタノールアミンなど，3位がリン酸エステルになっている**グリセロリン脂質**は，**ホスホリパーゼ**により加水分解されるが，**エステル結合切断**の部位はホスホリパーゼ（PL）の種類により異なる（例：PL-A：脂肪酸，PL-C：リン酸，PL-D：コリンなどの特異的残基）．リン脂質は炭素20の**エイコサノイド**の前駆体となるが，始めにホスホリパーゼA2によるリン脂質から高度不飽和脂肪酸である**アラキドン酸**の切り出しという共通反応が起こる．アラキドン酸から酸素とシクロオキシゲナーゼで，プロスタグランジン類，トロンボキサンチン類，ロイコトリエン類が生成する．この流れを**アラキドン酸カスケード**という．

8·4·2 リン脂質の合成

リン脂質の合成は肝臓などの小胞体膜にある酵素系で行われる．**ホスファチジルコリン**合成の場合，まずホスファチジン酸が加水分解されて 1,2-ジアシルグリセロールとなり，そこに CDP-コリンが来るとホスファチジルコリンと CMP が生成する．**ホスファチジルエタノールアミン**の場合は，CDP-エタノールアミン→CMP 反応と共役して生成する．ホスファチジルエタノールアミンからホスファチジルコリンへの変換も起こるが，この場合には S アデノシルメチオニンから 3 個のメチル基が転移される．

8·5 ステロイドの生合成

8·5·1 コレステロール

コレステロールは**アセチル CoA** を元に，主に肝臓で合成される．アセチル CoA とその誘導体であるアセトアセチル CoA から 3-ヒドロキシ 3-メチルグルタリル CoA（**HMG-CoA**）ができ，NADPH で還元されて**メバロン酸**が生じる．このとき働く酵素 **HMG-CoA 還元酵素**はコレステロール合成の調節酵素で，コレステロール自身から負のフィードバック調節を受け（コレステロールを摂取すると抑制される．高コレステロール治療薬もここが標的），またリン酸化調節（グルカゴンなどで）でも阻害される．メバロン酸は複数の縮合反応を経て**スクワレン**（C30）となり，**ラノステロール**を経，還元反応を受けてコレステロール（C27）となる．コレステロールは胆汁酸やステロイドホルモン（8·5·2），ビタミン D の前駆体となる．

解 説	**胆汁酸合成**

コレステロールが肝臓において水酸化をうけて **7α-ヒドロキシコレステロール**となり，ついで**コール酸**や**ケノデオキシコール酸**という**一次胆汁酸**となる．一次胆汁酸は腸内の細菌によって構造が変換され，それぞれ**デオキシコール酸**，**リトコール酸**などの**二次胆汁酸**となる．

> **Column**
>
> **血中脂質の運搬と悪玉／善玉コレステロール**
>
> **トリグリセリド**（TG）や**コレステロール**は水に溶けず，血中ではリン脂質とタンパク質が結合した種々の**リポタンパク質**として存在する（3·6）．リポタンパク質にはいくつかの種類がある．**キロミクロン**は TG を筋肉や脂肪組織に運び，食物として摂ったコレステロールを肝臓に運ぶ．**VLDL** は TG，コレステロール，リン脂質を他の組織に運ぶが，組織で脂肪酸を遊離して **IDL**，次に **LDL** と変化し，細胞内に入ってコレステロールを放出する．一方，**HDL** は細胞中のコレステロールを取り込み，それを肝臓に輸送する．すなわち LDL はコレステロールを肝臓から全身の細胞に輸送し，HDL は細胞のコレステロールを肝臓に戻す．これが LDL を悪玉コレステロール，HDL を善玉コレステロールと見なす所以である（注：血中コレステロールが悪という前提で）．
>
> 図8·8　リポタンパク質と脂質輸送

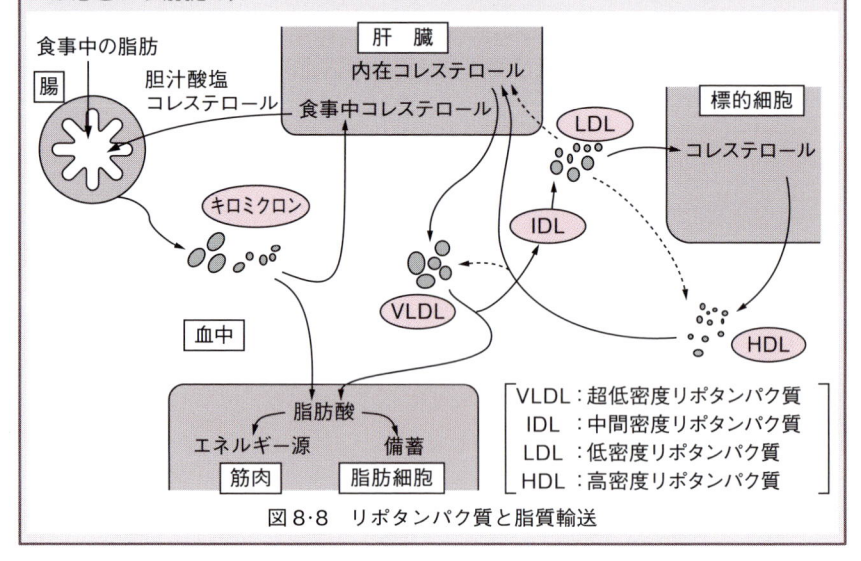

8·5·2　ステロイドホルモン

コレステロール（C27）は副腎において**コレステロール側鎖切断酵素**による一連の水酸化反応によって切断され（シトクロム P450，酸素，NADPHが関与），ステロイドホルモン共通の前駆体である**プレグネノロン**（C21）となる．以降，代謝経路はプレグネノロンあるいは**プロゲステロン**（黄体ホ

8・5 ステロイドの生合成

ルモン）を起点に三つの経路に分かれる．第一は男性ホルモン［**アンドロゲン**］（例：テストステロン，デヒドロアンドロステロン）を経て女性ホルモン［**エストロゲン**］（例：エストラジオール，エストリオール）合成に進む経路，第二はミネラルコルチコイド系で，プロゲステロン，コルチコステロンを経由してアルドステロンとなる経路である．第三はグルココルチコイド合成経路で，コルチゾールが合成される．

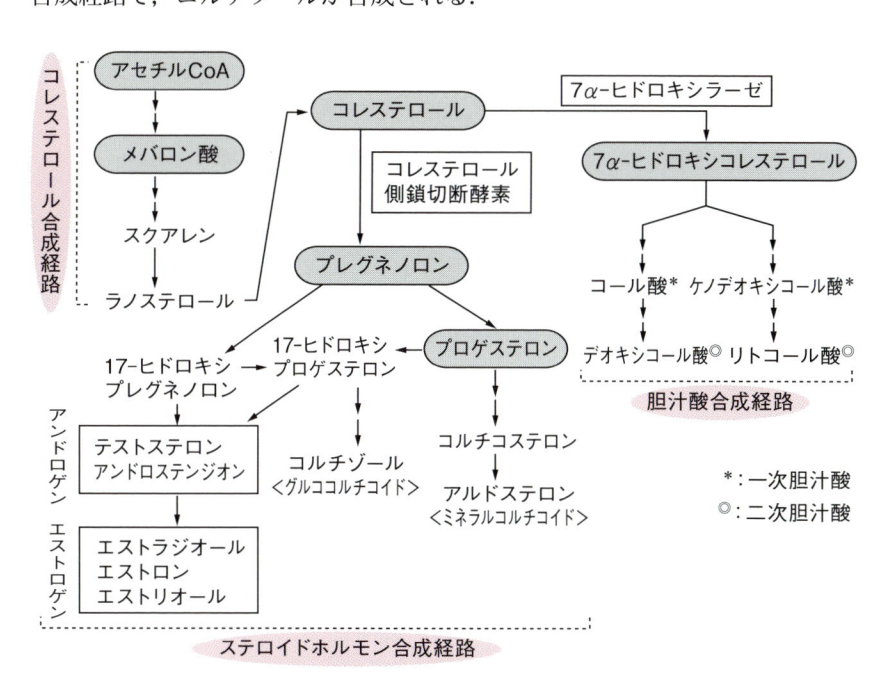

図8・9 ステロイド代謝経路の概要

> **演習**
> 1. 本文の例を参考に，炭素数 18 のステアリン酸が完全酸化された場合の ATP 収支を計算しなさい．
> 2. 食事で脂肪をほとんど摂らず，エネルギーを糖で摂っているのに脂肪太りになるのはなぜか．このような食習慣は健康にとって重大な問題を生じるが，それはなぜか？
> 3. できるだけコレステロールを含まない食事をしているのに，血中コレステロール値の高い人がいるのはどういう理由であろうか．

9 窒素化合物の代謝

　生物はアンモニアをアミノ酸に同化し，それを元にタンパク質や核酸などの化合物をつくる．アミノ酸合成ではまずグルタミン酸ができ，それを元に他のアミノ酸ができるが，アミノ酸は多様な物質の前駆体にもなる．アミノ酸分解で除かれたアミノ酸窒素は尿素回路で処理され，炭素骨格はエネルギー源として利用される．ヌクレオチドはアミノ酸，炭酸，リン酸化リボースを原料に骨格がつくられ，リン酸化によって成熟する．

9・1　窒素同化と窒素固定

9・1・1　生態系における窒素循環

　生物が利用する窒素の基本は，窒素と水素からなる単純な化合物である**アンモニア**であり，これを炭素化合物に結合させることによって利用する（**窒素同化**）．植物と微生物は**硝酸塩**をアンモニアに還元することができる（注：硝酸細菌などの微生物は亜硝酸塩を硝酸塩に酸化する）．地球の窒素の大部分は空気中にあるが，微生物の中にはこの窒素ガスを還元してアンモニアに

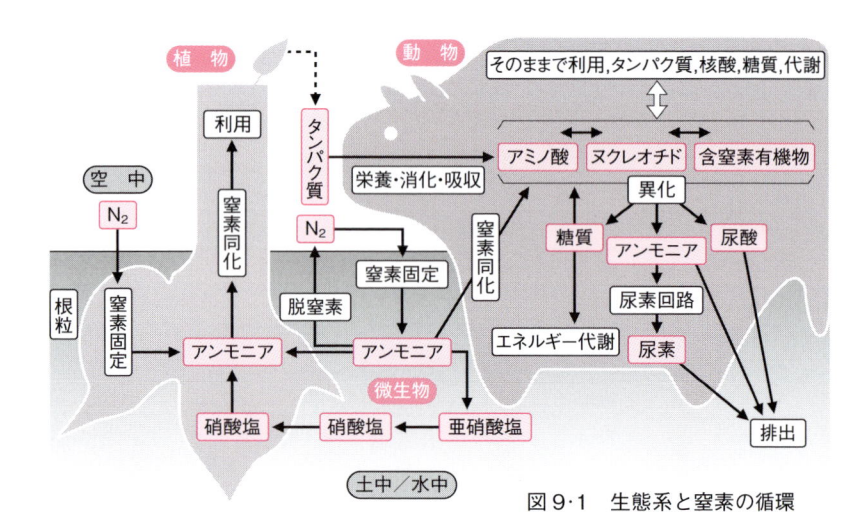

図 9・1　生態系と窒素の循環

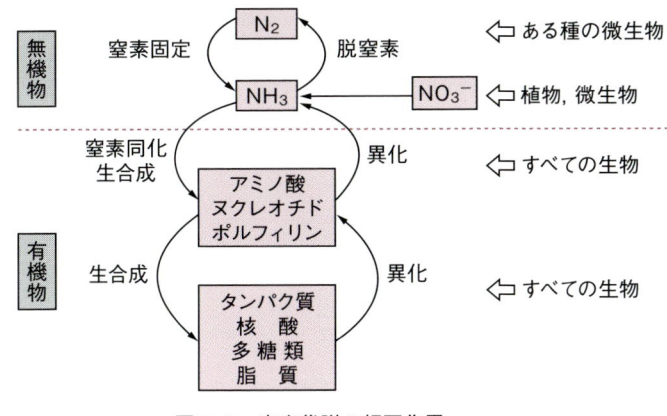

図9·2 窒素代謝の相互作用

する（**窒素固定**）窒素固定細菌が多数存在している．生物体内でアミノ酸や塩基に同化された窒素は，タンパク質，ヌクレオチド／核酸，多糖類などの合成に用いられるが，窒素化合物は炭素化合物と違って蓄積されず，余分なものはその都度他の分子につくり変えられるか，アンモニアに異化されて排出される．

9·1·2 窒素固定

窒素固定はアゾトバクターなどの土壌細菌類やシアノバクテリア（ランソウ類），そしてリゾビウム属の共生細菌類などの微生物により行われる．**共生細菌**はマメ科植物（例：クローバーやダイズ）の根粒に棲んでおり，窒素固定には**ニトロゲナーゼ複合体**（レダクターゼ＋ニトロゲナーゼ）がかかわる．まずレダクターゼが他の反応（光合成や酸化的電子伝達系）で生じた高エネルギー電子をフェレドキシンから受けて還元状態になり，これとATPによってニトロゲナーゼが還元されるが，この活性化ニトロゲナーゼによって窒素が還元され，アンモニアが生じる．分子状窒素は化学的に安定なため，2モルのアンモニアをつくるために16モルものATPが消費される．ニトロゲナーゼは酸素で失活するが，根粒でつくられる**レグヘモグロビン**はニトロゲナーゼ酸化防止作用がある．一方，根粒細菌は宿主にアンモニアを窒素栄養として供給しており，両者の共生関係が成立している．

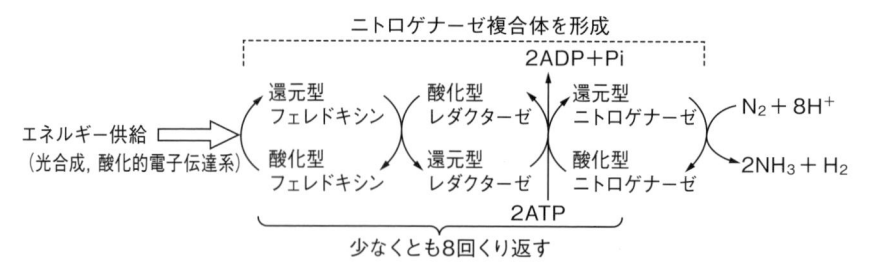

```
                ニトロゲナーゼ複合体を形成
         ┌─────────────────────────────┐
                   2ADP+Pi
              還元型      酸化型      還元型
              フェレドキシン  レダクターゼ  ニトロゲナーゼ   N₂+8H⁺
 エネルギー供給                                      
(光合成,酸化的電子伝達系)                                    2NH₃+H₂
              酸化型      還元型      酸化型
              フェレドキシン  レダクターゼ  ニトロゲナーゼ
                             2ATP
               少なくとも8回くり返す
```

[反応の収支]
N₂+8e⁻+8H⁺+16ATP+16H₂O → 2NH₃+H₂+16ADP+16Pi
(8個の高エネルギー電子は還元型フェレドキシンから供給される)

図9・3 窒素固定経路

9・1・3 窒素同化

アンモニアの窒素同化にかかわる酵素に，**グルタミン酸デヒドロゲナーゼ**と**グルタミンシンテターゼ**がある．前者はNADPHとプロトン存在下で，クエン酸回路の中間体である**α-ケトグルタル酸／2-オキソグルタル酸**から**グルタミン酸**をつくり，後者はATP存在下でグルタミン酸からグルタミンをつくる．前者の酵素はグルタミン酸の異化においても重要な役割をもつ．

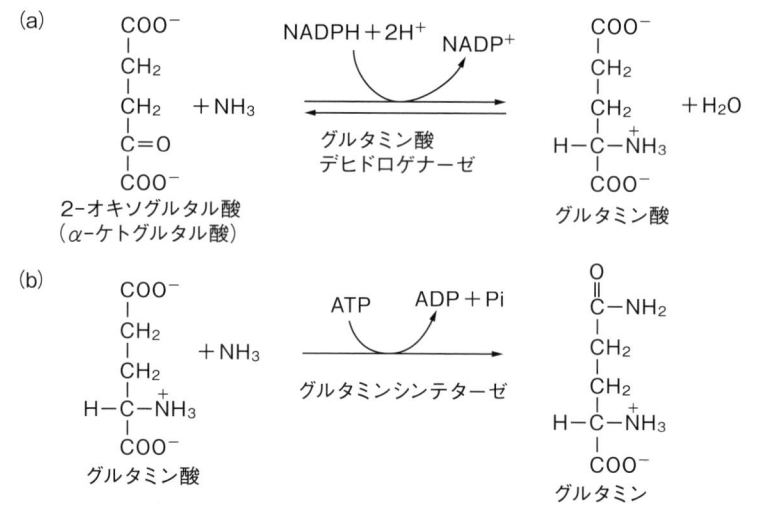

(a)
```
  COO⁻                              COO⁻
   |          NADPH+2H⁺  NADP⁺       |
  CH₂                                CH₂
   |       ⇌                         |
  CH₂  +NH₃                          CH₂       +H₂O
   |        グルタミン酸                |
  C=O       デヒドロゲナーゼ           H-C-⁺NH₃
   |                                  |
  COO⁻                              COO⁻
 2-オキソグルタル酸                   グルタミン酸
  (α-ケトグルタル酸)
```

(b)
```
  COO⁻                              O
   |                                ‖
  CH₂         ATP    ADP+Pi         C-NH₂
   |                                |
  CH₂  +NH₃  ⇌                      CH₂
   |         グルタミンシンテターゼ    |
  H-C-⁺NH₃                          CH₂
   |                                |
  COO⁻                              H-C-⁺NH₃
                                    |
  グルタミン酸                       COO⁻
                                   グルタミン
```

図9・4 窒素同化の二つの反応

解説　シンターゼとシンテターゼ

シンターゼ（syntase）と**シンテターゼ**（synthetase）はどちらも合成酵素という意味であるが，後者は ATP を必要とする酵素に用いる（6・2・2）．

9・2　アミノ酸代謝

9・2・1　タンパク質，アミノ酸代謝の概要

生体タンパク質は少しずつ分解されながら新しいものと置き換わるが，更新の周期（**代謝回転**）は数日から数か月である（注：短いものでは数分〜数時間）．このため，細胞はその都度アミノ酸を準備しなくてはならない．アミノ酸は栄養として摂取したタンパク質以外にも，糖とアンモニアから合成されたり，あるアミノ酸のアミノ基が他に転移して別のアミノ酸につくり替えられたりして供給される．不要アミノ酸はアンモニアと糖に分解されるが，前者は排出され，後者はエネルギー源となる．

9・2・2　アミノ酸の分解とアミノ酸窒素の代謝

アミノ酸の分解はまずアミノ基除去から始まる．アミノ酸異化では，多くの場合アミノ酸にある α アミノ基が**アミノ基転移酵素**（ビタミン B_6［ピリドキシン］に由来する**ピリドキサルリン酸**を補酵素とする**トランスアミナーゼ**）により，2-オキソグルタル酸に転移して**グルタミン酸**を生じ，自身は相当する **2-オキソ酸**（α-**ケト酸**）となる（例：アスパラギン酸はオキサロ酢酸，アラニンはピルビン酸になる）．すなわち，アミノ酸にあるアミノ基はグルタミン酸に集められるということができる．

グルタミン酸は**グルタミン酸デヒドロゲナーゼ**（注：アンモニアと 2-オキソグルタル酸からグルタミン酸をつくった酵素）と NAD／NADP 存在下で酸化され，アンモニアと 2-オキソグルタル酸になるが，これをグルタミン酸の**酸化的脱アミノ反応**という．他に，アミノ酸がフラビンモノヌクレオチド［FMN］存在下で L-アミノ酸オキシダーゼによって直接酸化され，2-オキソ酸とアンモニアが生成する反応も存在する．

(A) アミノ基のグルタミン酸への収れん

[一般式]

$$\underset{(\alpha\text{-アミノ酸})}{\text{H-}\overset{R}{\underset{COO^-}{\overset{|}{C}}}\text{-}\overset{+}{N}H_3} + 2\text{-オキソグルタル酸} \underset{\text{トランスアミナーゼ}}{\overset{\text{ピリドキサルリン酸*}}{\rightleftarrows}} \underset{(2\text{-オキソ酸})}{\overset{R}{\underset{COO^-}{\overset{|}{C}}}\text{=O}} + \text{グルタミン酸}$$

*：A-NH₃ ＋ ピリドキサルリン酸 → A ＋ ピリドキサミンリン酸
　　ピリドキサミンリン酸 ＋ 2-オキソグルタル酸 → グルタミン酸 ＋ ピリドキサルリン酸

(B) グルタミン酸の脱アミノ反応

① 酸化的脱アミノ反応

$$\underset{\text{グルタミン酸}}{\begin{array}{c}COO^-\\|\\CH_2\\|\\CH_2\\|\\H\text{-}C\text{-}\overset{+}{N}H_3\\|\\COO^-\end{array}} + NAD^+ + H_2O \underset{\substack{\text{グルタミン酸}\\\text{デヒドロゲナーゼ}}}{\rightleftarrows} \overset{+}{N}H_4 + \underset{2\text{-オキソグルタル酸}}{\begin{array}{c}COO^-\\|\\CH_2\\|\\CH_2\\|\\C=O\\|\\COO^-\end{array}} + NADH + H^+$$

② アミノ酸の直接酸化

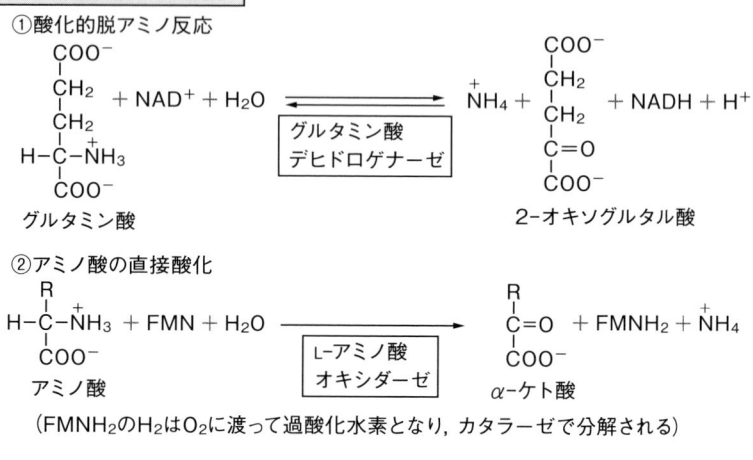

$$\underset{\text{アミノ酸}}{\text{H-}\overset{R}{\underset{COO^-}{\overset{|}{C}}}\text{-}\overset{+}{N}H_3} + FMN + H_2O \xrightarrow{\text{L-アミノ酸オキシダーゼ}} \underset{\alpha\text{-ケト酸}}{\overset{R}{\underset{COO^-}{\overset{|}{C}}}\text{=O}} + FMNH_2 + \overset{+}{N}H_4$$

（FMNH₂のH₂はO₂に渡って過酸化水素となり，カタラーゼで分解される）

図9·5　アミノ酸異化反応

9·2·3　尿素回路

アンモニアには毒性があり，アミノ酸から除かれた後すぐ利用されない場合はすみやかに体外へ排出される．一般の生物は体外の水に溶かす形で排出するが，陸上で生活する脊椎動物はアンモニアをより毒性の低い**尿酸**（は虫類と鳥類）や**尿素**（哺乳類）に変え，尿として排出する．

　哺乳類における尿素生成は肝臓にある**尿素回路**（尿素サイクル）で行われる．まずミトコンドリアにおいてアンモニアが炭酸存在下で**カルバモイルリン酸**となり，それが**オルニチン**と結合して**シトルリン**に変換される．シトルリンは細胞質に出てアスパラギン酸を取り込んで**アルギニノコハク酸**（**アルギノコハク酸**）になり，これが**アルギニン**に変わり（注：このためアルギニンは必須アミノ酸にならない），アルギニンは尿素を放出してオルニチンに

図 9・6 尿素回路

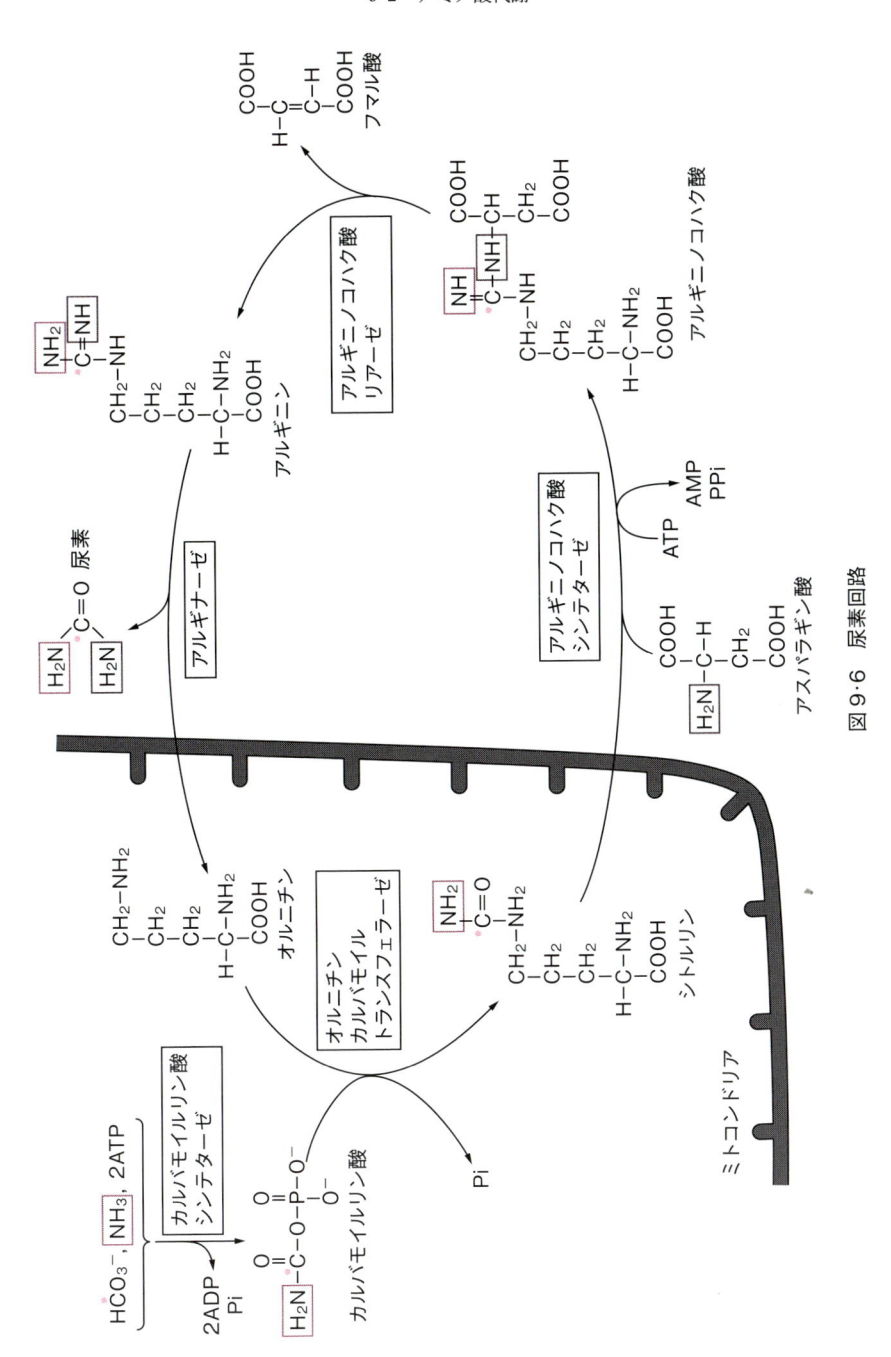

戻る．回路全体では1モルのアンモニアから窒素2個をもつ尿素1モルが生成するが，その間3モルのATPを消費し，フマル酸1モルが副産物として生じる．

9・2・4　尿素回路周囲の代謝

尿素回路中間体のアルギニンの一部は，回路を出てグアニジノ酢酸，クレアチンを経て**クレアチンリン酸**となるが，クレアチンリン酸は筋肉において高エネルギー貯蔵物質として使われる．副産物の**フマル酸**はクエン酸回路の中間体でもあるので（7・3），そのままクエン酸回路で代謝されたり，オキサロ酢酸になった後にアミノ基転移を受けてアスパラギン酸となって再度尿素回路に戻ったり，あるいは糖新生回路でグルコースに変換されたりピルビン酸になるなどして，多くの代謝にかかわる．

解説　**尿酸と痛風**
尿酸は鳥類やは虫類では尿素に代わって生成し排出されるが，哺乳類では核酸の成分であるプリン塩基の分解で生じる（9・3・2）．尿酸塩は血液に溶けにくく，関節や腎臓に針状結晶として沈着すると激しい痛みを生む病気「**痛風**」を起こす．

9・2・5　アミノ酸炭素骨格の代謝

アミノ酸からαアミノ基が除かれた残りの炭素骨格は，一つあるいは複数の鍵となる物質に変換され，その後固有の代謝経路で代謝される．20種類のアミノ酸炭素骨格は七つの分子のいずれかに収れんする．それらはピルビン酸，アセチルCoA，アセトアセチルCoA，2-オキソグルタル酸，スクシニルCoA，フマル酸，オキサロ酢酸である（図9・7）．図からわかるようにピルビン酸，2-オキソグルタル酸，スクシニルCoA，フマル酸，オキサロ酢酸に至るアミノ酸は，直接糖新生経路に入ることができるので**糖原性**であるという．これに対しアセチルCoA，アセトアセチルCoAはケトン体を生じさせるため，それらに至るアミノ酸は**ケト原性**であるという（注：ケト原性，糖原性の両方の性質をもつものもある）．

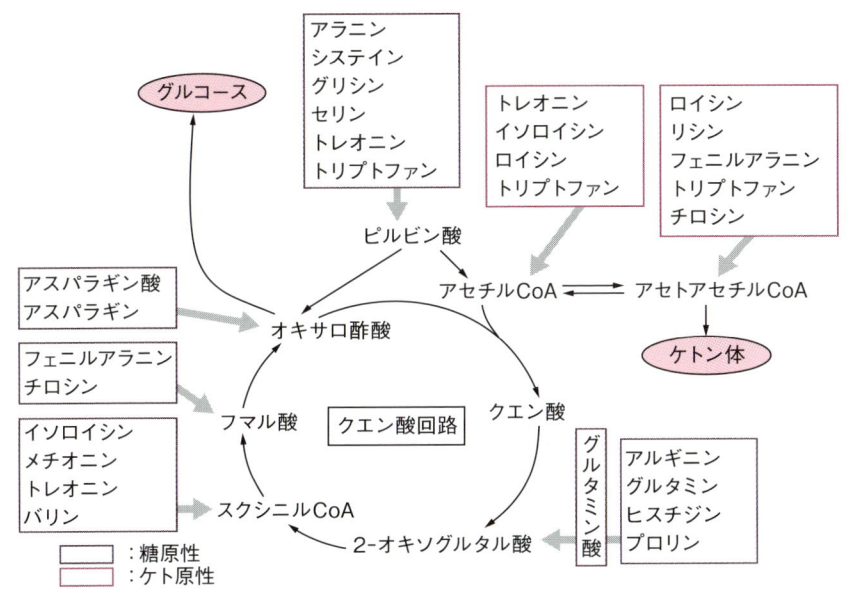

図 9·7　アミノ酸骨格が向かう経路
＊：完全なケト原性アミノ酸はロイシンとリシンの二つ．

9·2·6　アミノ酸の合成

　植物と微生物は 20 種類のアミノ酸すべてを生合成することができるが，哺乳類はそのいくつかを合成できない．合成できなかったり，合成できても代謝系の都合で合成量が制限的である場合は，そのアミノ酸を栄養としてタンパク質から摂らなくてはならず，そのようなアミノ酸を**必須アミノ酸**という．ヒトの場合，ヒスチジン，ロイシンを含む 9 種類が必須アミノ酸である（表 9·1）．必須アミノ酸かどうかは特定条件での要求性に依存し，たとえば合成できなくとも腸内細菌が充分量産生する場合，そのアミノ酸は実質的に非必須アミノ酸となる（例：ウシなどの草食動物）．

　20 種類のアミノ酸の合成経路は多様であるが，その経路は炭素骨格供給源となる糖の代謝経路によりおおまかに（A）クエン酸回路に由来するもの，（B）解糖系に由来するもの，（C）解糖系／ペントースリン酸回路に由来するものの 3 種類に分けられる（図 9·8）．

図9・8 アミノ酸合成経路の概観

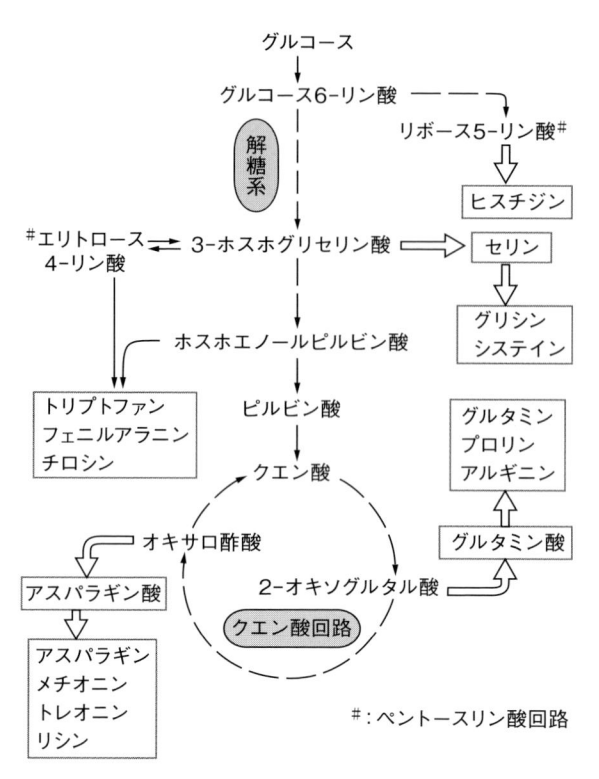

表9・1 ヒトにおける必須アミノ酸

必須アミノ酸
バリン
ロイシン
イソロイシン
リシン
トレオニン
メチオニン
フェニルアラニン
トリプトファン
ヒスチジン

#: ペントースリン酸回路

9・2・7 アミノ酸代謝異常症

アミノ酸異化に関する酵素に欠陥があると，血中や尿中のアミノ酸あるいはその代謝中間が上昇し，場合によって重大な疾患を引き起こす．フェニルアラニン異化における**先天性代謝異常症**として，**アルカプトン尿症**や**フェニルケトン尿症**があり，前者は分解中間体のホモゲンチジン酸が蓄積し，後者はフェニルアラニンが蓄積する．フェニルケトン尿症は，重度の知能遅延や短命を引き起こすため，低フェニルアラニン食で対応する必要がある．**メープルシロップ尿症**はバリン，ロイシン，イソロイシンの代謝異常であり，**白子症**（メラニン形成不全．9・2・8）は**チロシン代謝異常症**（チロシン3′-モノオキシゲナーゼ欠損症）である．

9・2・8 アミノ酸からつくられる重要な生体物質

すぐに利用されないアミノ酸は単に分解されるだけではなく，生体にとって重要な物質の前駆体として利用される．グリシンはクレアチンリン酸（9・2・4）やヘムの前駆体（9・4）となる．システインは毒物処理における包合反応にかかわる**グルタチオン**，グルタミン酸は神経伝達物質の **GABA**（γ-アミノ酪酸）の前駆体である．チロシンは**ドーパ**（3,4-ジヒドロキシフェニルアラニン）を経て，一つは神経伝達物質である**ドーパミン，ノルアドレナリン，アドレナリン**になり，もう一方ではドーパキノンを経て皮膚や毛髪色素である**メラニン**となる．甲状腺ホルモンの**チロキシン**はチロシンから生成される．神経伝達物質や腸管ホルモンとして機能する**セロトニン**はトリプトファンを前駆体とする．血圧調節，情報伝達，マクロファージ活性化，抗菌作用など，多くの生理活性をもつ**一酸化窒素**はアルギニンと酸素からつくられる．このほかヒチジンからは**ヒスタミン**が，メチオニンからはアドレナリンやコリン，そしてスペルミンやスペルミジン（核酸の安定化にかかわる）がつくられ，ヌクレオチドの成分であるプリン塩基はアスパラギン酸を材料とする（9・3・1）．

解説　**糖，脂質，窒素化合物の代謝連携**
糖（7章），脂質（8章），そしてアミノ酸を中心とする窒素化合物の代謝は（本章）炭素骨格や修飾基の共有，供与，統合を通じて連携している．

9・3　ヌクレオチドの代謝

ヌクレオチドの合成には，低分子化合物から塩基をつくりあげ，それをリン酸化リボースと結合させる**新生**（*de novo*）**経路**と，すでにある塩基を原料にする**再利用（サルベージ）経路**の二つがある．

9・3・1　ヌクレオチドの新生合成

プリンヌクレオチドの合成は糖代謝系のペントースリン酸回路の中間体リボース 5-リン酸にピロリン酸が付いた**ホスホリボシルピロリン酸（PRPP）**

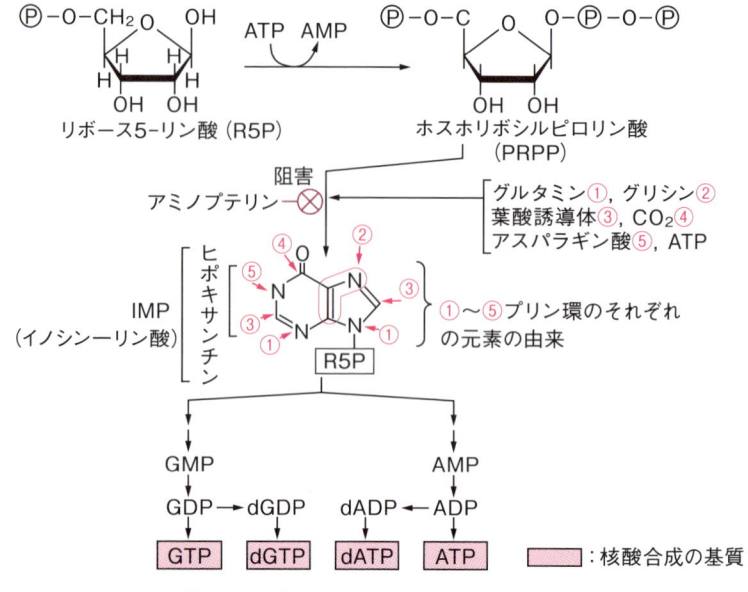

図9·9 プリンヌクレオチドの新生経路

から始まる．PRPPにグリシン，アスパラギン酸，炭酸，グルタミン，C1化合物である**葉酸誘導体**がかかわる合成反応により，段階的にPRPP上に塩基である**ヒポキサンチン**が構築されてイノシン―リン酸（**IMP**）ができる（注：この過程は**アミノプテリン**のような抗葉酸剤により阻害される）．IMPは，グルタミンが関与してGTP／dGTPがつくられる経路と，アスパラギン酸が関与してATP／dATPがつくられる経路に分かれる．**ピリミジンヌクレオチド**の場合，まずグルタミン，炭酸，アスパラギン酸から塩基の原形となる**オロト酸**ができる．オロト酸はPRPPと結合して**オロチジル酸**となり，脱炭酸をうけてウリジン―リン酸（**UMP**）になる．UMPはリン酸化されてUDPになり，その後CTP／dCTPあるいはdUMPができる．dUMPは**葉酸誘導体（メチレンテトラヒドロ葉酸）** と**チミジル酸合成酵素**により**チミジル酸**となり，その後TTPが生成する．メチレンテトラヒドロ葉酸は**ジヒドロ葉酸**─①→**テトラヒドロ葉酸**となりメチレンテトラヒドロ葉酸に戻るが，①にかかわる酵素**ジヒドロ葉酸還元酵素（DHFR）** は**メトトレキセート**などの葉酸拮抗性抗癌剤やアミノプテリン（上記）で阻害される．

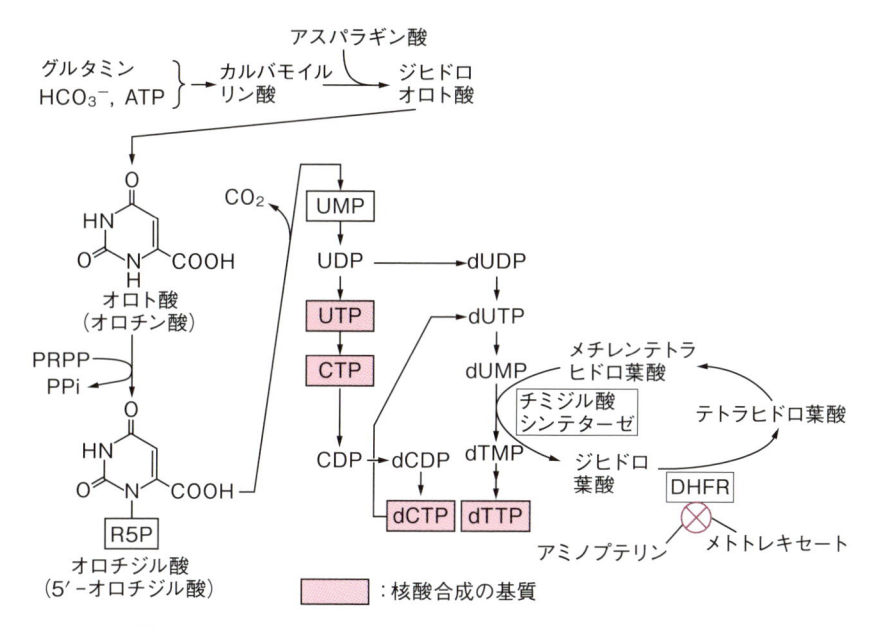

図9·10 ピリミジンヌクレオチドの新生経路
PRPP：ホスホリボシルピロリン酸，R5P：リボース5-リン酸，
UMP：ウリジン一リン酸，DHFR：ジヒドロ葉酸レダクターゼ

解説　抗癌剤：アミノプテリン

アミノプテリンは葉酸に拮抗することにより，IMP が生成する経路や TTP が生成する経路を阻害し，結果，細胞増殖を抑える．

9·3·2　塩基の再利用と排出

　細胞が死ぬと DNA はヌクレオチドに分解され，その後塩基が糖から切り離される．プリン塩基のヒポキサンチンやグアニンは **PRPP** と**リン酸化リボース転移酵素**（**HGPRT**）により IMP や GMP に再構築され，再び三リン酸型ヌクレオチドとなる．一方，チミンは**チミジン合成酵素**でチミジンとなり，**チミジンキナーゼ**でリン酸が付けられ，最終的に TTP となる．HGPRT 活性が低下すると PRPP が増えてプリンヌクレオチド新生合成が上がり，結果尿酸が増える（☞痛風の原因．P. 116 解説参照）．
　HGPRT が完全欠損すると，プリンヌクレオチド新生合成がさらに上がり，

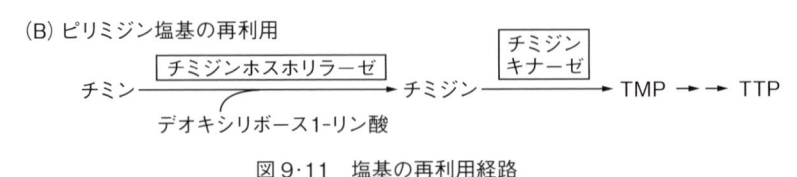

(A) プリン塩基の再利用

ヒポキサンチン ＋ PRPP —[HGPRT]→ IMP

グアニン ＋ PRPP —[HGPRT]→ GMP

(B) ピリミジン塩基の再利用

チミン —[チミジンホスホリラーゼ]→ チミジン —[チミジンキナーゼ]→ TMP → → TTP

（デオキシリボース1-リン酸）

図9・11 塩基の再利用経路

自傷行為や知能障害を主徴とする**レッシュ・ナイハン症候群**を起こす．プリン塩基はキサンチン→尿酸となって排出され，ピリミジン塩基は炭酸ガスとアンモニアに分解される．

9・4 ヘムとクロロフィルの代謝

ヘム（ヘモグロビンやカタラーゼに含まれる）や**クロロフィル**は，呼吸，酸化還元反応にかかわる色素ファミリーとして重要な物質であるが，いずれもグリシンとスクシニルCoAから生成する**δ-アミノレブリン酸（ALA）**が出発物質となる．ALAは縮合，環状化して，ヘム，クロロフィル共通の前駆体である**プロトポルフィリンIX**となる．この物質に鉄イオンが配位するとヘムになり，マグネシウムイオンが配位すると**クロロフィル**になる．赤血球は肝臓などで処理されるが，このときヘモグロビン中のヘムも分解し，**ビリルビン**となって胆汁色素として胆汁とともに腸内に分泌される．

演習
1. 生物が窒素を得て有機物に組み立てる経路の概要を述べなさい．
2. 「余分なグルコースをデンプンやグリコーゲンとして蓄えるのと同じように，生物は余分なアミノ酸をタンパク質として蓄積できる」という理解は正しいか．
3. タンパク質は主要なエネルギー源ではないが，場合によってエネルギー源として利用されうる．その場合どのような代謝経路がかかわるか．
4. チミジンキナーゼの欠損した細胞は，ヒポキサンチン，チミジン，アミノプテリンの入った**HAT培地**で増えることができない．なぜか．

10 エネルギーを取り出す：ATPの合成

生物はグルコースの段階的分解／酸化で生じる自由エネルギーによって生命を維持している．生体酸化の大部分は脱水素反応の形で起こるが，除かれた水素原子（プロトン＋電子）はいったん補酵素に渡される．電子はミトコンドリアにある電子伝達系を伝わり，この過程で取り出されたエネルギーを元に酸化的リン酸化によって高エネルギー物質であるATPが合成される．電子の行き着く先は酸素で，プロトンと結合して水が生成する．

10・1 生体内酸化還元

10・1・1 呼吸／エネルギー代謝の概要

グルコースに火をつけると**酸素**と化合（＝酸化）し，燃えて熱（＝エネルギー）が発生する．生物も**呼吸**により有機物を酸化し，放出される**自由エネルギー**（仕事に使うことのできる内部エネルギー）を利用するが，**燃焼**と異なり，酵素反応によって酸化反応が段階的に少しずつ進んでATPを合成する．グルコースにある水素は酸素と結合して（酸化されて）水になるが，酸素を使わない**嫌気呼吸（無気呼吸）**をする細菌では，酸化の最後のステップに，酸素ではなく硫酸などの無機物が用いられる．**発酵**は微生物が行う糖の

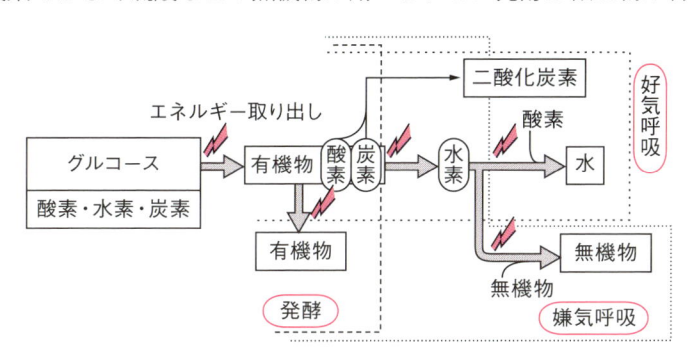

図10・1 呼吸の概要

中途半端な酸化で，エタノールなどの有機物ができる．酸素呼吸を行う生物も，解糖系では発酵のように無酸素状態でエネルギーを得る．呼吸にはいろいろな様式があるが，生化学的には電子を受け渡す酸化反応の連続と捉えることができる．

解説　エネルギーの表現

エネルギーはジュール [J] で表し，カロリー [cal]（1000cal = 1kcal/1Cal）で換算すると 1J = 0.24cal となる（1cal = 1cc の水を 1℃上昇させる熱量）．電位は次式でエネルギーに換算することができる．

　　自由エネルギー変化（J/モル）
　　　＝標準還元電位（V）× 96480（J/V・モル）×移動電子数× −1

1モルの分子間で分子当たり2個の電子が0.5ボルトの電位差で移動する場合，96.48kJ = 23.2kcal 相当の自由エネルギーの変化が見られる．

10・1・2　生体内酸化還元

一般的に酸素が付くことを**酸化**，その逆を**還元**というが，両者は同時に起こる（共役する）．**水素**が酸素で酸化されて水ができるとき，酸素は水素で還元される．水素の除去も酸化である．酸化は酸素や水素以外の原子でも起き，**電子の除去**と定義される．二価鉄イオン（Fe^{2+}）（通常より電子が2個少ない鉄原子）と二価銅イオン（Cu^{2+}）が共存すると以下の反応が起こる．

　　$Fe^{2+} + Cu^{2+} \rightarrow Fe^{3+} + Cu^+$

この反応は①式【$Fe^{2+} \rightarrow Fe^{3+} + e^-$】と②式【$Cu^{2+} + e^- \rightarrow Cu^+$】に分けて考

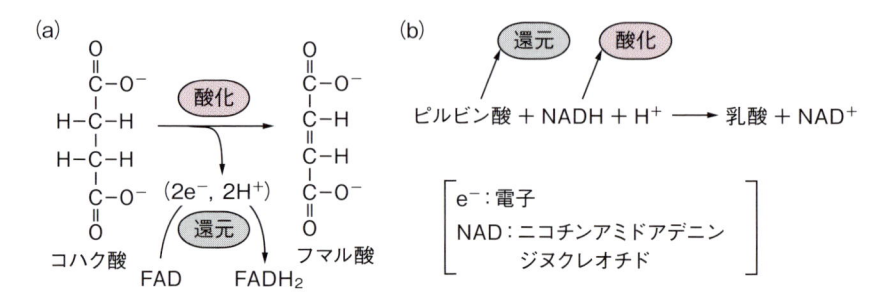

図10・2　生体で起こる酸化還元反応

表10・1 主な生化学反応の標準還元電位

半反応	E'^0 (V)
$\frac{1}{2} O_2 + 2H^+ + 2e^- \longrightarrow H_2O$	0.816
$Fe^{3+} + e^- \longrightarrow Fe^{2+}$	0.771
$O_2 + 2H^+ + 2e^- \longrightarrow H_2O_2$	0.295
シトクロムa(Fe^{3+}) + e^- →シトクロムa(Fe^{2+})	0.29
シトクロムc(Fe^{3+}) + e^- →シトクロムc(Fe^{2+})	0.254
ユビキノン + $2H^+ + 2e^-$ →ユビキノール	0.045
シトクロムb(Fe^{3+}) + e^- →シトクロムb(Fe^{2+})	0.077
フマル酸 + $2H^+ + 2e^-$ →コハク酸	0.031
$2H^+ + 2e^- \longrightarrow H_2$ (pH 0)	0.000
オキサロ酢酸 + $2H^+ + 2e^-$ →リンゴ酸	-0.166
ピルビン酸 + $2H^+ + 2e^-$ →乳酸	-0.185
アセトアルデヒド + $2H^+ + 2e^-$ →エタノール	-0.197
$FAD + 2H^+ + 2e^- \longrightarrow FADH_2$	-0.219
$NAD^+ + H^+ + 2e^- \longrightarrow NADH$	-0.320
$NADP^+ + H^+ + 2e^- \longrightarrow NADPH$	-0.324
2-オキソグルタル酸 + $CO_2 + 2H^+ + 2e^-$ →イソクエン酸	-0.38
$2H^+ + 2e^- \longrightarrow H_2$ (pH 7)	-0.414

E'^0：標準還元電位

えることができる（e^-は電子）．①は酸化反応，②は還元反応しか書いていない**半反応**である．①は二価鉄イオンからの電子放出（酸化），②は二価銅イオンの電子受容（還元）を表し，二価鉄イオンを**電子供与体**，二価銅イオンを**電子受容体**というが，電子の移動方向は酸化還元電位に依存する．

電子が標準状態（1気圧，25℃）でどの方向に移動しやすいかを，1モルの水素イオンと水素ガス間の電位（$2H^+ + 2e^- \rightarrow H_2$）を0ボルトと定め，1モル濃度の物質について測定した値を**標準還元電位**（標準酸化還元電位ともいう）といい，E'^0 (V) で表す（表10・1）．酸素は標準還元電位がプラスでとくに高く（0.816V），水素（中性の水．水素イオン濃度が生理的な$10^{-7}M$の状態）はマイナスでとくに低い（-0.414V）．電子は標準還元電位の高い方に流れる．

10・1・3 生体分子の還元状態

2個の原子が結合しているとき,原子が保有する電子は**電気陰性度**で決まるが(参考:陰性度は H＜C＜S＜N＜O の順),電子は電気陰性度の大きな原子に保有される傾向がある(二重結合は半分).水素や酸素が結合している炭素がもつ電子数はメタン＝8,ホルムアルデヒド＝4,蟻酸＝2,二酸化炭素＝0 となり,水素(酸素)の多いものほど還元的(酸化的)である.グルコースは水素を多量に含む還元的分子といえる.

(A) 主な元素の電気陰性度
H＜C＜S＜N＜O

(B) 主な分子中にある炭素の還元状態(電子保有数)

<分子>	<電子数>	<分子>	<電子数>
メタン	8	アセトアルデヒド	3
エタン	7	ギ酸	2
エタノール	5	酢酸	1
ホルムアルデヒド	4	二酸化炭素	0

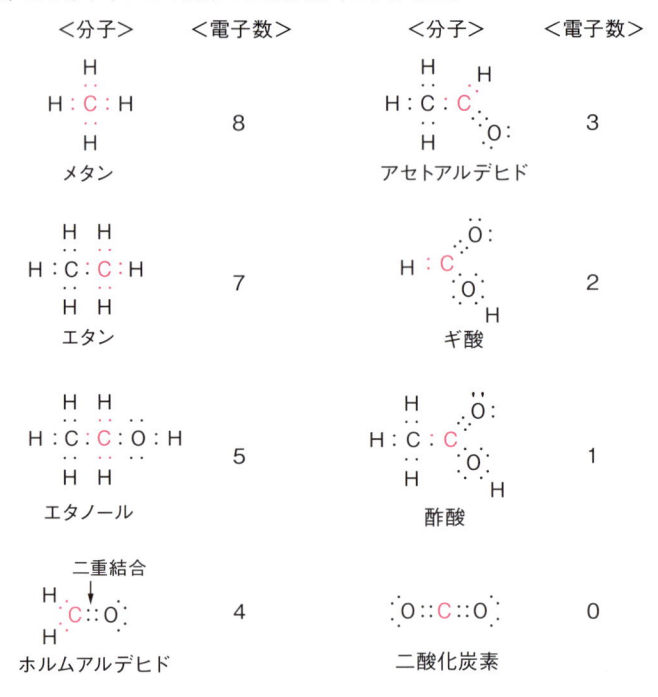

図 10・3 生体分子の炭素がもつ電子
赤色で示した炭素が保有する電子を赤点で示した.酸素と結合する場合には酸素に電子をとられる.炭素の二重結合では保有電子数は半分になる.

> **Column**
> **電位はエネルギーを生む**
> 電圧発生装置である電池につながれたモーターが回るように，**起電力**はエネルギーを生む．同じ現象は生体でも起き，分子間の標準還元電位に差があると電子は電位の高い方に流れ，そのときに解説（P. 124）にあるように自由エネルギーが放出される．

10・1・4　電子移動様式

酸化で電子が移動する方式に次のものがある．（1）金属原子を介する電子の直接授受（10・1・2）．（2）2個の分子間の水素原子の移動．$AH_2 + B \leftrightarrow A + BH_2$ と書かれ，Aの酸化は $AH_2 \rightarrow A + 2H^+ + 2e^-$ という半反応で示される．一般に水素原子は2個（2個の**プロトン**［水素の原子核］と2個の電子）同時に除かれ，**還元当量**（＝授受にかかわる電子数）は2となる．（3）2個の電子をもつ1個の水素原子（:H^-）：**ハイドライドイオン**の移動．NADなどの電子運搬用補酵素と共役する脱水素酵素反応で見られ，関与する酵素を**デヒドロゲナーゼ（脱水素酵素）**という（例：アルコールデヒドロゲナーゼ）．（4）酸素の直接結合．$R\text{-}CH_3 + 0.5O_2 \rightarrow R\text{-}CH_2\text{-}OH$ と書かれる．酸素が有機炭素と結合し，炭素が電子供与体，酸素が電子受容体となる．

10・1・5　脱水素反応に関与する補酵素

基質から除かれた水素は，水素の普遍的伝達体である下記の**補酵素**に渡される．

a．ピリジンヌクレオチド：NAD（ニコチンアミドアデニンジヌクレオチド）とそれにリン酸がついた **NADP** はピリジン環をもつ．ピリジン環窒素が N^+ となっているため，酸化型は正しくは NAD^+（$NADP^+$）で，電子2個と水素1個を受けて NADH（NADPH）という還元型になる（図10・4）．残りの水素はプロトンとして放出され，あわせて NAD^+（$NADP^+$）＋ $2H \rightarrow$ NADH（NADPH）＋ H^+ と書かれる．細胞内では NAD 濃度は NAD ＞ NADH なので，基質からの水素除去が容易に起き，主にエネルギー産生過程の酸化反応で使われるのに対し，NADP 濃度は NADP ＜ NADPH となっており，

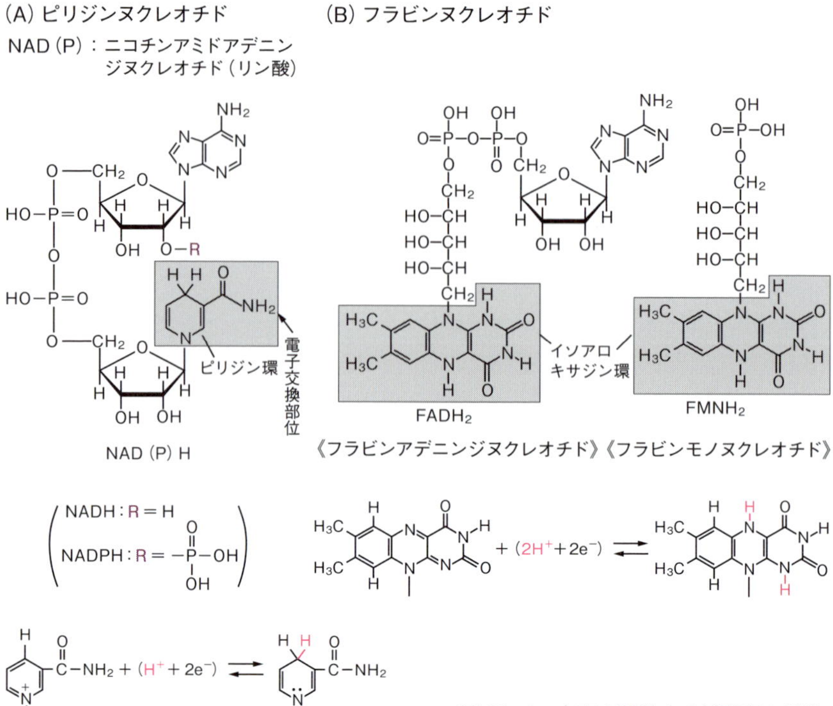

(A) ピリジンヌクレオチド
NAD(P)：ニコチンアミドアデニンジヌクレオチド（リン酸）

(B) フラビンヌクレオチド

図10・4　水素を運搬する補酵素の構造

主に還元による物質合成に使われる．

b．フラビンヌクレオチド：FMN（フラビンモノヌクレオチド）とそれにアデニン酸がついた FAD（フラビンアデニンジヌクレオチド）は還元等量1と2の還元状態をフラビン部分でとれるので，NAD(P) より多様な反応に関与し，呼吸や光合成における電子伝達でも機能する．フラビンを含むタンパク質は光の関係する反応にもかかわる．多くのフラビンヌクレオチドは酵素と強固に結合する**補欠分子族**として存在する．

10・2　エネルギー通貨：ATP

10・2・1　ATPと高エネルギー物質

ATP（アデノシン三リン酸［adenosine tri-phosphate］）はアデノシンの5′位にリン酸が3個結合したものである（図5・1）．1個は **mono**，2個を **di**

高エネルギーリン酸化合物	加水分解による標準自由エネルギー変化 $\Delta G^{0\prime}$ (kJ/mol)
ホスホエノールピルビン酸	−61.9
1, 3-ビスホスホグリセリン酸 （3-ホスホグリセリン酸 + Pi）	−49.3
クレアチンリン酸	−43.0
ATP（ADP + Pi）	−30.5
ATP（AMP + PPi）	−45.6
PPi（2Pi）	−19
グルコース 1-リン酸	−20.9
フルクトース 6-リン酸	−15.9
グルコース 6-リン酸	−13.8
グリセロール 1-リン酸	−9.2
アセチル CoA	−31.4

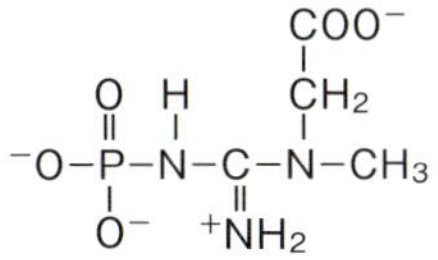

図 10·5　高エネルギーリン酸化合物

というので，それぞれは **AMP**，**ADP** という．ATP のようなリン酸基（あるいはリン酸基をもつ物質）には反発力があり，結合には大きなエネルギーが必要である．従って ATP のリン酸基が加水分解されて ADP や AMP となると，リン酸結合に使われていたエネルギーが放出される．一般にリン酸をもつ分子は加水分解により大きなエネルギーを放出し（図 10·5），この中には**クレアチンリン酸**や，**補酵素 A**（**CoA**）が結合した**アセチル CoA** も含まれる．ATP のように 6kcal/モル（25J/モル）以上の標準自由エネルギー変化を生むものを**高エネルギー物質**という．

10·2·2　エネルギー通貨としての ATP

ATP は生物にとっての普遍的な自由エネルギーの一時的保持物質であり，必要なところで **ADP** と**無機リン酸**（**Pi**），あるいは **AMP** とピロリン酸（**PPi**）に分解（加水分解）されて自由エネルギーを供給し，**エネルギー通貨**として利用される．いくつかある高エネルギー物質の中でも，エネルギー通貨となるのは ATP のみである．図 10·5 からわかるように，ATP の加水分解で生じる自由エネルギーは高エネルギー物質の中では中間レベルにある．これは，

ATPが高エネルギー結合をもつとともに，安定性と分解性も兼ね備えていることを意味し，通貨としての条件に合致する．ATPがかかわる仕事には合成，調節，物質移動，運動，発電や発光，分子構造の変更などがある．

解説 ATP 合成様式

ATP 合成様式には，**基質レベルのリン酸化**（高エネルギーリン酸結合の切断と共役したATP合成），**酸化的リン酸化**（10・3・3），植物などが行う**光リン酸化**（11章）の三つがある．

10・3 ミトコンドリアと好気呼吸

10・3・1 ミトコンドリアの構造と内膜の輸送機能

ミトコンドリアは二重の膜をもつが，10kDa以下の分子は外膜を自由に通過する．**内膜**は極性分子を通さないため，特異的な輸送機構が必要となる．外膜と内膜の間隙を**膜間腔**，その内部を**マトリックス**（クエン酸回路はここにある）という．電子伝達系や酸化的リン酸化系は内膜に組み込まれている．内膜には **ATP−ADP 交換体**（アデニンヌクレオチドトランスロカーゼ）があり，ADPを取り込むと同時に，ATPを排出する（☞**アンチポート［対向輸送］**する）が，この際1個分のプロトン勾配が消費される（☞エネルギーを要する．濃度に逆らって移動させるため）．

細胞質NADHのマトリックス搬入には二つの運搬方法がある．一つは肝臓などで活発に働く**リンゴ酸−アスパラギン酸シャトル機構**で，膜間腔でNADHとオキサロ酢酸からリンゴ酸ができ，これが内膜を通過し，マトリックスで再びオキサロ酢酸とNADHに戻る．他は主に脳や骨格筋で働く**グリセロール3-リン酸シャトル機構**で，NADHがグリセロール3-リン酸合成に利用され，これがマトリックスに入った後で FAD → FADH$_2$ 反応が起

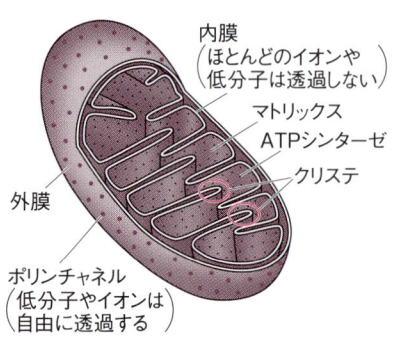

図 10・6　ミトコンドリアの構造

(A) リンゴ酸-アスパラギン酸シャトル　　(B) グリセロール3-リン酸シャトル

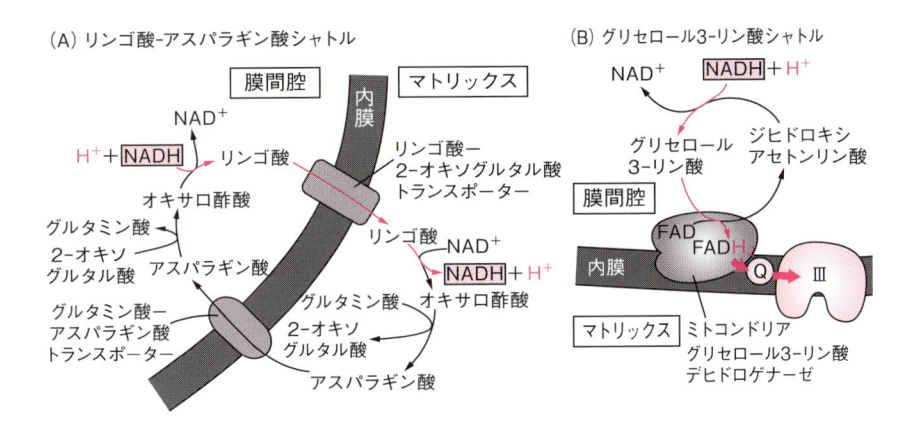

図10・7　ミトコンドリア内膜における NADH シャトル機構*
＊：この系では NADH は内膜を通過しない．
Q：ユビキノン（CoQ），Ⅲ：電子伝達系複合体Ⅲ

こる，補酵素をかえて運搬する機構である．この場合はリンゴ酸－アスパラギン酸シャトルに比べて ATP 2 個分のエネルギー減となる．

10・3・2　電子伝達系

エネルギー代謝で除かれた水素原子は，共通の電子運搬体である NADH，$FADH_2$ に集められ，**電子伝達系**（**呼吸鎖**ともいう）に渡される．電子伝達系の成分はミトコンドリア膜に組み込まれている 4 種類の複合体と，膜内を比較的自由に移動できるユビキノン／CoQ とシトクロム c に分けられる．

a．電子伝達系の構造：電子伝達系は四つの複合体（Ⅰ～Ⅳ）を含む．それぞれは複数のタンパク質からなる酵素複合体で，複合体Ⅰは **NADH－ユビキノン還元酵素**，Ⅱは**コハク酸－ユビキノン還元酵素**，Ⅲは**ユビキノン－シトクロム c 還元酵素**，そしてⅣは**シトクロム c 酸化酵素**である．各複合体は電子が移動するための補助因子や補酵素を含む．**ユビキノン／補酵素Q（コエンザイム Q／CoQ）**は 2 個の電子授受を媒介し，複合体Ⅲに電子を運ぶ．**シトクロム**（注：**ヘム**をもつタンパク質のうち電子伝達系に関与したりミクロソームにあるものをいう）は鉄原子が電子の授受を行う．ヘムの構造によりシトクロム a, b, c の別があるが，**シトクロム c** は（Cyt c）膜内に自由に拡散し，複合体Ⅲから Ⅳ への電子運搬を行う．

表 10·2　電子伝達系を構成する複合体

複合体	補助因子およびシトクロム
I NADH-ユビキノン還元酵素	FMN 複数の Fe-S
II コハク酸-ユビキノン還元酵素	FAD 複数の Fe-S
III ユビキノン-シトクロム c 還元酵素	シトクロム b_H シトクロム b_L シトクロム c_1 複数の Fe-S
IV シトクロム酸化酵素	シトクロム a シトクロム a_3 Cu_A, Cu_B

b．電子の流れと酸素の役割：複合体 I では NADH にある電子が内部で FMN から Fe-S に渡り，外にある **CoQ** を経て複合体Ⅲに渡る．ここで発生する自由エネルギーを利用し，複合体 I は 4 個のプロトンをマトリックスから膜間腔に汲み出す（注：この作用を**プロトンポンプ**という）．

複合体Ⅱはクエン酸回路においてコハク酸→フマル酸反応（注：クエン酸回路のコハク酸デヒドロゲナーゼはこのように内膜に組み込まれている）で生成した電子を内部の FAD に渡したり，他の代謝で生じた外来性 $FADH_2$ からの電子を受け取り，それを外にある CoQ に渡す（注：複合体Ⅱでの自由エネルギー変化は少なく，プロトンポンプ活性はない）．このように，電子はすべていったん CoQ に集められた後，その後複合体Ⅲに渡される．

複合体Ⅲに集まった電子は**鉄－硫黄クラスター**と多数のシトクロムを経由し，それが外部にある Cyt c を経由して複合体Ⅳに移る．複合体Ⅲでの標準還元電位の上昇も大きく，2 個分のプロトンが汲み出されるが，電子をもった $CoQH_2$ が複合体Ⅲに入るときにプロトン 2 個を膜間腔に放出するため，見かけ上，複合体Ⅲは 4 個のプロトンをくみ出すことになる．

Cyt c から**複合体Ⅳ**に渡った電子は複数のシトクロム系や銅原子を渡り，最後に分子状酸素を還元するが，還元された酸素はプロトンを捕捉して水

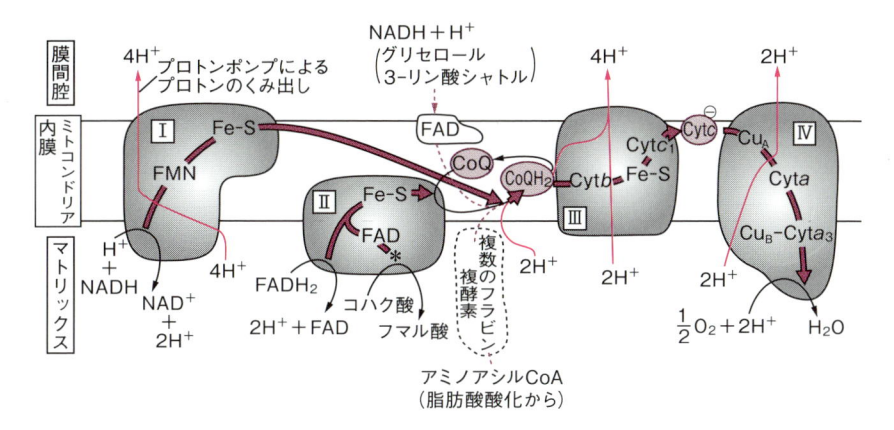

図10·8 電子伝達系
→，⇢は電子の流れを示す．
＊：クエン酸回路のコハク酸デヒドロゲナーゼは複合体Ⅱに組み込まれている．
#：CoQ と Cyt$c$ は内膜を自由に移動できる．Ⅰ〜Ⅳは複合体名．

が生成する．複合体Ⅳでも2個のプロトンが汲み出される．結局複合体Ⅰ〜Ⅳを通じて，2電子当たり10個のプロトンが汲み出されることになる（注：FAD(H_2) や途中の CoQ から入った場合は6個のプロトン）．

解説 **活性酸素の生成**
電子伝達系では**スーパーオキサイド，過酸化水素，ヒドロキシラジカル**などの有害な**活性酸素**が発生する．細胞はこれらを分解する酵素をもつ．

10·3·3 ATP合成：酸化的リン酸化

電子伝達系で生成したプロトンはエネルギー依存的に膜間腔に汲み出される．集まったプロトンはマトリックスに戻ろうとする**化学ポテンシャル**（濃度勾配）を発生させ，この流れで発生する**プロトン駆動力**が ATP 合成酵素を活性化する．プロトン勾配に基づくこの説を**化学浸透説**という．**ATP合成酵素（ATPシンターゼ）**は内膜に組み込まれている F_0 と F_1 からなる**分子モーター**で，プロトン流により回転し，その力が ATP 合成に必要な触媒活性を発揮させる．電子伝達から ATP 合成までのこの過程を**酸化的リン酸化**と

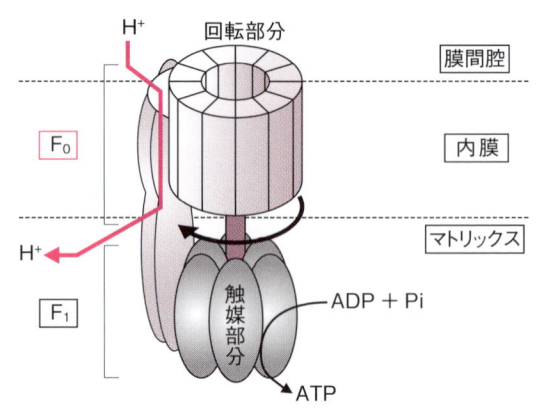

図中ラベル: H⁺, 回転部分, 膜間腔, F₀, 内膜, マトリックス, F₁, 触媒部分, ADP + Pi, ATP

*回転が逆になるとATPの加水分解が起こる．
灰色部分が回転部分（プロトン流により駆動される）

図 10·9　ATP シンターゼの構造と ATP 合成機構

いい，10個のプロトンを汲み出すエネルギーは複数のATP合成のエネルギーに匹敵する（注：ATP 1分子当たり少なくとも3個のプロトンの移動が必要である）．

10·3·4　好気呼吸のエネルギー収支

a．ATP 合成に要するプロトン数：ATP合成に費やされる実際のエネルギーは50〜65kJ/モル，実測値によるプロトンの電気化学的ポテンシャルは−21.5kJ/モルなので，ATP合成には少なくとも3個のプロトン勾配が必要となるが（10·3·3），ADP取り入れに1個のプロトン勾配を消費しているので（10·3·1），1ATP合成には少なくとも4個のプロトンが必要となる．以上の理由により，NADH由来の10個のプロトン（10·3·2b）からは10÷4＝2.5ATP，$FADH_2$由来のプロトンからは6÷4＝1.5ATPが合成されることになる(注：古い教科書ではそれぞれ3個，2個という整数になっている)．

b．グルコース酸化で生産されるATP：1分子のグルコースからの基質レベルの**ATP生産**は解糖系で2ATP，クエン酸回路で2ATPである（計4ATP）．NADH産生は解糖系で2個，ミトコンドリアに入った後のピルビン酸酸化で2個，クエン酸回路で6個となる（都合10NADHで2.5×10＝

25ATP)．$FADH_2$ はクエン酸回路で2個供給されるので，上記（10・3・4a）から $1.5 \times 2 = 3ATP$ となり，すべてを加えると $4 + 25 + 3 = 32ATP$ となる（注：細胞質 NADH がリンゴ酸－アスパラギン酸シャトルでミトコンドリアに入る場合や，細菌の場合．グリセロール3-リン酸シャトルを使うと 30ATP となる）．グルコース完全酸化の標準自由エネルギーが 2709kJ/モル，ATP 合成エネルギーの理論値は 30.5kJ/モルなので，**ATP 合成のエネルギー効率**は $(30.5 \times 32) \div (2709) = 36\%$ となる．ATP 合成に使われなかった自由エネルギーは熱となる．ATP 合成は ADP により促進され，ATP により抑制されるという制御を解糖系やクエン酸回路を介して受けるため，ATP が足りなくなると（= ADP が増えると）その合成系は活性化する．

解説 **脱共役**
2,4-ジニトロフェノールが内膜に作用するとプロトンは ATP 合成をしないまま膜を通過するが，この現象を**脱共役**という．**サーモゲニン**（熱を多量に発生する褐色脂肪に多い）のような生理的脱共役因子も存在する．脱共役が起こると，プロトン勾配のもっているエネルギーが熱となって発散する．

演習
1. 7章の糖代謝を参考に，燃焼と呼吸の共通点と相違点をあげなさい．
2. 2種類の異なる金属片を挟んで口に入れたところ，舌がピリピリと電気が流れるような感覚を感じた．口の中でどのようなことが起こったのかを推定しなさい．
3. 生物が酸素を必要とするのはなぜか．植物が繁栄する前の太古の地球にも生物はいたが，酸素はほとんどなかった．酸素がなくとも生命を維持できていたのはなぜか．
4. 1杯のコーヒーに 2.65g の砂糖（スクロース）と 3.42g の（パルミチン酸でつくった）ミルクを入れた．砂糖とミルクそれぞれの ATP 収支を計算し，どちらが何倍エネルギー摂取量が高いかを判断しなさい．ただし，スクロースとパルミチン酸の分子量をそれぞれ，265Da，342Da とする．

11 光合成

　エネルギー源を二酸化炭素から直接合成できる独立栄養生物の一つに光合成生物がある．光合成生物にはいくつかの原核生物のほか，植物や藻類が含まれるが，植物はクロロフィルをはじめとする光合成色素を含む葉緑体で光合成を行う．光合成反応では，光で活性化されたクロロフィルによって水が酸素と水素に分解されるとともに ATP と NADPH が産生され，これらを使って二酸化炭素から糖が合成される．つくられた糖はデンプンとして貯蔵されたり，スクロースとして全身に供給される．

11・1　独立栄養と従属栄養

11・1・1　二つのエネルギー獲得様式

　糖に代表されるエネルギー物質を得る栄養方法には**独立栄養**と**従属栄養**がある．独立栄養とは二酸化炭素から直接糖を合成することで，**炭酸同化**ともいう．炭酸同化のためのエネルギー取得方式には，**化学合成**と**光合成**の二つがある．**独立栄養生物**は食物連鎖の中で生産者の位置にあり，**従属栄養生物**を支えている．本来独立栄養である植物にも，ヤドリギなどの寄生植物やモウセンゴケなどの食虫植物のように，部分的に従属栄養性を示すものがある．従属栄養とはエネルギー源を体外から取り入れた有機物に依存する栄養形式で，すべての動物，菌類，通常の細菌など，光合成系や化学合成系をもたない生物が含まれる．

表 11・1　2 種類の栄養方式による生物の分類

生物
- 独立栄養生物
  - 化学合成生物[*]
  - 光合成生物（光合成細菌，ランソウ，藻類，植物）
- 従属栄養生物（動物，菌類，大部分の細菌類）

[*]：表 11・2 参照

表 11·2　化学合成細菌

細菌名	酸化方式	酸化される元素
硫黄細菌	$H_2S + \frac{1}{2}O_2 \rightarrow H_2O + S$	S
	$S + \frac{3}{2}O_2 \rightarrow H_2O + H_2SO_4$	S
亜硝酸細菌	$NH_4OH + \frac{3}{2}O_2 \rightarrow HNO_2 + 2H_2O$	N
硝酸細菌	$HNO_2 + \frac{1}{2}O_2 \rightarrow HNO_3$	N
水素細菌	$H_2 + \frac{1}{2}O_2 \rightarrow H_2O$	H
鉄細菌	$FeCO_3 + \frac{1}{4}O_2 + \frac{3}{2}H_2O \rightarrow Fe(OH)_3 + CO_2$	Fe

11·1·2　化学合成

化学合成は細菌類のみで見られ，以下の二つの式でまとめられる．

◆無機物＋酸素→酸化物＋化学エネルギー（ATP，NADH 合成）

◆ 6 二酸化炭素＋12 水＋化学エネルギー→グルコース＋6 水＋酸素

化学合成は無機物を酸素で酸化して化学エネルギーを得るが，利用する無機物の種類によりいろいろな細菌（亜硝酸菌［アンモニア→亜硝酸］，硝酸菌［亜硝酸→硝酸］，硫黄細菌［硫化水素→硫黄，硫黄→硫酸］，鉄細菌［二価鉄→三価鉄］，水素細菌［水素→水］）が存在する（注：光合成色素をもつ紅色硫黄細菌などと混同しないように）．生成物は水，硝酸，硫酸などいろいろだが，いずれも酸化剤として酸素を利用するため，酸素を発生させる光合成生物が出現した後で生まれたものと考えられる．

11·2　光合成

11·2·1　光合成生物

光合成生物（例：藻類，植物，ランソウ，光合成細菌）は光を捕捉する色素と，それを含む細胞小器官／顆粒をもつ．光合成生物の中で，真核生物は藻類と植物（コケ植物，シダ植物，種子植物）である．植物の**葉緑体**は葉の表皮奥の細胞にあり，内部に DNA をもち自身で増える．なお葉緑体は孔辺細胞にもあり，サボテンのように茎の細胞にあるものもある．植物の葉緑体

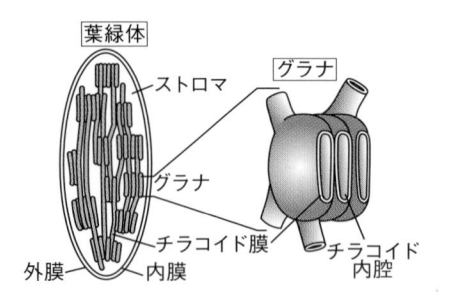

図11·1 葉緑体の構造

は二重の膜で包まれ，内部に**チラコイド**という扁平な袋が多数重なった**グラナ**という構造をもつ．間隙部分は**ストロマ**という．藻類も種子植物のような葉緑体をもつが，チラコイド構造はより単純である．

11·2·2 光合成色素と集光

太陽光は白く見えるが，実際には多数の色の可視光を含む．光は波のように振動しており，波長が短いと紫色に（波長約400nm：ナノメートル [1×10^{-9} メートル]），長いと赤色（波長約800nm）に見える．

チラコイド膜には光を吸収するための**光合成色素**が数種類存在するが，主要な色素は**クロロフィル**（**葉緑素**）で，a と b の二つのタイプがある．クロロフィルの構造はヘモグロビン中のヘムと類似しているが，鉄の代わりにマグネシウムをもつ．クロロフィルが吸収する光は主に青紫色と赤色なため，緑色が吸収されないで残り，そのため葉緑体を含む葉が緑に見える．色素はこのほかにも**キサントフィル**や**カロテン**という橙色〜黄褐色の**カロテノイド系補助色素**があるが，クロロフィルが吸収する以外の波長の光を吸収するので，葉緑体全体で広い範囲の光を吸収することができる．紅藻類や褐藻類では種類の異なるクロロフィルに加え，フィコビリンという赤や青の補助色素もある．

チラコイド膜には明反応が行われる光合成の**反応中心**が多数ある．反応中心の周りには多数の補助色素とクロロフィルがあり，広い範囲の光を捕捉することができる．光エネルギーは電子のエネルギーという形で反応中心にある特別なクロロフィル a 二量体に届く．このクロロフィルには光吸収ピークが680nm（**P680**）のものと700nm（**P700**）の2種類があり，それぞれ**光化**

11·2 光合成

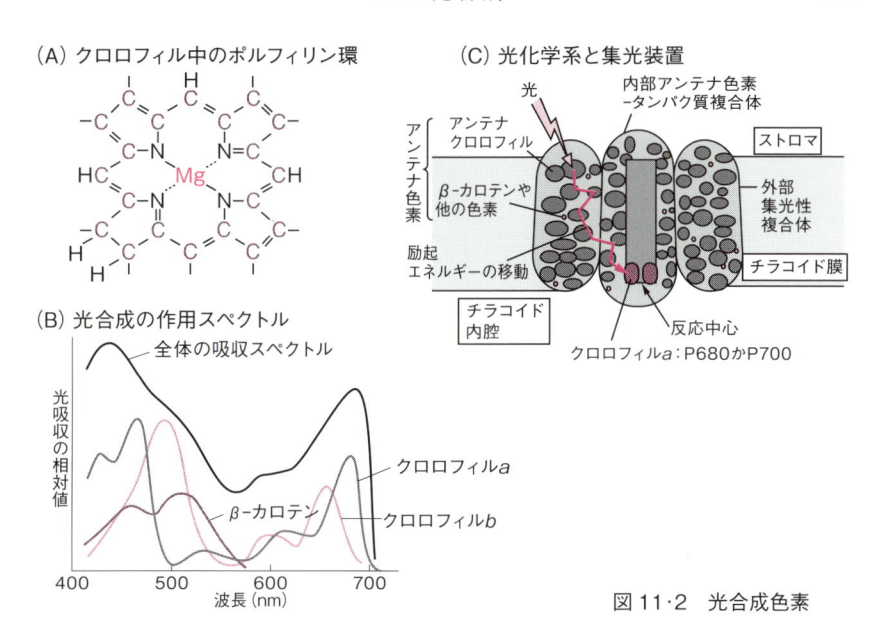

(A) クロロフィル中のポルフィリン環

(B) 光合成の作用スペクトル

(C) 光化学系と集光装置

図 11·2　光合成色素

学系Ⅱと光化学系Ⅰという反応中心を構成している．

11·2·3　光合成の概要

光合成は水と二酸化炭素と光エネルギーからグルコースをつくり，酸素を放出する反応で，以下の式でまとめられる．

$$6CO_2 + 12H_2O + 光エネルギー \rightarrow C_6H_{12}O_6 + 6H_2O + 6O_2$$

この式は，見かけ上は二酸化炭素とエネルギーと水からグルコースと酸素をつくっており（注：水を差し引いて），好気呼吸の逆反応となっている．光合成は前半部（☞ここはさらに三つの部分で構成される）と後半部の二つの領域からなり，光依存性の違いから，それぞれは伝統的に**明反応**と**暗反応**といわれる．前半部の最初の反応は完全に光に依存し，クロロフィルの活性化に伴う水の分解と電子の活性化（**光化学反応**）と，それに続く**電子伝達系**と**光リン酸化**からなり，ATPと還元力（＝エネルギー）をもつNADPHを生産する．酸素は光化学反応の過程で生じる．後半部の反応は，前半部でつくったエネルギー物質を利用して二酸化炭素を五単糖に同化させ，デンプンの前駆体となる糖をつくるとともに，五単糖に戻る循環型代謝経路（**カルビ**

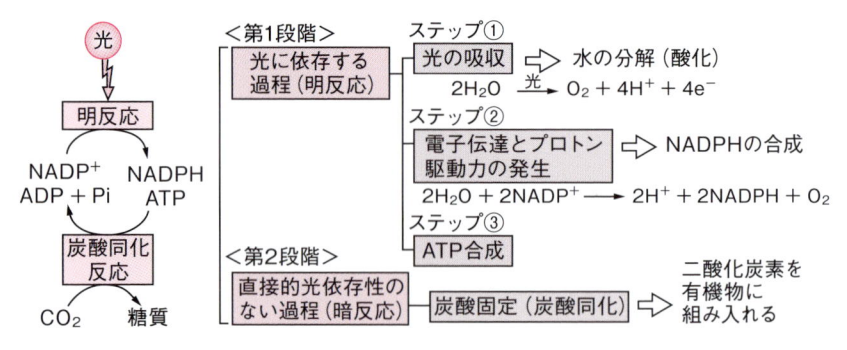

図11·3 光合成過程の概要

ン回路）で構成される．カルビン回路の酵素活性の一部が光によって制御されるため，厳密な意味の暗反応とはいえない．

11·3 光合成における明反応

11·3·1 光化学系Ⅱにおける電子伝達と光リン酸化

　植物と緑藻類の葉緑体のチラコイド膜には光化学系ⅠとⅡがあり，そこに隣接して，ミトコンドリア内膜にあるような電子伝達系とATP合成酵素が存在している．光化学系は最初にⅡが働き，次にⅠが働く．まず**光化学系Ⅱ**のP680が光エネルギーを受け取って励起状態になる（電子がエネルギーを獲得する）．エネルギーを含んだ電子は**プラストキノン，シトクロムb_6f複合体**を経て**プラストシアニン**に渡されながらエネルギーを落としていくが，このシステムはミトコンドリア内の呼吸鎖に類似している．呼吸鎖では出発物質のNADHのもつ電子がすでに潜在的に大きなエネルギーをもつのに対し，光化学系では光がクロロフィルをエネルギーの高い状態に押し上げる．

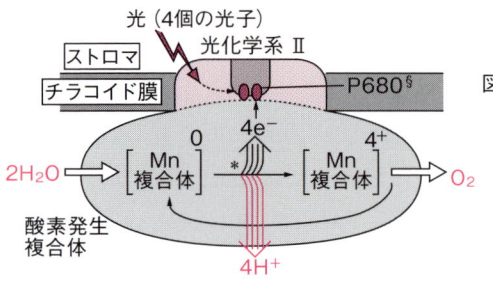

図11·4　光による水の分解
　*：電子は水からMnなどを経由し，P680に渡る．
　§：励起されてP680⁺となると強い酸化力を発揮し（水より高い還元電位をもつ）水を酸化してO_2とH^+にする．

11・3 光合成における明反応

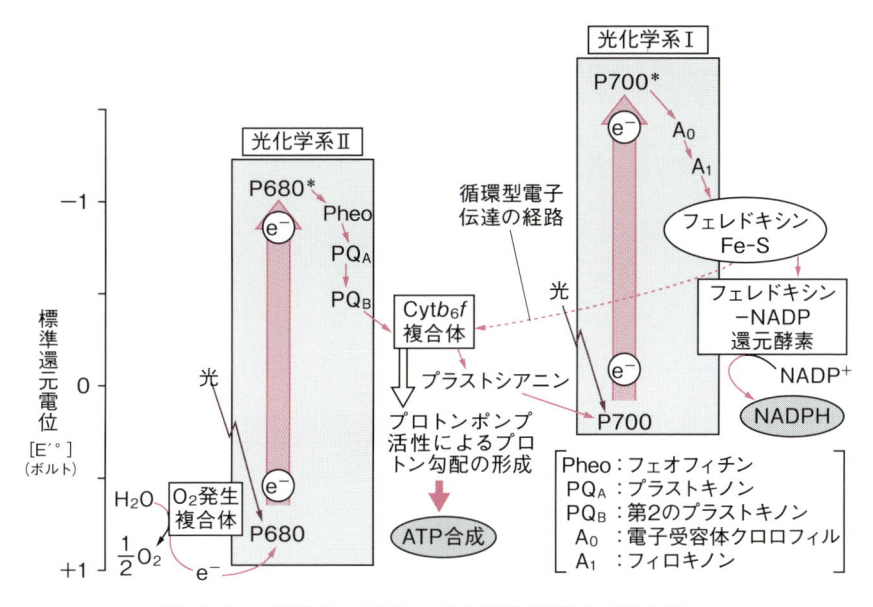

図 11・5 Z 型膜式図で表した光化学系の構造と電子の流れ
*: 励起された電子をもつクロロフィル.
\#: 電子の流れは赤色の矢印で示す.

電子を失った酸化型 P680（P680$^+$）は水を酸化し，そこから電子を奪って定常状態の P680 に戻る．シトクロム b_6f 複合体が酸化で得た自由エネルギーは，ストロマ中のプロトンをチラコイド内腔に汲み入れる**プロトンポンプ**として機能する．この内側が高い**プロトン勾配**によって，プロトンが **F 型 ATP 合成酵素**（**ATP シンターゼ**）の中を通って外に出るが，このとき発生する力で **ATP** が合成される．このしくみは**光リン酸化**といわれ，ミトコンドリアで起こる酸化的リン酸化に似る（注：ただし，ミトコンドリアでは逆に，内膜の外側から内側に向かってにプロトンが流れる）．

11・3・2 光化学系 I と NADPH 産生

光化学系 I においては，P700 に光が当たって励起状態になると，高エネルギー電子が順次受け渡された後に**フェレドキシン**に渡り，最後に**フェレドキシン－NADP 還元酵素**によって NADP に渡され，炭酸同化に必要な **NADPH** が産生される．電子を失った P700$^+$ はプラストシアニン（11・3・1）

から電子を受け取り元の P700 に戻る．ここからわかるように，通常の光化学系 I では ATP は合成されない．

11・3・3 循環型電子伝達

上述のように，光化学系では電子が一方向にしか流れない**非循環型電子伝達**によって反応が進む．チラコイドでは NADPH が ATP に対して充分あると，NADP は電子受容体として利用されないという性質がある（注：炭酸同化や他の代謝との間で量を合致させるため）．このような場合，光化学系 I において電子を受けたフェレドキシンは，P680 系に戻って，電子を b_6f 複合体に渡す．b_6f 複合体からプラストシアニンに電子が移動すると（☞このような電子の流れを**循環型電子伝達**という），上記（11・3・1）のようにプロトン勾配が生まれて ATP 合成装置が駆動する．光化学系 I のみで見られるこの機構を**循環的光リン酸化**といい，NADPH や酸素は産生されない．

解説 **光化学反応における ATP, NADPH 生産の収支**

2 モルの水（4 モルのプロトンと 4 モルの電子ができる）と 2 モルの $NADP^+$ から 1 モルの分子状酸素, 2 モルの NADPH（電子は 4 モル消費），さらに 2 モルのプロトンが生じるので，収支は以下の式のようになる．

$$2H_2O + 2NADP^+ + エネルギー \rightarrow O_2 + 2NADPH + 2H^+ + nATP$$

ATP 量は電子伝達経路の使い分けで変化するが，通常 3〜5 である．

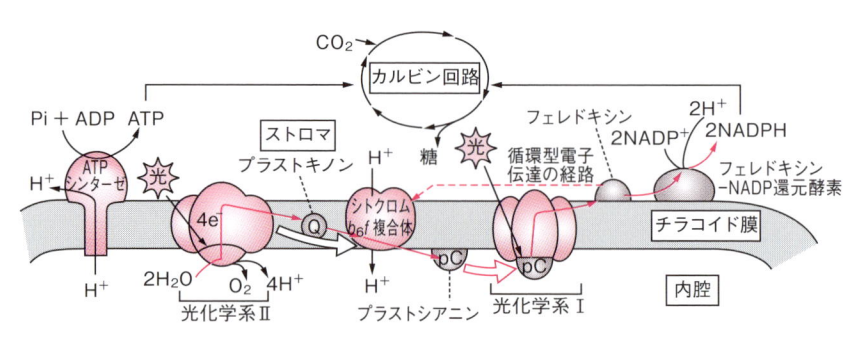

図 11・6 葉緑体における光合成系の配置
→：電子の移動
●色の因子は膜中（上）を比較的自由に拡散できることを示す．

11・4 光合成における糖代謝

11・4・1 カルビン回路

a．炭酸同化反応：二酸化炭素が五単糖と結合し，ATPやNADPHを使ってグリセルアルデヒド3-リン酸を経由し，五単糖に戻る代謝を**カルビン回路**（**カルビン・ベンソン回路**ともいう）といい，葉緑体のストロマ中にある．気孔から取り込まれた二酸化炭素は**リブロース1,5-ビスリン酸カルボキシラーゼ／オキシゲナーゼ** [Ribulose1,5-bis caruboxylase/oxygenase]（**ルビスコ**）で，五単糖である**リブロース1,5-ビスリン酸**に組み込まれた後，すぐに開裂して三単糖の **3-ホスホグリセリン酸**となる．ルビスコは葉重量のかなりの割合を占める地球上最も豊富にあるタンパク質であるとともに，食物連鎖を根本で支えるという意味で，生物全体にとって最も重要な酵素である．

b．五単糖リン酸の再生：3-ホスホグリセリン酸はATPからリン酸が付加されて1,3-ビスホスホグリセリン酸となり，続いてNADPHによる還元と脱リン酸がおこって**グリセルアルデヒド3-リン酸** [GAP] となる．光化学反応でつくられたATPとNADPHはまずここで使われる．GAPからリブロース1,5-ビスリン酸を再生する代謝は**ペントースリン酸回路**（7・5）と相同

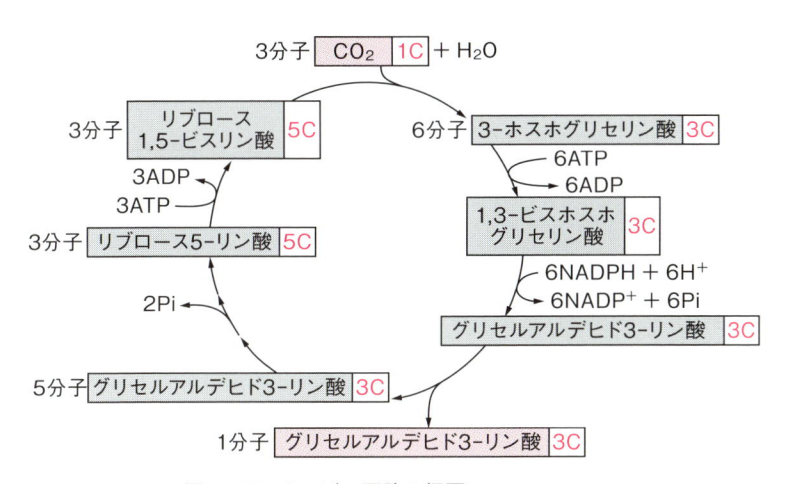

図11・7　カルビン回路の概要
*：結果的に3分子の二酸化炭素から1分子のグリセルアルデヒド3-リン酸がつくられる．

なものである（注：ペントースリン酸回路を遡るので還元的という．7・5で説明したものは酸化的と表現される）．6分子のGAPのうち1分子分は貯蔵糖やエネルギー源として利用される（11・4・2）．残りの5分子のGAPから3分子のリブロース1,5-ビスリン酸がつくられ，ここで3分子のATPが使用される．このように，炭酸同化は3分子の二酸化炭素から1分子の三単糖を生産する反応と見ることができる．3モルの二酸化炭素を同化してカルビン回路を一周することにより，ATPは9モル，NADPHは6モル消費されるが，このATP：NADPH＝3：2という比は光化学反応で得られるATPとNADPHの生成比に概ね近い（P.142 解説参照）．

解説　カルビン回路における物質の収支

$$CO_2 + 3ATP + 2NADPH + 2H^+$$
$$\rightarrow (CH_2O) + H_2O + 2NADP^+ + 3ADP + 3\text{リン酸}$$

収支はこのような式になるが，(CH_2O)をグルコース$[C_6H_{12}O_6]$に書き換えるとそれぞれはこの6倍必要であり，結局グルコース1モルを産生するのに，水は$2 \times 6 = 12$モル（それを分解するための光子は24モル相当）必要となる（11・2・3の光合成まとめ式参照）．明反応で余ったプロトンとNADPHの水素は，炭素と酸素の還元（糖と水の生成）に使用される．

11・4・2　炭酸同化で合成された糖の利用

カルビン回路でつくられた糖：**グリセルアルデヒド3-リン酸**（GAP）はいろいろな代謝系に利用される．ストロマ中でGAPは**フルクトース6-リン酸**，グルコース6-リン酸となり，さらに脱リン酸反応により**グルコース**となるが，その大部分はADP（あるいはCDP，GDP）－グルコースを経由して**デンプン**となり，ストロマ中に貯蔵される．一方GAPの一部分は**リン酸－トリオースリン酸対向輸送体**の作用で葉緑体から細胞質に出て，異性化されたジヒドロキシアセトンリン酸（DHAP）とともにフルクトース1,6-ビスリン酸となり，いくつかの代謝経路を経て**スクロース**に同化される．スクロースは全身に送られ，果実などに貯蔵される．細胞質に出たDHAP／GAPの一部は解糖系に入って直接エネルギー産生に関与する．

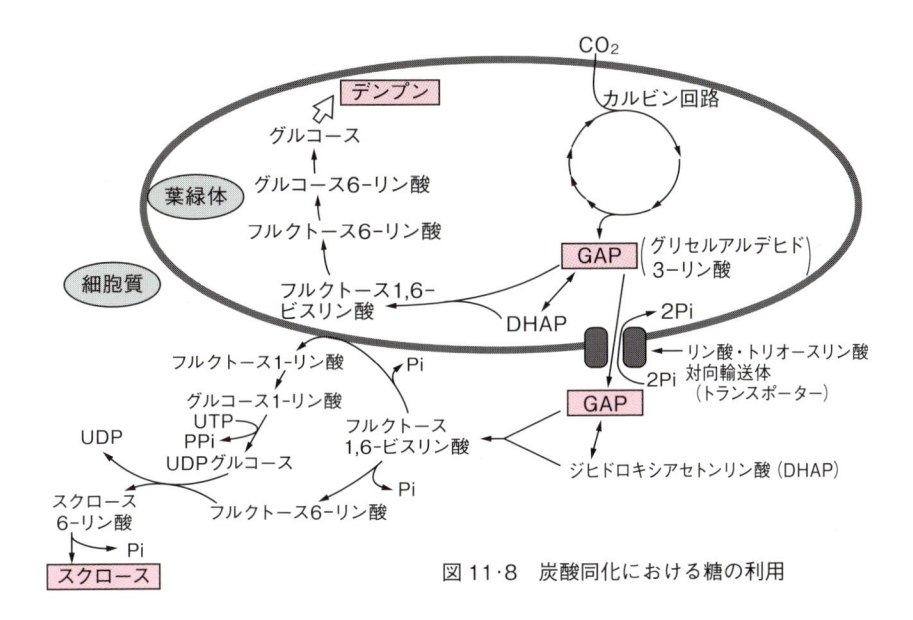

図11・8　炭酸同化における糖の利用

11・5　C₃植物とC₄植物

11・5・1　C₄植物

通常の植物は，カルビン回路で二酸化炭素が取り込まれて最初にできる3-ホスホグリセリン酸が炭素3なので，**C₃植物**といわれる．しかし高温の場所で棲息するサトウキビやトウモロコシは，二酸化炭素の同化で最初にできる糖が炭素4のオキサロ酢酸なので，**C₄植物**といわれる．C₄植物では，炭酸同化は場所を変えて二段階で行われる．**ルビスコ**は二酸化炭素濃度が低くなると，二酸化炭素の代わりに酸素を取り込んで2-ホスホグリコール酸と3-ホスホグリセリン酸を生じるが，2-ホスホグリコール酸がグリコール酸，グリセリン酸と代謝されるときに，せっかく同化した二酸化炭素を放出してしまう．この現象は見かけ上，酸素を吸って二酸化炭素を出すので**光呼吸**といわれ，さらにグリセリン酸から3-ホスホグリセリン酸になるときにATPを消費するというエネルギーの無駄を生じてしまう．植物は高温になると葉からの水の蒸散を防ぐために気孔を閉じるが，そうすると二酸化炭素が取り込まれず，光呼吸が増えてしまう．このため，C₄植物はとりあえず葉で炭酸同化反応を行って糖をつくり，次にその糖が酸素の少ない維管束の周囲に

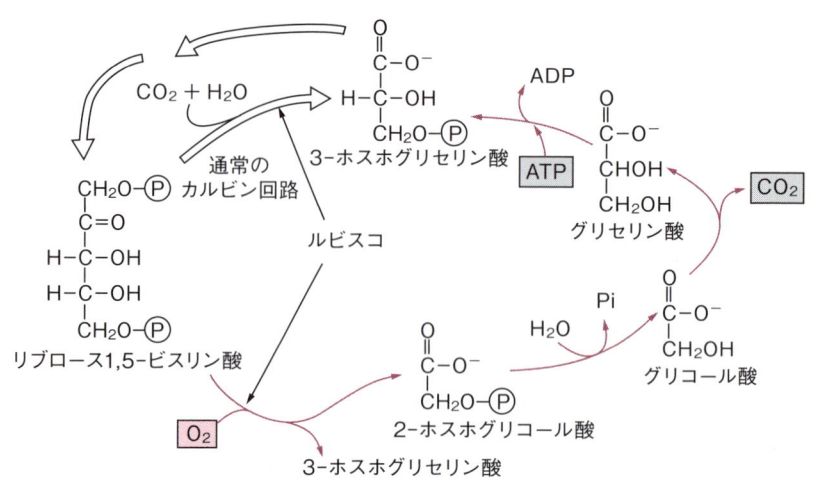

図11・9 ルビスコのオキシゲナーゼ活性と光呼吸

ある**維管束鞘細胞**に送られ，そこでカルビン回路に入る．

11・5・2　C₄植物に見る炭酸同化の戦略

まず葉肉細胞において**ホスホエノールピルビン酸**（C3）に二酸化炭素を同化させて**オキサロ酢酸**（C4）をつくり，それが NADPH で還元されて**リンゴ酸**となる．リンゴ酸は**維管束鞘細胞**という C₄ 植物独特の組織に運ばれ，そこでリンゴ酸の酸化と脱炭酸が起こって**ピルビン酸**が産生される．ピルビン酸は葉内細胞に戻り，リン酸化されてホスホエノールピルビン酸に戻る．この経路を **C₄ 経路**という．脱炭酸の形で放出された二酸化炭素は維管束鞘細胞でカルビン回路に取り込まれ，上述（11・4・1）のように代謝される．C₄ 植物は C₃ 植物に比べて維管束鞘細胞が発達しており，光合成の至適温度も高い．

11・6　光合成原核生物

光合成原核生物の一つはネンジュモなどの**ランソウ（シアノバクテリア）**で，クロロフィルは植物のものと近く，補助色素として**フィコビリン**を用いる．ランソウの細胞自身が葉緑体に類似した構造をしており，一層の断片化

11・6 光合成原核生物

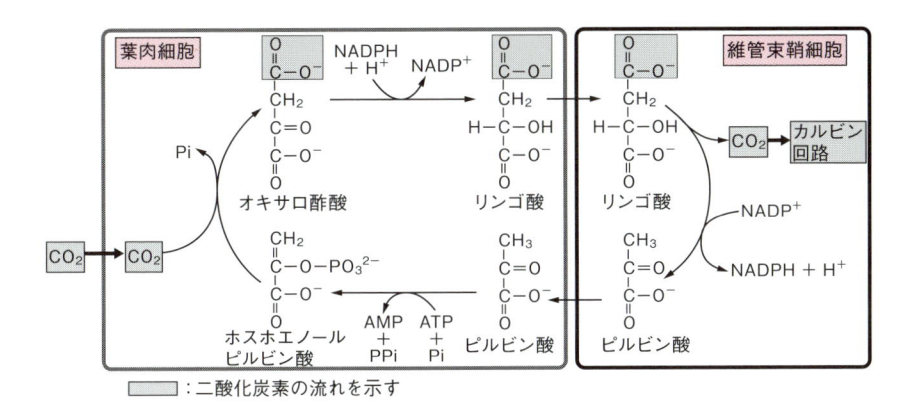

図11・10　C₄経路

（図中ラベル：葉肉細胞／維管束鞘細胞、NADPH + H⁺ → NADP⁺、オキサロ酢酸、リンゴ酸、ホスホエノールピルビン酸、ピルビン酸、AMP + PPi、ATP + Pi、CO₂、カルビン回路、■：二酸化炭素の流れを示す）

した形のチラコイドを含む．ランソウの光化学機構は植物のそれと類似しており，やはり水を還元剤の原料に用い，水素を取り出して酸素を放出する．これらの理由により，葉緑体はランソウが真核細胞に寄生したものと考えられている（☞**細胞内共生説**，P. 11 解説）．もう一つの光合成原核生物は**光合成細菌**（例：紅色硫黄細菌，緑色硫黄細菌）で**バクテリオクロロフィル**をもつ．光化学反応で酸化された色素を還元状態に戻す電子の供給源としては硫化水素 [H_2S] や有機物（例：乳酸）が用いられるため，酸素は発生せず，代わりに硫黄やピルビン酸が生成する．光合成細菌は1種類の循環型光化学系のみをもつ．なお，光合成細菌はチラコイドの代わりに**クロマトフォア**という小胞状粒子をもち，ATPは細胞質から細胞膜間隙へ向かうプロトン流によって生み出される．

演習

1. ガラス瓶に虫を入れ，密封したら虫は1時間で死んだ．しかし虫と一緒に鉢植えの植物を入れて電灯をつけておいたら，1日間生きていた．この理由を説明しなさい．
2. 茶色のワカメを茹でたら緑色になった．ワカメは褐藻類だが，このような現象が見られる理由はなぜか．
3. 地球上の木や草を全部切ってしまったら，生命の営みがどうなるかを考えなさい．
4. 光化学系ⅠとⅡで産物としてつくられる物質を列挙しなさい．

12 遺伝情報の取り出し

　転写は RNA ポリメラーゼが遺伝子のすぐ上流にあるプロモーターに結合してから起こるが，複製と違って転写は遺伝子ごとに起こり，そのレベルも遺伝子特異的に制御される．原核生物には複数の遺伝子がまとまって転写されるオペロンというしくみがある．真核生物の転写では，基本転写因子や DNA 結合性転写制御因子のほかにも，さまざまな種類の制御因子がかかわる．転写されたばかりの RNA は，スプライシングなどの修飾を経て成熟する．

12・1　遺伝子発現の流れ

　生体反応の中心的担い手であるタンパク質の遺伝情報は，塩基配列という形で DNA の中に保持されている．遺伝情報が利用されるときは，まず DNA から RNA への**転写**が，続いてタンパク質への翻訳が起こるが，これを分子生物学の**セントラルドグマ（中心命題）**という．ただ遺伝子の中にはタンパク質をつくらないものもあり，**遺伝子発現**という語句はしばしば転写と同義的に使われる．

12・2　RNA 合成反応

12・2・1　転写単位と転写のプロモーター

　複製と違って転写は狭い DNA 領域（**転写単位**）ごとに起こる．一つの遺伝子は一つの**転写単位**に相当し，mRNA をつくる遺伝子であればその内部にタンパク質をコード（指定／暗号化）する領域を含む．DNA 上の転写の開始点と方向は決まっており，開始点側を上流，終点側を下流という（注：開始点よりさらに上流をマイナス［−］，遺伝子を含む下流をプラス［＋］で表す）．RNA は DNA の一方の鎖を写しとった一本鎖として合成される．転写開始部位を含む上流 30 〜 100 塩基対［bp］の範囲の DNA は，RNA 合成酵素（**RNA ポリメラーゼ**）が結合し，転写の方向決定と開始に必要な領域で，**プロモーター**といわれる．大腸菌のプロモーターには，共通性のある

12·2 RNA 合成反応

図12·1 プロモーターとRNAポリメラーゼ（大腸菌の場合）

(A) RNAポリメラーゼホロ酵素
(B) 大腸菌のプロモーターの一般構造
(C) プロモーターDNAの構造変化

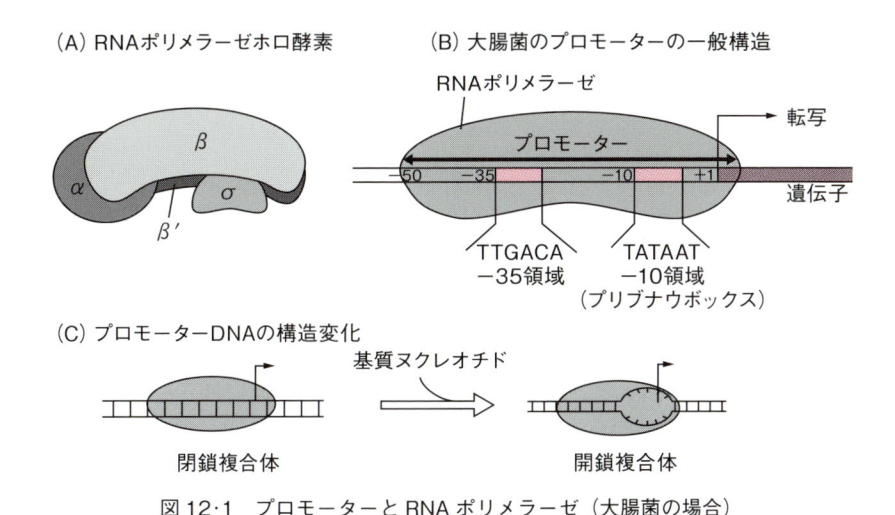

配列（**コンセンサス配列**）（例：−35領域と−10領域）が存在する．大腸菌のRNAポリメラーゼはαサブユニットが2個，βサブユニット，β′サブユニット，σサブユニット（**シグマ因子**）からなるが，この酵素を**ホロ酵素**といい，σの外れたものは**コア酵素**という．**シグマ因子**にはプロモーター認識能があり，RNAポリメラーゼのプロモーター結合能にかかわる．

12·2·2 RNAの種類

RNAの大部分はタンパク質合成にかかわり（注：実際にはそれ以外のものも存在する），3種類に分けられる．一つは**伝令 (messenger) RNA [mRNA]**で，タンパク質の遺伝情報を写し取った構造をもち，非常に多くの種類が存在する．**転移／運搬 RNA（tRNA）**はアミノ酸をリボソームに運ぶ．**リボソームRNA（rRNA）**はタンパク質合成装置であるリボソームの中に含まれる．

解説	**低分子制御 RNA**
	細胞内には少量ながら典型的な遺伝子とは異なる領域から転写される小さなRNA（**低分子 RNA**）が多種類存在する．これらのRNAはタンパク質合成には直接関与せず，多くは遺伝子発現の制御などにかかわる．

12・2・3　RNA 合成開始反応

転写開始時，RNA ポリメラーゼがプロモーターに結合すると転写開始部分の DNA が変性するが（☞ ATP の加水分解が必要な吸エルゴン反応），変性した各一本鎖 DNA の片方が RNA 合成の鋳型となる．変性 DNA と RNA ポリメラーゼが結合した複合体を**開鎖複合体**という（注：主に原核生物で使われる用語）．続いて鋳型の塩基と相補的なヌクレオシド三リン酸が接近し，酵素によって連結される．酵素が下流に移動すると変性部位も移動し，RNA が酵素から伸びて出てくる．転写のこの過程で，ヌクレオシド三リン酸からピロリン酸が除去され，そこで放出される自由エネルギーでヌクレオチド連結が実行される．鎖が伸びる方向は DNA 合成の場合と同じく，糖の 3′ の方向である．DNA 合成との違いは，リボヌクレオシド三リン酸が基質となる点，チミンの代わりにウラシルをもつ **UTP** が使われる点，そして RNA ポリメラーゼにヌクレオチドの重合開始活性がある点（☞**プライマー非依存性**）である．最初のリン酸ジエステル結合の形成をもって**転写開始**と定義し，その後の反応は**転写伸長**といわれる．

(A) 転写開始直後の様子

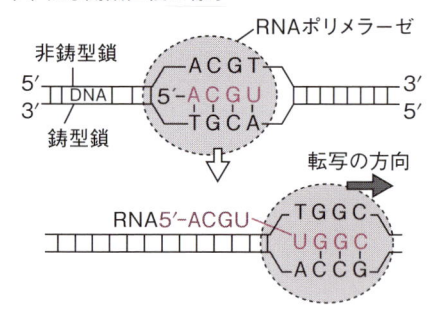

非鋳型鎖　RNAポリメラーゼ
　　　　　ACGT
5′ ─DNA─ 5′-ACGU ─ 3′
3′ ─　　　TGCA ─ 5′
　鋳型鎖
　　　　　　　　　転写の方向

RNA 5′-ACGU ─ TGGC
　　　　　　　　UGGC
　　　　　　　　ACCG

(B) リボヌクレオチド重合 (RNA 合成) 反応のまとめ

NTP_1（1番目のヌクレオチド 3-リン酸）＋ n リボヌクレオチド 3-リン酸

NTP_{1-n} リボヌクレオチドリン酸 ＋ nPPi

＊最初のリボヌクレオチドは 5′ に 3 個のリン酸をもつ

(C) 転写反応の規則
・反応は RNA で見て 3′ の方向に進む
・プライマー不要
・基質は 4 種類のリボヌクレオシド 3-リン酸
・鋳型は二本鎖 DNA
・鋳型の選択は RNA ポリメラーゼの進行方向で決まる

図 12・2　転写機構

12·3　転写の調節：オペロンを例に

12·3·1　転写レベルは調節される

　真核生物において，複製は染色体の複数の場所で同調的に始まり，最後まで一定速度で止まらずに進むが，転写は遺伝子ごとに起こり，開始効率や伸長効率も遺伝子ごと，状況ごとに異なる．**転写レベル**はゼロから最大値の範囲で変化し，そこにはさまざまな制御因子，制御機構が関与する．遺伝子発現状態は遺伝子特異的であり，遺伝子によってはホルモンなどの刺激に応答したり，時期や部位（細胞／組織）に特異的な転写が見られる．分化や発生の進行も正（＝活性化）や負（＝抑制）の**転写制御**の結果起こる．

12·3·2　ラクトースオペロン

　原核生物では代謝的に関連する遺伝子がゲノム上に並んで存在し，それらが一つの転写単位として発現する**オペロン**という構造がある．オペロンの転写は，上流の1個のプロモーターとその内部にある**オペレーター**という制御因子が結合する配列によって制御される．大腸菌の**ラクトースオペロン**には上流から *lacZ*（ラクトースを加水分解する**β-ガラクトシダーゼ**），*lacY*（ラクトースを取り込むガラクトシドパーミアーゼ），*lacA*（取り込んだラクトースを活性化するガラクトシドアセチルトランスフェラーゼ）の順に遺伝子が並び，ラクトース（2·3）の利用に関与する．

　ラクトースがないとオペロンは転写されないが，これはオペレーターに**リプレッサー**（*lac* リプレッサー：ラクトースオペロンを抑制する）が結合しているため，リプレッサーの結合によりRNAポリメラーゼの働きは阻害される．ラクトースが細胞に入ると，細胞内で**アロラクトース**に変化してリプレッサーと結合するが，この状態のリプレッサーはオペレーターに結合できず，RNAポリメラーゼが働いて転写が起こる．

　遺伝子発現が遺伝子に連結する調節DNA領域に結合する因子で制御されるというこの概念は，1900年代の半ば，**オペロン説**としてジャコブとモノーによって提唱された．

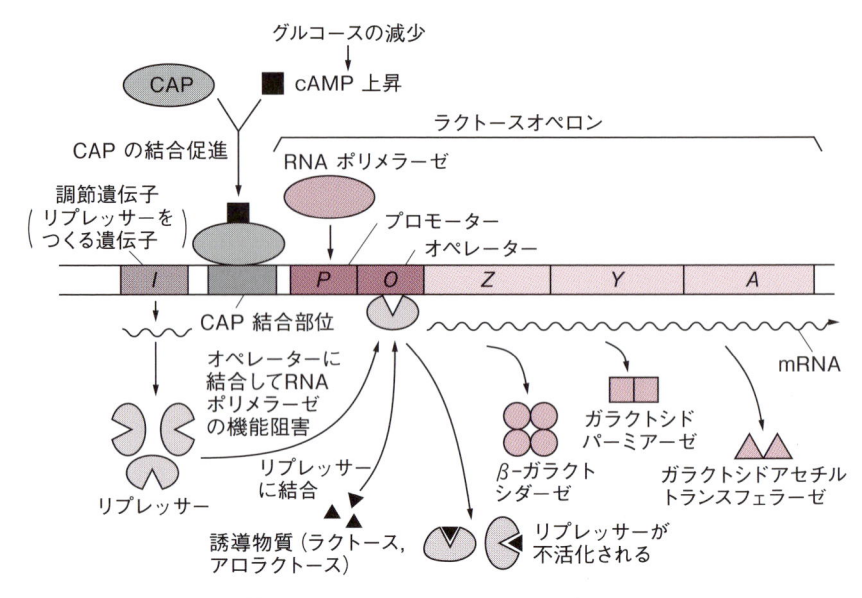

図12・3　ラクトースオペロンのしくみ

12・3・3　DNA結合性転写制御因子

ラクトースオペロンが強く発現するためには，もう一つ，**CAP**（cAMP活性化タンパク質．CRPともいう）というDNA結合性の転写活性化因子がプロモーターの上流に結合する必要がある．ラクトースが利用されているときにグルコースを加えると，グルコースの代謝産物の効果のためにcAMPの濃度が低下する．するとCAPが活性化されなくなり，オペロン転写活性が急激に低下するが，これを**グルコース効果**あるいは**カタボライトリプレッション**［**異化代謝産物抑制**］という．このように，ラクトースオペロンの転写制御には正と負のDNA結合性転写調節因子がかかわっている．

解説　**フィードバック阻害**

　トリプトファンオペロンでは代謝最終産物のトリプトファンがリプレッサーに結合して活性化し，オペロンを抑制する．代謝終末産物が自身の代謝の最初の酵素の発現を抑制するこの現象を**フィードバック阻害**という．

12・4　真核生物の遺伝子発現と RNA の成熟

12・4・1　3 種の RNA ポリメラーゼと基本転写因子

真核生物の転写系は RNA ポリメラーゼ I, II, III と, 少なくとも 3 種類の酵素がかかわり, RNA 合成にかかわるそれぞれの役割分担がみられる. **RNA ポリメラーゼ I** はリボソーム RNA, **RNA ポリメラーゼ III** は tRNA や 5S RNA などの低分子 RNA, そして **RNA ポリメラーゼ II** はタンパク質をコードする mRNA と一部の小型 RNA を合成する (表 12・1). 3 種類の酵素は毒キノコの毒成分の一種, **α-アマニチン**に対して異なる感受性をもつ.

真核生物の RNA ポリメラーゼは自身では正しい位置からの転写を起こすことができず, 複数の**基本転写因子**が必要である. RNA ポリメラーゼ II の基本転写因子の機能としては **TFIID** のプロモーター認識能 (DNA 結合能), **TFIIH** の RNA ポリメラーゼ活性化能 (☞プロテインキナーゼ活性) や開鎖複合体形成能 (☞ ATP アーゼと DNA ヘリカーゼ), RNA ポリメラーゼを DNA の正しい位置に結合させる **TFIIB** の機能, そして RNA ポリメラーゼの活性を発現させる **TFIIF** 活性などがある (注: このほかにも TFIID の機能を高める TFIIA, TFIIH の機能を高める TFIIE がある). 他の RNA ポリメラーゼにもそれぞれ特異的な基本転写因子がある. これとは別に, 細胞には転写伸長効率を調節する**転写伸長因子** (例: TFIIS, P-TEFb) も存在する.

12・4・2　エンハンサー

真核細胞遺伝子の転写でも原核生物のような DNA 結合能性の転写制御因

表 12・1　真核生物の RNA ポリメラーゼによって作られる RNA

RNA ポリメラーゼの種類	作られる RNA の種類（成熟形として）	α-アマニチンによる阻害
RNA ポリメラーゼ I	リボソーム RNA (rRNA)	なし
RNA ポリメラーゼ II	伝令 RNA (mRNA) 一部の低分子 RNA (snRNA など) ある種の低分子制御 RNA	強い
RNA ポリメラーゼ III	転移/運搬 RNA (tRNA) リボソーム RNA の一部 (5S rRNA)	弱い

子がかかわり，遺伝子上流（数十bp〜数kbp）の**エンハンサー**とよばれる配列に結合して転写を活性化する．エンハンサーには転写の大幅な活性化のほかにも，**転写の特異性**（例：組織特異性や時期特異性）や誘導性／応答性（例：ホルモン，金属，熱，低酸素）にかかわるものがあり，応答にかかわるエンハンサー配列はとくに**応答配列**といわれる．エンハンサーの種類や数，位置は遺伝子特異的であり，このことが遺伝子特異的な転写の制御にかかわる．エンハンサーA＋遺伝子Aと，エンハンサーB＋遺伝子Bがあったとき，エンハンサーAを遺伝子Bに連結すると，遺伝子Bの発現がエンハンサー

> **Column**
>
> **性ホルモンにより性的特徴が現れるしくみ**
>
> ステロイドホルモンの一種である**エストロゲン**（女性ホルモン）（3・5・1d）は，乳腺発達などの性徴を促す．このホルモンは脂溶性のため細胞質や核に直接入ることができ，そこで**エストロゲン受容体**というタンパク質と結合する．このタンパク質はDNA結合性の転写制御因子で，ホルモンと結合することで活性化する．活性化した受容体は標的遺伝子のエンハンサーに結合し，転写を誘導する．このようなタイプの受容体を一般に**核内受容体**といい，ステロイドホルモン以外にも，やはり脂溶性ホルモンである甲状腺ホルモン，そして脂溶性ビタミンのAやD，分化調節物質（レチノイン酸）などが同じメカニズムで機能を発揮する．
>
> 図12・4 核内受容体の働き
> *：ステロイドホルモンなど．§：ステロイドホルモン受容体など．
> HAT：ヒストンアセチル化酵素．HDAC：ヒストン脱アセチル化酵素

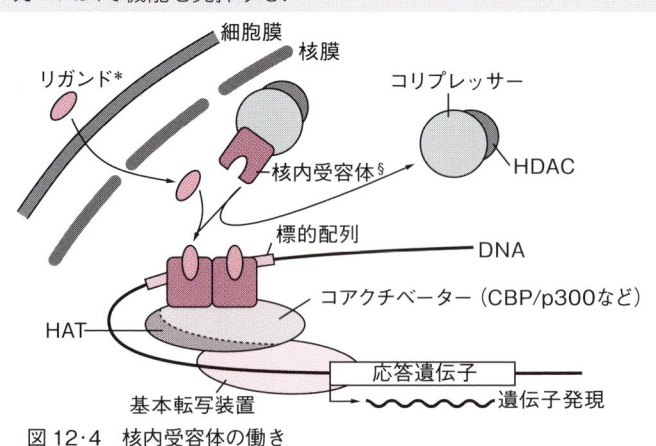

Aで制御されるようになる.

DNA結合性転写制御因子は，DNA結合能，転写制御能，タンパク質結合能をもち，種類によっては低分子リガンド（例：金属イオン，ステロイドホルモン，レチノイン酸）との結合領域をもち，これらの領域による特徴的モチーフ構造をとる（例：ジンク［Zn］フィンガー，ロイシンジッパー，ヘリックス・ターン・ヘリックス）．

12・4・3 制御にかかわるさまざまなクラスの因子

真核生物の転写制御には基本転写因子やDNA結合性転写制御因子にほかにも，異なるクラスの制御因子がある．その一つは**転写補助因子**で，転写制御因子と結合することによりその機能を発揮させる．これらのうち活性化にかかわるものを**コアクチベーター**（例：CBP／P300，PCAF），抑制にかかわるものを**コリプレッサー**（例：N-CoR）という．コアクチベーターの中にはヒストンをアセチル化する**ヒストンアセチルトランスフェラーゼ活性**（**HAT活性**）をもつものもある．コリプレッサーにはタンパク質に結合しているアセチルを除く酵素（ヒストンデアセチラーゼ）が付随する場合がある．ヒストンや非ヒストンタンパク質のアセチル化状態は，プロモーターの活性化や抑制と密接な関連がある．もう一つのクラスの因子は**メディエーター**というRNAポリメラーゼⅡに結合する巨大な複合体で，他の多くの転写制御因子との結合を介して制御情報を統合し，それをRNAポリメラーゼに伝える．

解説　**細胞内シグナル伝達と転写制御**
　　細胞内シグナル伝達の最終標的の多くは転写制御因子で，転写因子がリン酸化されたりする例が多数知られている（14・3参照）．

12・4・4 スプライシング

真核生物の遺伝子発現では，転写後にRNAの内部領域が取り除かれ，その後つなぎ合わさってRNAが成熟する**スプライシング**という現象が見られ，mRNA前駆体（pre-mRNA）は転写後，核内でスプライシングを受けてか

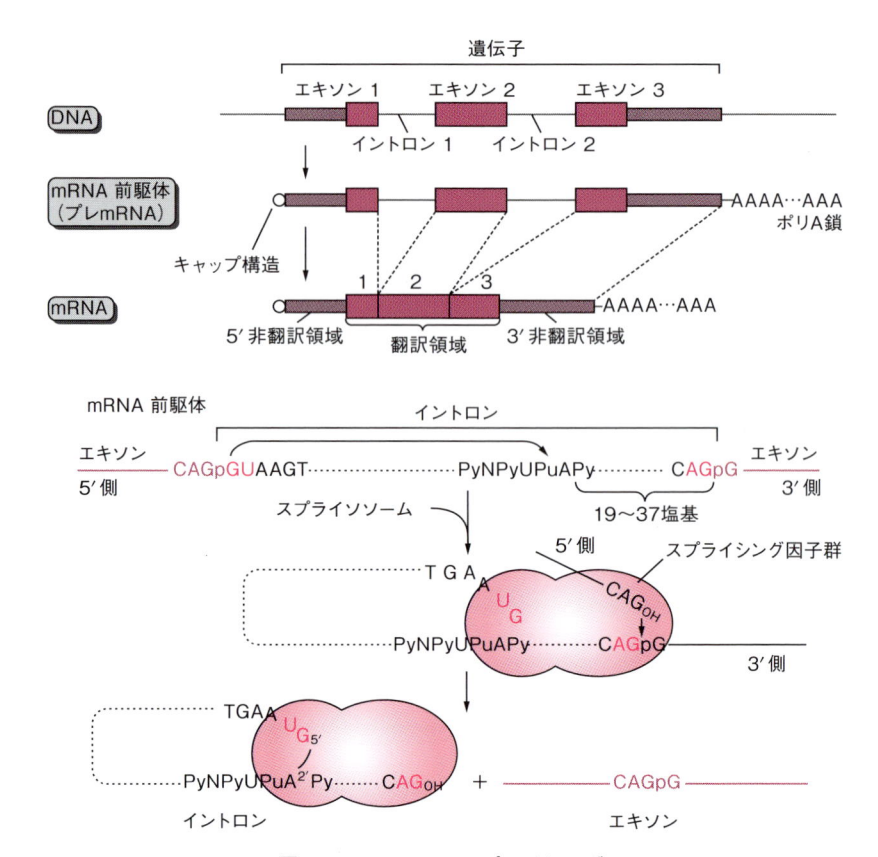

図 12・5　mRNA のスプライシング

　ら細胞質に出る．スプライシングで RNA から除かれる部分を**イントロン**，残る部分を**エキソン**という．スプライシングされる境界領域の配列には図 12・5 に示すように，DNA で見た場合「上流エキソン…CAG/GT…イントロン…A--［数十塩基］--AG/G…下流エキソン」という配列がよく見られ，イントロンの両端は 5′-GT…AG-3′ という規則性（**GT-AG ルール**）がある．

12・4・5　mRNA 末端の修飾

　成熟 mRNA の両端は他の RNA にはない特異的な構造をもつ．一つは 5′ 末端の**キャップ構造**で，最末端のヌクレオチドの先に 3 個のリン酸基を介し

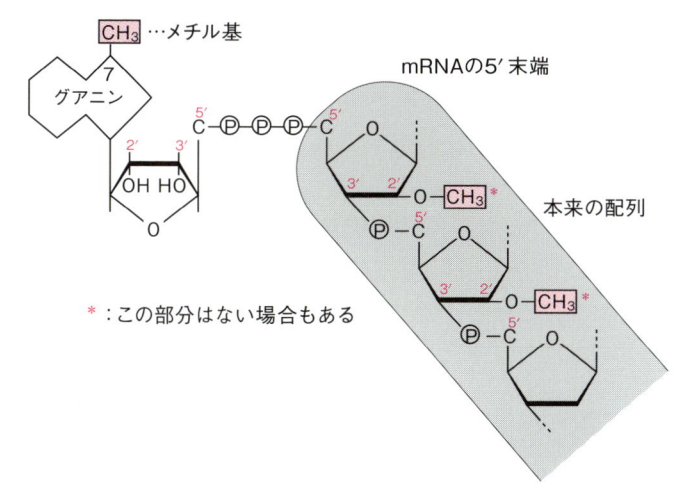

12・4 真核生物の遺伝子発現と RNA の成熟

図12・6 真核生物 mRNA の 5′ 末端の修飾（キャップ構造）

てメチル化グアノシンが結合する．最初や 2 番目のヌクレオチドにメチル化が見られる場合もある．一方，5′ 末端にはアデニル酸が 100 個程度連なる**ポリ A 鎖**という構造が見られる．これらの構造は mRNA の安定性やスプライシングと翻訳効率の上昇にかかわる．

演習

1. 原核生物と真核生物の転写機構の共通点と相違点をあげなさい．
2. RNA は DNA に比べ，生物学的に不安定である．この理由を「遺伝子発現のすばやい変化」をキーワードに考えなさい．
3. ラクトースのない場合でも，大腸菌細胞あたり 1 分子のタンパク質に相当する非常に低いレベルでラクトースオペロンは発現しているが，この理由を考えなさい．
4. 個体の組織 A と B を比べると，遺伝子 X の転写に必要なエンハンサー因子はどちらにも存在していたのに，A では見られる X の発現が B ではなかった．この現象にはどのような機構がかかわっているかを考えなさい．

＜発展学習＞ 遺伝子組換え操作
1. 制限酵素で切断したDNA断片の結合

制限酵素（P. 67 解説）はDNAを決まった場所で切断するので，あらかじめ切断点がわかっていれば，特定の酵素を使って希望するDNA断片を大量かつ純粋に得ることができる．また切断されたDNAの末端構造も揃っているので，構造解析も可能となる．制限酵素で生じたDNA断片は3′端，あるいは5′端に短い一本鎖突出構造をもつ場合が多い．このような構造をもつDNA同士は一本鎖部分の相補的配列を利用して容易に水素結合するので，**接着末端**とよばれる．いったん切断したDNA断片をこのように再結合させ，さらにDNAリガーゼ（DNA鎖をリン酸ジエステル結合させる酵素）を働かせて再度一つのDNA分子にすることができる．さらにこの操作では連結させるDNAが元と同じである必要はなく，同じ接着末端をもつものであれば任意に連結させることができ，化学合成したDNAであっても天然のものと同じように扱うことができる．

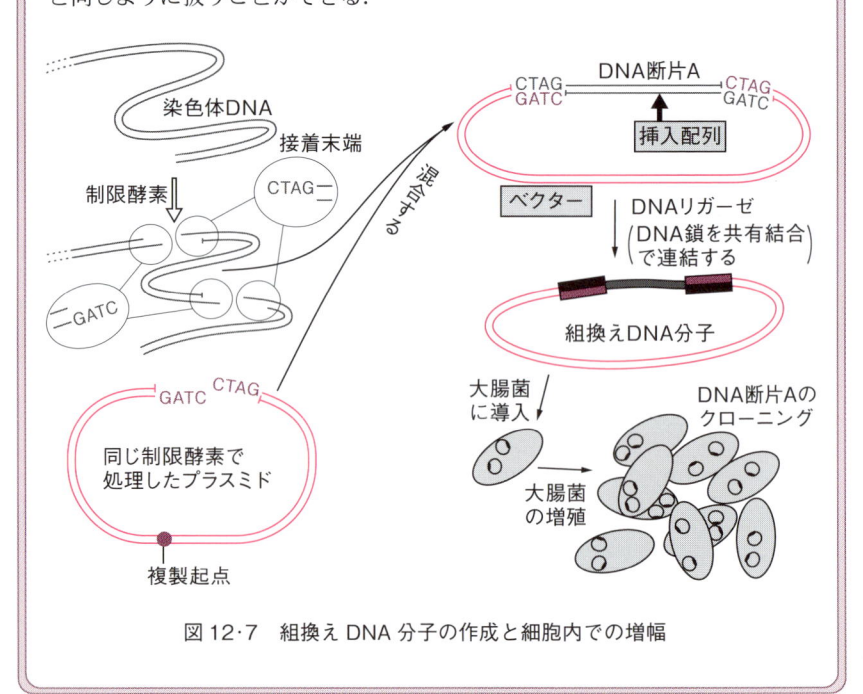

図12・7　組換えDNA分子の作成と細胞内での増幅

2. ベクターと遺伝子クローニング

　DNA断片を**プラスミド**（細胞内で染色体とは独立して増殖し，細胞と共存する小型の DNA や RNA）やウイルス DNA などの複製可能な DNA と組換える場合，複製できる方の DNA を**ベクター**（注：運び屋の意）という．大腸菌，酵母，動物細胞など，それぞれの宿主細胞で使えるベクターが利用できる．ベクターに DNA を組み込み，細胞中で特定の組換え DNA を増やすことを**クローン化：クローニング**（分子クローニング）という．ベクターにはクローニングを効率よく行うためのさまざまな工夫が施されているが，その一つが**選択マーカー**である．最も一般的な選択マーカーは薬剤耐性遺伝子（アンピシリンなどの抗生物質）で，マーカー遺伝子がベクターとともに細胞に入ることにより，抗生物質を使って DNA の入ってない細胞を選択的に殺すことができる．選択マーカーにはこのほか，色で識別できるものもある（次頁コラム参照）．

3. RNA をクローニングする

　RNA はそのままでは遺伝子操作に使えないため，**逆転写酵素**を使っていったん DNA に変換しなくてはならない．mRNA から DNA を合成する場合，3′ 端に付着している**ポリ A 鎖**にデオキシチミジル酸が 10～20 個連なるオリゴヌクレオチド（**オリゴ dT**）をプライマーとしてハイブリダイズさせ，まず一本鎖 DNA を合成し，次にこれを二本鎖にしてからベクターに組み入れる．mRNA にはタンパク質コード領域が含まれているので，組換えた DNA の上流側に転写制御配列をつけておくと，そこから転写が起こり，翻訳の制御配列があるとタンパク質をつくることもできる．医薬にもなっているインターフェロンやインスリンもこのような方法でつくられる．

Column

ブルーホワイト解析

大腸菌のラクトースオペロンの制御部分と**β-ガラクトシダーゼ遺伝子**[*lacZ*遺伝子]（12·3·2）をベクターに組み込ませ，培地にオペロンの誘導物質である**IPTG**（イソプロピルチオガラクトシド）と**X-gal**という物質を加える方法．目的DNAは*lacZ*遺伝子の内部に挿入するようにしておく．β-ガラクトシダーゼは無色の**X-gal**を加水分解して，青色の分解産物をつくる．ベクターがそのまま細菌内に入ると*lacZ*遺伝子が誘導され，酵素の働きで細菌周辺の培地が青くなるが，DNAがベクターに挿入されると*lacZ*遺伝子が破壊され，酵素がつくられないために培地に色は付かない．色でクローニングの成否が判断できるので，**カラー選択**ともいわれる．

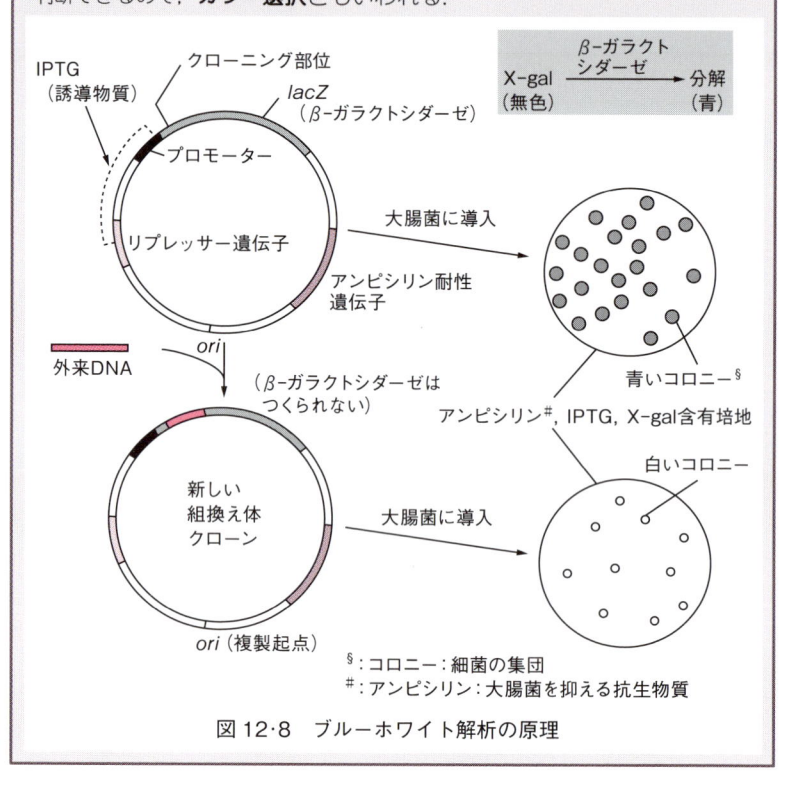

§：コロニー：細菌の集団
#：アンピシリン：大腸菌を抑える抗生物質

図12·8 ブルーホワイト解析の原理

13 タンパク質の合成

　遺伝子は塩基の配列で書かれ，タンパク質はアミノ酸の配列で書かれているため，生物は塩基配列をアミノ酸配列に読み替えて（翻訳して）タンパク質を合成する必要がある．翻訳に必要なものは，タンパク質遺伝子を含むDNAの塩基配列を写しとったmRNAと，アミノ酸をmRNAの遺伝暗号（コドン）に従って運ぶtRNA，そしてアミノ酸連結装置のリボソームである．翻訳されたタンパク質は限定分解や化学修飾を受けることによって成熟し，必要とされる場所に移動する．

13・1 翻　訳

　細胞内で行われるタンパク質生合成，すなわちmRNAがもつ塩基配列をタンパク質の一次構造／アミノ酸配列に読み替える機構，それが**翻訳**である．真核生物の場合，DNAは核にあり，翻訳は細胞質で起こるので，mRNAが核でつくられた後に細胞質に輸送される必要がある．mRNAには塩基配列という形でアミノ酸を指定する**遺伝暗号**（コード）が含まれている．DNAを元にしてRNAが転写される場合，遺伝暗号を含むmRNAになる側のDNA鎖を**コード鎖**といい，**鋳型鎖**（**非コード鎖**）には遺伝暗号は含まれない．アミノ酸をコードする**翻訳領域**（**コード領域**）はmRNA中の中央部にあり，その両端には数十～数百塩基の非翻訳領域（**非コード領域**）が存在している．

13・2 遺伝暗号

13・2・1 アミノ酸はコドンで指定される

　遺伝暗号は3塩基の連続が一つのアミノ酸をコードするように設定されており，この3塩基を**コドン**という（注：1塩基だと4個，2塩基だと16種類のアミノ酸しかコードできない）．どのコドンが何のアミノ酸をコードするかを示した表を**遺伝暗号表**（あるいは**コドン表**）といい，コドンに対する典型的アミノ酸が示されている（注：これは**普遍的コドン表**とよばれており，

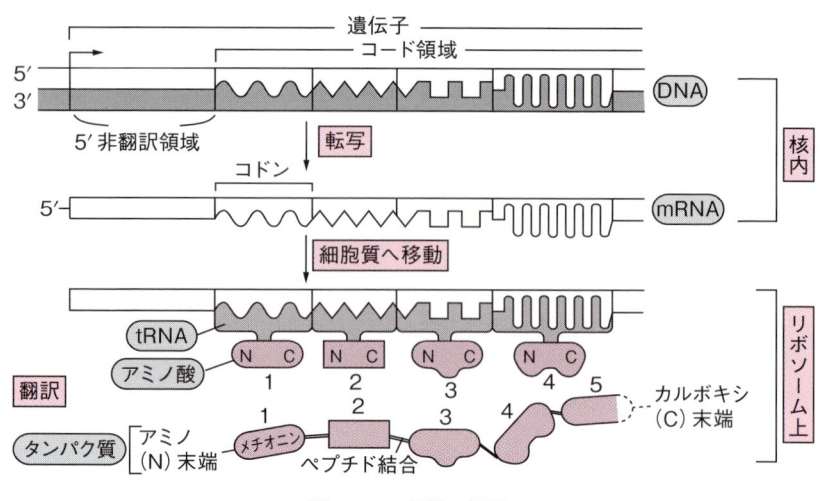

図 13・1　翻訳の概要

ミトコンドリアなどで一部使われる特殊コドンや一部の生物で使われる特殊コドン，すなわち非普遍コドン［例：UGA はトリプトファン］は示されていない）（表 13・1）．アミノ酸は 20 種類だがコドンの数はそれより多いため，大部分のアミノ酸は複数のコドン，すなわち**同義コドン**をもつ（注：同義コドンは 3 番目の塩基が変化する場合が多い）．この現象を**コドンの縮重**という．メチオニンは翻訳開始のアミノ酸に使われ，そのコドン［AUG］を**開始コドン**という．一方，UAA，UAG，UGA はアミノ酸をコードせず，翻訳終結に用いられる**終止コドン**である．

解説　**遺伝暗号解読作業**

遺伝暗号解読法の一つは，単純な組成の RNA からできるタンパク質を見る方法（例：U の連続からはフェニルアラニンが連なるタンパク質ができる），あと一つはアミノアシル tRNA（13・3）を分析する方法である．

13・2・2　開始コドンと読み枠

翻訳機構装置が mRNA 上でとるコドンの取り方は自由なので，mRNA には 3 種類のコドンの取り方（これを**読み枠**という）が存在することになる．

表 13·1　遺伝暗号表

第1字目	第2字目								第3字目
	U		C		A		G		
U	UUU	Phe	UCU	Ser	UAU	Tyr	UGU	Cys	U
	UUC	Phe	UCC	Ser	UAC	Tyr	UGC	Cys	C
	UUA	Leu	UCA	Ser	UAA	終止	UGA	終止	A
	UUG	Leu	UCG	Ser	UAG	終止	UGG	Trp	G
C	CUU	Leu	CCU	Pro	CAU	His	CGU	Arg	U
	CUC	Leu	CCC	Pro	CAC	His	CGC	Arg	C
	CUA	Leu	CCA	Pro	CAA	Gln	CGA	Arg	A
	CUG	Leu	CCG	Pro	CAG	Gln	CGG	Arg	G
A	AUU	Ile	ACU	Thr	AAU	Asn	AGU	Ser	U
	AUC	Ile	ACC	Thr	AAC	Asn	AGC	Ser	C
	AUA	Ile	ACA	Thr	AAA	Lys	AGA	Arg	A
	AUG	Met[※1]	ACG	Thr	AAG	Lys	AGG	Arg	G
G	GUU	Val	GCU	Ala	GAU	Asp	GGU	Gly	U
	GUC	Val	GCC	Ala	GAC	Asp	GGC	Gly	C
	GUA	Val	GCA	Ala	GAA	Glu	GGA	Gly	A
	GUG	Val[※2]	GCG	Ala	GAG	Glu	GGG	Gly	G

※1　開始コドンとしても用いられる．大腸菌ではホルミルメチオニン
※2　大腸菌では開始コドンとして用いられることがある
＊アミノ酸の3文字表記については，表4·1を参照

大腸菌では mRNA の 5′ 側にある **SD/シャインダルガルノ配列**が翻訳開始のシグナルとなり，翻訳はそこから数塩基下流の AUG から始まる．真核生物では概ね 5′ 端側に現れる最初の AUG が開始コドンとなる．開始 AUG が決まると，あとはそこから3塩基ずつ区切られてアミノ酸が指定され，終止コドンで翻訳を終える．

解説　**ミスセンス変異，ナンセンス変異**
　突然変異がコード領域に発生すると翻訳パターンが変化する場合がある．塩基置換により別のアミノ酸が指定される変異を**ミスセンス変異**といい，変異タンパク質が生産されるが，終止コドンに置換する**ナンセンス変異**が生じると翻訳がそこで止まるだけでなく，特殊な機構が働いて翻訳自体もほとんど起こらなくなる．変異してもアミノ酸が変化しない**サイレント変異**もある．塩基の挿入や欠失した場合も，翻訳パターンはさまざまに変化する．

13・3 アミノアシル tRNA

13・3・1 tRNA の構造

翻訳の材料となるアミノ酸は tRNA によってリボソームに運ばれる．tRNA は分子内二重結合により図 13・2 のようなクローバー葉型をとり，それがさらに折り畳まれて L 字型構造をとっている約 75 塩基の RNA で，3′ 端の -OH（糖の 2′ か 3′）にアミノ酸が結合する．tRNA の中には分子内二重形成によっていくつかのループ（輪状）構造が形成されるが，中央付近のアンチコドンループの 3 塩基の連続はコドンと相補的に結合する**アンチコドン**である（注：アンチコドンの 1 番目の塩基とコドンの 3 番目の塩基との相補的結合には曖昧さがあり，コドン縮重の原因となる）．

13・3・2 tRNA とアミノ酸の結合

アミノ酸と tRNA の結合にかかわる酵素は**アミノアシル tRNA シンテターゼ**である．この酵素はアミノ酸の種類だけ存在し，相当する tRNA に ATP 依存的にアミノ酸をエステル結合で連結させ，**アミノアシル tRNA** をつくる．アラニン tRNA にはアラニンをつけてアラニル tRNA をつくり，間違って連

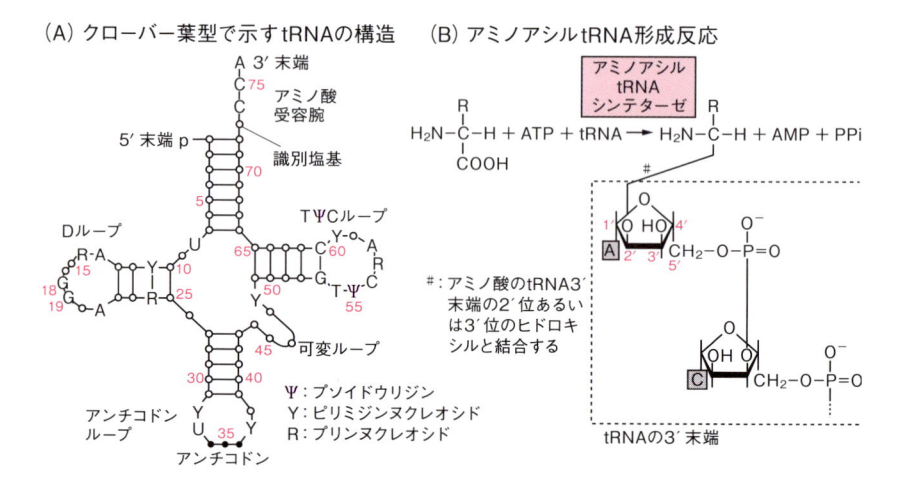

図 13・2 tRNA：構造とアミノアシル化

結した場合は自身で分解し，やり直すことができる．できたアミノアシル tRNA はエネルギー状態が高いため，エステル結合切断で放出された自由エネルギーはペプチド結合形成／アミノ酸連結に使われる．

13・4 翻訳機構

13・4・1 リボソーム

翻訳装置である**リボソーム**は粒子として細胞に多数存在し，小胞体に結合しているものもある．リボソームは大亜粒子と小亜粒子からなり，比較的容易に解離・会合するが，各亜粒子は図 13・3 に示すように，少数の rRNA と多くのリボソームタンパク質を含む．小亜粒子は mRNA に結合し，アミノアシル tRNA の付着場所となり，大亜粒子は**ペプチド結合形成反応**を触媒する酵素活性をもつ．ペプチド結合形成反応に関与するのはリボソームタンパク質ではなく rRNA であり（注：リボソームは機能分子である RNA をタンパク質が支えている），細菌のタンパク質合成を阻害する抗生物質**ストレプトマイシン**は rRNA に結合する．

13・4・2 翻訳機構（大腸菌の例）

まず**リボソーム小亜粒子**が **SD 配列**（13・2・2）を認識して mRNA に結合し，そこに最初のアミノ酸であるフォルミル化されたメチオニン（注：原核生物では開始コドン特異的に使用される）が tRNA により運ばれ，コドンに相補的に結合する．ここでは **GTP**（グアノシン三リン酸）と 3 種類の**開始因子**(IF)が関与する．この開始反応に続いて**リボソーム大亜粒子**が結合し，開始因子

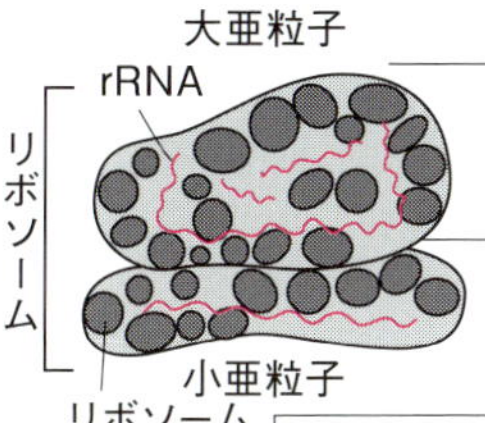

	大腸菌	ヒト	機　能
50S	rRNA（23S, 5S） タンパク質（31種類）	60S rRNA（28S, 5.8S, 5S） タンパク質（49種類）	ペプチド重合反応
30S	rRNA（16S） タンパク質（21種）	40S rRNA（18S） タンパク質（33種類）	mRNA結合翻訳開始
粒子全体	70S	80S	

＊S値：沈降係数

図 13・3　リボソームの構造と機能

は離れる．大亜粒子には**P部位**（ペプチジル部位）と**A部位**（アミノアシル部位）があるが，最初のアミノアシルtRNAはP部位に位置する．続いてGTPと2種類の**伸長因子**（RF）とともに，2番目のアミノアシルtRNAがA部位にやって来る．この後，大亜粒子のもつ**ペプチジルトランスフェラーゼ**（ペプチド結合をつくる酵素）活性が働いて2個のアミノ酸が連結され，フォルミルメチオニンはtRNAから離れる．最後に再度GTPと1種類の伸長因子が働いてメチオニンtRNAがリボソームから放出され，2番目のアミノアシルtRNAがA部位からP部位に移動する．後はこの伸長過程が繰り返され，リボソームがmRNA上の下流に向かって移動するに伴いペプチド鎖が伸びる．リボソームが翻訳終結部位に達すると終止コドンに**遊離因子**（RF）

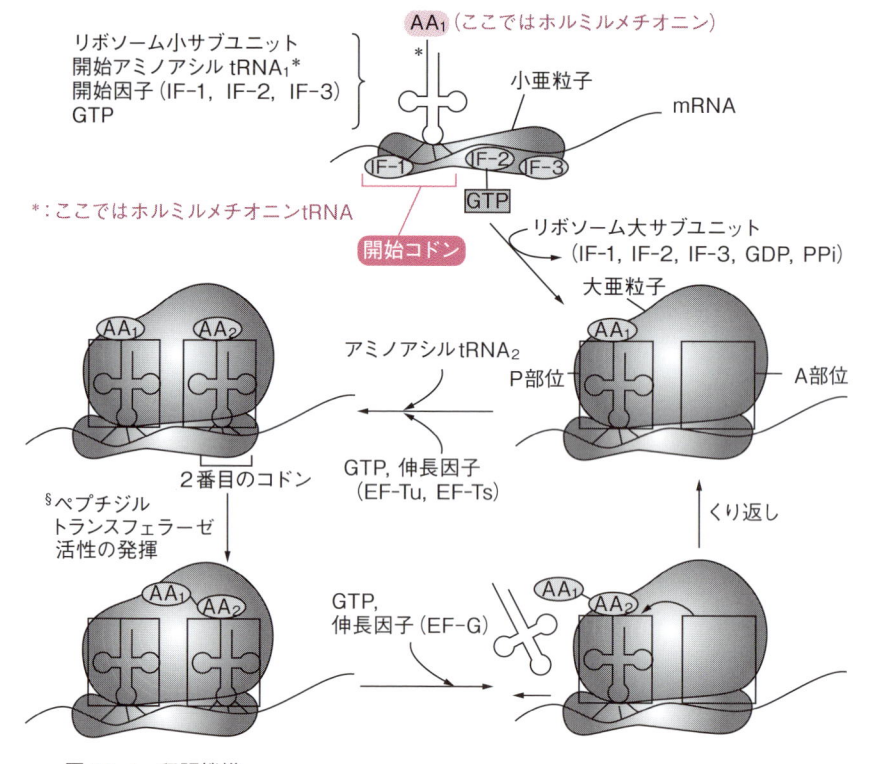

図13・4　翻訳機構
　＊：AA：アミノ酸．大腸菌ではホルミルメチオニン．tRNAはメチオニルtRNA．
　§：リボソーム大亜粒子中の23S rRNAにある．

が作用し，mRNA からタンパク質とリボソームが離れる．

　以上は大腸菌の例だが，真核生物も類似の機構で翻訳反応が起こる．このように，タンパク質合成は遺伝子の上流から下流に向い，アミノ末端（N 末端）からカルボキシ末端（C 末端）の方向に進む．リボソームが下流に移動すると，その直後に新しいリボソームがまた開始 AUG 部位に結合するが，この現象が次々に起こるため，mRNA にリボソームが多数結合した**ポリソーム**が形成される．

解説　転写翻訳共役

原核生物では転写が起こると，できかかった mRNA にリボソームがすぐに結合するため，転写と翻訳はほぼ同時に進む．これを**転写翻訳共役**という．

解説　無細胞翻訳系

小麦胚芽抽出液や網状赤血球溶解液はリボソームや tRNA，そして翻訳因子を豊富に含むので，ここに mRNA，GTP，アミノ酸を加えると，試験管内でタンパク質を合成させることができる（注：実際にはクレアチンリン酸も加え，GDP から GTP を再生産させる必要がある［10・2・1，14・2・3 参照］）．

13・5　タンパク質の成熟と輸送

13・5・1　折り畳みと翻訳後修飾

タンパク質は小胞体で正しく折り畳まれることにより本来の三次構造をとって活性をもつが，この過程に作用する因子が変性タンパク質の処理でも働く**分子シャペロン**である（P. 52 コラム）．翻訳されたばかりのタンパク質は遺伝子と一致した構造をもつが，実際に細胞に現れるタンパク質は本来の N 末端や C 末端をもたないものが多い．このようなものは限定分解を経た産物である．**インスリン**のように複雑な成熟過程を経る例（図 13・5），消化酵素などのように**前駆体酵素（チモーゲン）**が限定分解を経て活性型になる例などが多数知られている．タンパク質によっては**ゴルジ体**で化学修飾（例：リン酸化，糖鎖付加）を受けて成熟するものもある．

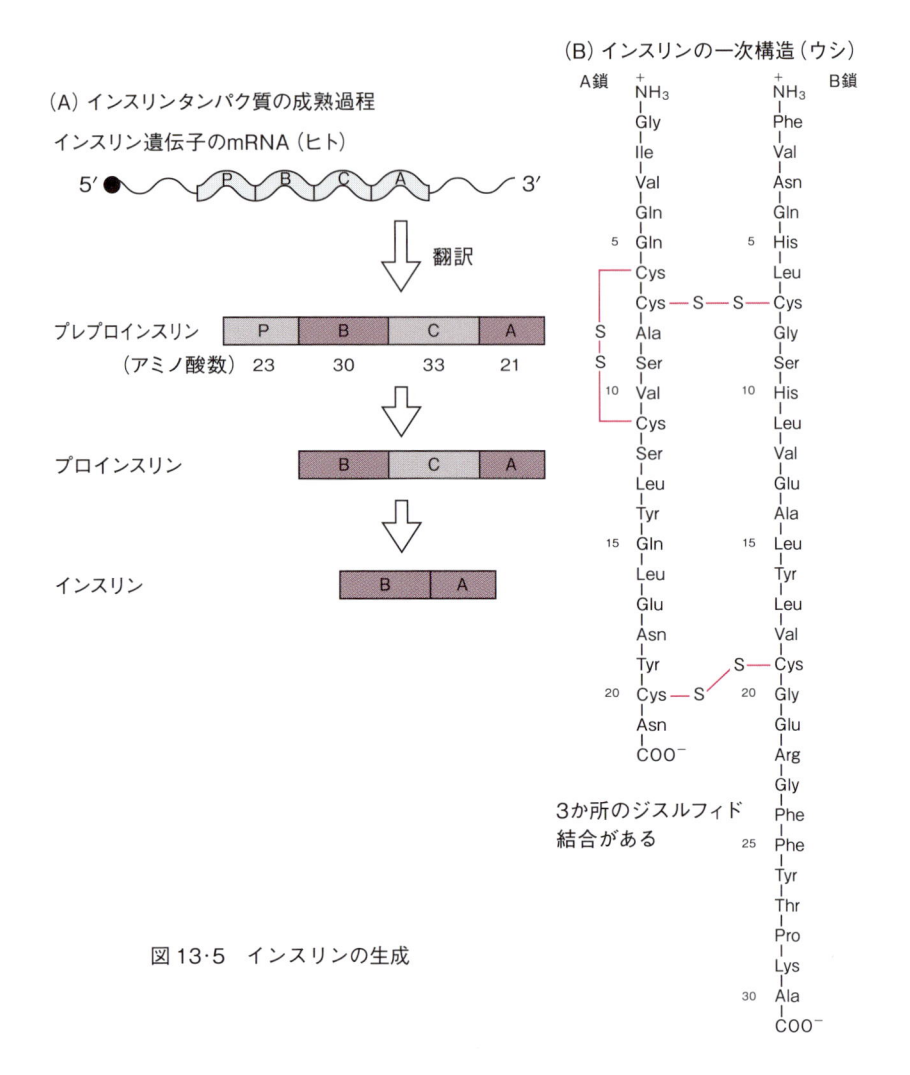

168　　　　　　　　　　　13. タンパク質の合成

(A) インスリンタンパク質の成熟過程

インスリン遺伝子のmRNA (ヒト)

5' ●～～P～B～C～A～～ 3'

⇩ 翻訳

プレプロインスリン　| P | B | C | A |
(アミノ酸数)　　23　30　33　21

⇩

プロインスリン　| B | C | A |

⇩

インスリン　| B | A |

(B) インスリンの一次構造 (ウシ)

A鎖
+NH₃-Gly-Ile-Val-Gln-Gln(5)-Cys-Cys-Ala-Ser-Val(10)-Cys-Ser-Leu-Tyr-Gln(15)-Leu-Glu-Asn-Tyr-Cys(20)-Asn-COO⁻

B鎖
+NH₃-Phe-Val-Asn-Gln-His(5)-Leu-Cys-Gly-Ser-His(10)-Leu-Val-Glu-Ala-Leu(15)-Tyr-Leu-Val-Cys-Gly(20)-Glu-Arg-Gly-Phe-Phe(25)-Tyr-Thr-Pro-Lys-Ala(30)-COO⁻

3か所のジスルフィド結合がある

図 13・5　インスリンの生成

13・5・2　タンパク質輸送

　真核生物では，翻訳は**小胞体結合型リボソーム**でも行われる．タンパク質が直に膜を横切る場合，N末端の疎水性の数アミノ酸 (**シグナルペプチド，リーダー配列**) が膜に入り込み，その部分が切り取られることでタンパク質本体が膜内に取り込まれる．その後タンパク質は小胞体から千切れた膜によって輸送され (＝**小胞輸送**)，ゴルジ体リソソームや細胞質膜まで運ばれ，

13・5 タンパク質の成熟と輸送

膜が融合するときにタンパク質が小器官内に取り込まれたり，細胞外部に分泌される．このような輸送システムとは別に，核や核小体に向かうタンパク質が**遊離リボソーム**でつくられ，タンパク質自身に**移行シグナル**という特殊な配列が存在し，それに従って移動するという場合もある．

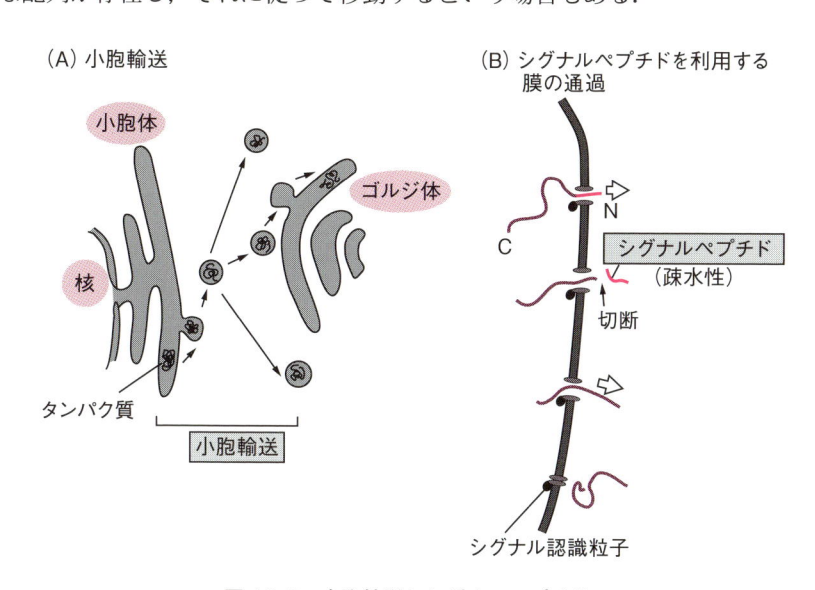

(A) 小胞輸送　　　　　　　　　(B) シグナルペプチドを利用する
　　　　　　　　　　　　　　　　　　膜の通過

図 13・6　小胞輸送とシグナルペプチド

演習

1. 遺伝子内部に点突然変異（塩基が他の塩基に変異する）が起こっても，正常なタンパク質がつくられる変異とは，どのような変異か．
2. 試験管内翻訳系に人工 RNA を入れて反応をさせたら，リシンの連なったタンパク質ができた．どのような配列をもつ RNA を用いたのであろうか．
3. 真核生物では一つの遺伝子から複数のタンパク質ができる機構がいくつかある．12 章の遺伝子発現制御機構も含め，そこにどのような機構が関与しうるかを考えなさい．

＜発展学習＞　タンパク質の分離と精製

　タンパク質を細胞から抽出し，そこから目的のものを分離・精製する技術は，タンパク質の構造や機能の解明を可能にし，そこから遺伝子情報も得られるなど，生化学の中で重要な位置を占めている．

1. ゲルろ過

　タンパク質の大きさは数千 Da ～数百万 Da とまちまちなので，**アガロース**（寒天の主成分）や**ポリアクリルアミド**（アクリルアミド重合体）のゲルでできた微細粒を用いるゲルろ過により精製できる．分子は拡散によりゲル内部に入り込むが，大きな分子ほど入りにくい．カラム（筒）にゲル微粒子を詰めて上から細胞抽出液を流すと，小さなタンパク質はゲル内に入るので遅れてカラムから溶出され，大きなタンパク質と分けることができる．この方法を**ゲルろ過**，あるいは**分子ふるいクロマトグラフィー**という．カラムで物質を分ける手法を一般に**カラムクロマトグラフィー**という（注：**クロマトグラフィー**とは，本来「色分けする」の意）．

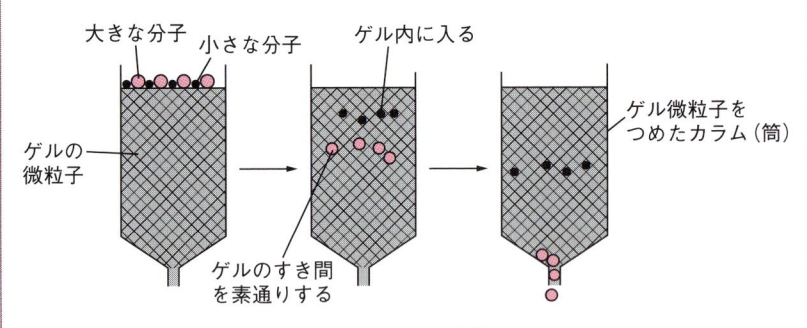

図 13・7　ゲルろ過

2. イオン交換クロマトグラフィー

　タンパク質は水中で電離（イオン化）している（1・1, 4・2）．タンパク質全体では一つの荷電状態をとるが，局所的には正や負に荷電する部分を多数もつ．正に荷電するジエチルアミノエチル基が共有結合したセルロースを詰めたカラムにタンパク質を流すと，個々のタンパク質は負で荷電している部

<発展学習> タンパク質の分離と精製

分でセルロースに結合する．ここに塩化カリウム（KCl）溶液を流すと，塩素イオン（Cl⁻）がタンパク質を押しのけてカラムに結合するので，タンパク質が溶出されてくる．強く結合しているタンパク質ほど濃い塩化カリウム溶液で溶出されるので，目的タンパク質を特異的濃度の塩化カリウム溶液で溶出して精製することができる．これは**陰イオン交換**の例だが，カルボキシメチル基をもった**陽イオン交換**体を用いることもできる．

3. SDS ポリアクリルアミドゲル電気泳動

ポリアクリルアミドゲル中にあるタンパク質に電圧をかけると，タンパク質は自身のもつ正味の電荷と反対の電極に移動するが，これを**ゲル電気泳動**という．多くのタンパク質の等電点はpH6付近なので，pH8.5で電気泳動すると，大部分のタンパク質は負に荷電して陽極に移動する（注：一部は逆に移動する）．しかし，移動速度は電荷の強さに影響されるため，分子量に相関するような分離（☞低分子ほど速く移動する）はできない．タンパク質をドデシル硫酸ナトリウム（**SDS**）（☞炭素12の脂肪酸の極性部が硫酸基に置換し，それがナトリウム塩となったもの）という負に荷電する物質で処理すると，どのようなタンパク質も同じように負に荷電するので，電気泳動度では分子量に反比例する速度で陽極に移動する．この**SDSポリアクリルアミドゲル電気泳動**によりタンパク質を分子量で分離できる．ゲル中のタンパク質は染色で，あるいは免疫学的に（次頁）検出する．

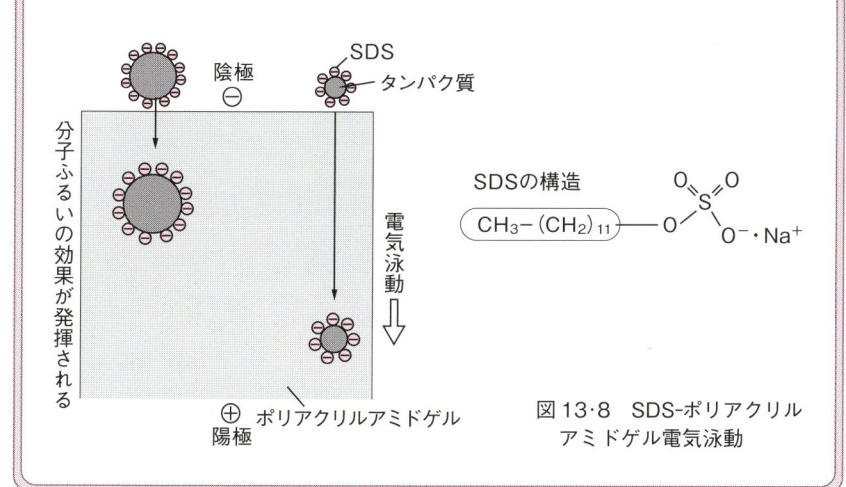

図13·8 SDS-ポリアクリルアミドゲル電気泳動

4. タンパク質を免疫学的に検出する：ウエスタンブロッティング

　電気泳動したタンパク質を膜に移して目的タンパク質の抗体（4・5）を作用させ，次に（一次）抗体に対する抗体（二次抗体）を作用させる（例：一次抗体をマウス，二次抗体をヤギでつくったマウス抗体とする）．二次抗体にアルカリホスファターゼを結合させておくと，アルカリホスファターゼで発色する物質を作用させることにより，二次抗体の場所が色で特定できる．この場所こそ一次抗体のあった場所，つまり目的タンパク質のあった場所であるとわかる．この方法を**ウエスタンブロッティング／免疫ブロッティング**という．

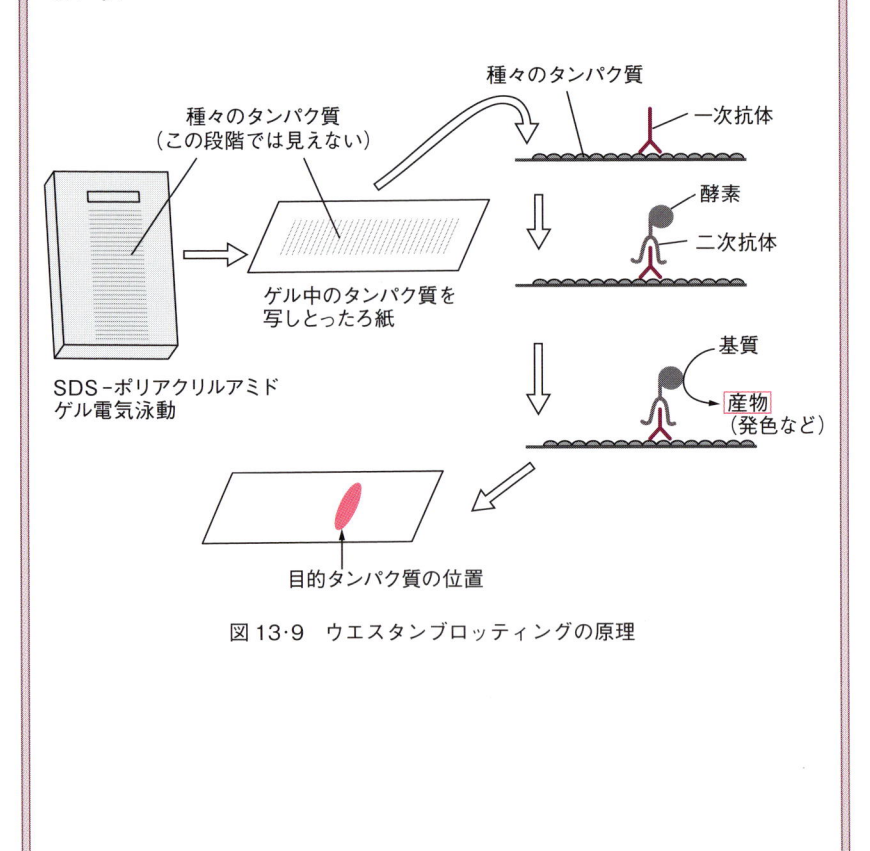

図 13・9　ウエスタンブロッティングの原理

5. 二次元電気泳動とプロテオーム解析

　膨大な数のタンパク質を通常のゲル電気泳動できれいに分離することは技術的に難しい．そこでまずタンパク質を pH 勾配をもつゲル中で長時間電気泳動する．タンパク質は固有の等電点（4・2・1）をもつので，電圧をかけるといずれは固有の等電点の pH まで移動して停止する（☞**等電点電気泳動**）．電気泳動後のゲルを SDS ゲル電気泳動装置に移して再度電気泳動すると，今度は個々のタンパク質が分子量に従って分かれる．この２種類の電気泳動でタンパク質を分離する方法を**二次元電気泳動**といい，タンパク質のリン酸化の検出や，細胞内の全タンパク質（☞**プロテオーム**）の分離などに使われる．

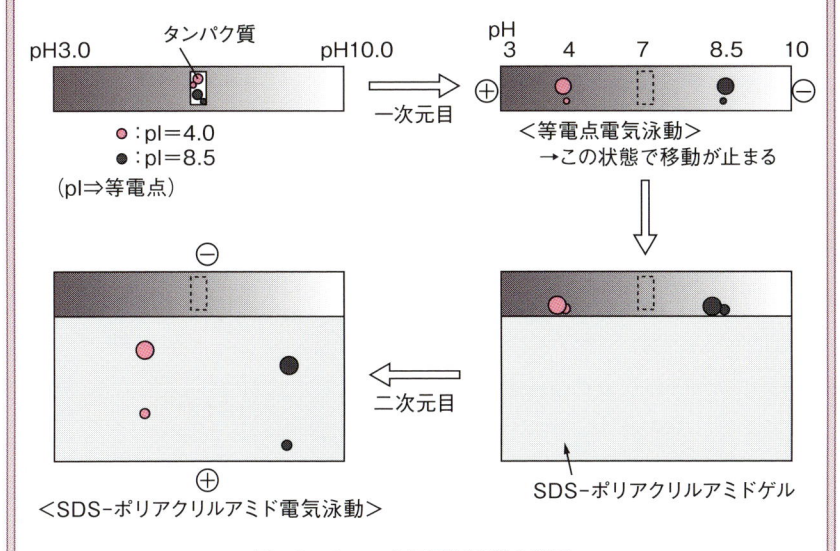

図 13・10　二次元電気泳動の概要

14 生理化学
：神経，筋肉，ホルモン作用

　生体内で起こるさまざまな生理現象は生化学反応が元になって起こる．神経細胞では発生した電位の変化が膜を伝わり，さらに化学物質の移入などを介して神経興奮が他の神経細胞に伝わる．筋肉細胞では化学エネルギーが力学的エネルギーに変えられ，アクチンとミオシン間の滑り運動が起きて力が発生する．細胞に到達した情報は受容体を通じて細胞内に入り，分子の活性化や構造変化などの連鎖反応によって細胞活動装置や遺伝子発現制御装置に伝えられる．

14・1　神経系における情報伝達

14・1・1　興奮伝導と神経伝達

　動物の身体全体の統御を行う機構には**内分泌系**（ホルモン系）と**神経系**がある．神経系では全身に張り巡らされた**ニューロン**（神経細胞）を介して情報のやりとりがなされる．脊椎動物の神経系は，受容器（感覚器官など）からの情報を中枢に送ったり，中枢からの情報を動作器官（筋肉など）に伝える末梢神経系と，情報を収集・保存・処理・統合し，身体に指令を出す中枢神経系（脳や脊髄）からなる．神経系の情報伝達はニューロン内で起こる**興奮伝導**とニューロン間で見られる**神経伝達**からなるが，前者は電気的興奮の伝達により，後者は主に化学物質による連絡により起こる．

14・1・2　活動電位の発生と伝導

　ニューロンは負に荷電しているが，これを生む要因は細胞内外におけるナトリウムイオン（Na^+）とカリウムイオン（K^+）の濃度差である．細胞膜には**ナトリウム-カリウム ATP アーゼ**というイオンポンプがあり，Na^+ は外に汲み出され，K^+ は細胞内に取り入れられている．一方，細胞膜にはこれらイオンを通す小さな通過孔（**チャネル**）もある．これらのイオンチャネルは電位依存性チャネルで，一定の電位（電圧）があるときにのみ開いてイオ

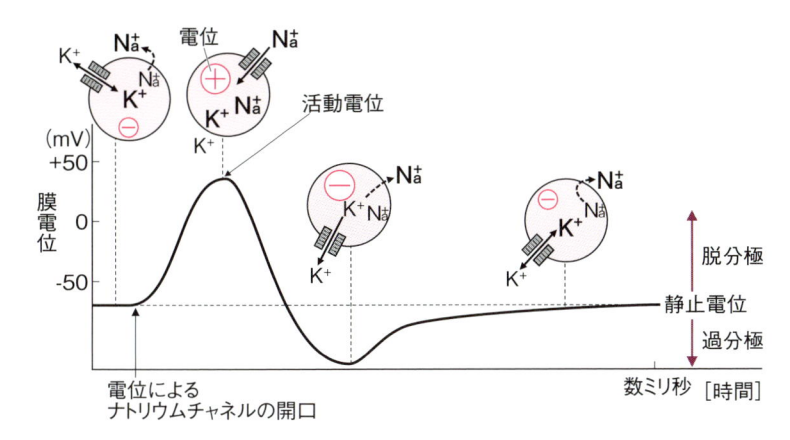

図14・1 活動電位発生のメカニズム

ンを通す．通常はイオンポンプの働きで，Na^+濃度は細胞外で高く，K^+は細胞内で高い．それぞれのイオンチャネルが閉じていればこの状態で電気的にはバランスがとれるが，実際にはK^+チャネルに漏れがあるため，細胞はK^+イオンを留めておくために細胞内の電位を下げ，マイナスにしている．膜をはさんで細胞の外が正，内側が負になっているこの状態で約 –60mV の**膜電位**が生じているが，これを**静止電位**という．

　膜に局所的な電位が与えられるとNa^+チャネルが開き，Na^+が細胞内に流入する（注：K^+チャネルは遅れて開く）．これにより細胞内の局所電位はいったん＋50mV にまで上がり，外側はマイナスになるが，この現象を**脱分極**という．いったん開いた**Na^+チャネル**はすみやかに不活化して閉じ，しばらくは電位に応答しない（☞ **不応期**）．遅れてK^+チャネルが開くと，今度はK^+が外に流出し，Na^+もポンプで排出されるので内部の電位はいったん静止電位以上に負になり（注：この現象を**過分極**という），静止電位に戻って安定化する．膜内外におけるこの一連の過程を**神経興奮／興奮**といい，およそ数ミリ秒かかる．Na^+チャネルが開くためには閾値（～ –40mV）より高いプラス側の電位が必要である．脱分極が起こると閾値以上の電位により近傍のNa^+チャネルが開くが，電位が上がるとさらに周囲のNa^+チャネルが開き，それを受けて次々に近傍のNa^+チャネルが開く．この過程が**軸索**（神経繊維）内でドミノ倒しのように起きて周囲に広がり，**興奮伝導**として

(A) ニューロンの構造

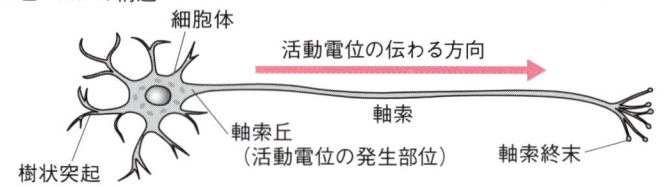

(B) 活動電位伝播の様子

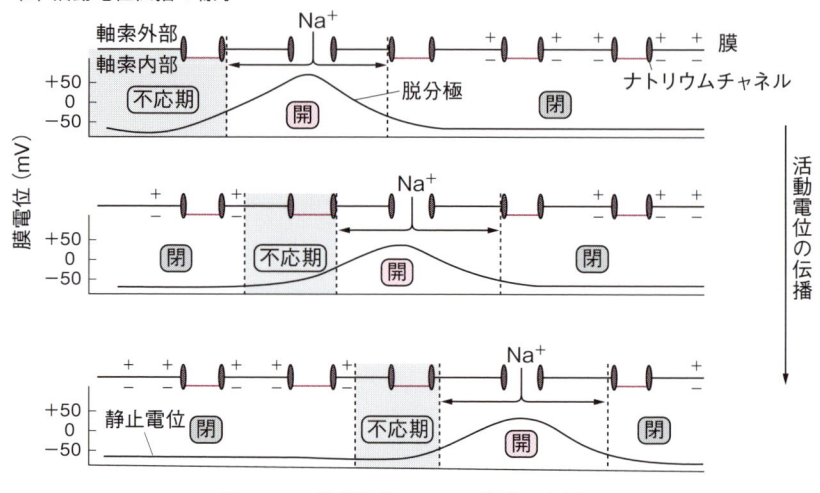

図14・2　神経細胞における興奮の伝導

観察される．活動電位は軸索の根元で発生し，末端の神経終末へ向かう．興奮伝導は基本的にはNa^+チャネルの働きで起こり，K^+チャネルは活動電位を元に戻すことに働く．

14・1・3　シナプス伝達

　神経軸索の終末は他のニューロンの樹状突起と多数の場所で連絡しているが，その連絡部分を**シナプス（神経間接合部）**という．シナプスには**化学シナプス**と**電気シナプス**があるが，多くは化学シナプスである．化学シナプスでは細胞膜同士は物理的に結合しておらず，その隙間での連絡は**神経伝達物質**の放出と受容によって行われる．神経伝達物質を放出する側を**プレ（前）シナプス**，受容する側を**ポスト（後）シナプス**というが，活動電位がプレシ

ナプスに到達するとカルシウムイオンの流入によって**神経伝達物質**が放出され，伝達物質がプレシナプスの受容体に結合する．神経伝達物質にはいろいろな種類がある．低分子のものとしては**アセチルコリン**（☞**神経筋接合部**で作用する），アミン類（例：ドーパミン，セロトニン），アミノ酸（例：グリシン，グルタミン酸）があり，高分子のものとしてはサブスタンスPやエンケファリンなどがある．受容体はイオンチャネル活性があり，神経伝達物質結合によって陽イオンや陰イオンが流入する．**興奮性シナプス**の場合，陽イオンが流入し，ポストシナプスを起点に脱分極型の活動電位が発生する．**抑制性シナプス**の場合は塩素イオンなどの陰イオンが流入し，ポストシナプスで静止電位よりも低い電位のパルスが発生し（☞**過分極**），プレシナプス側ニューロンの興奮が抑えられる．放出された神経伝達物質はプレシナプスから吸収され再利用されるが，アセチルコリンは**コリンエステラーゼ**により分解される．

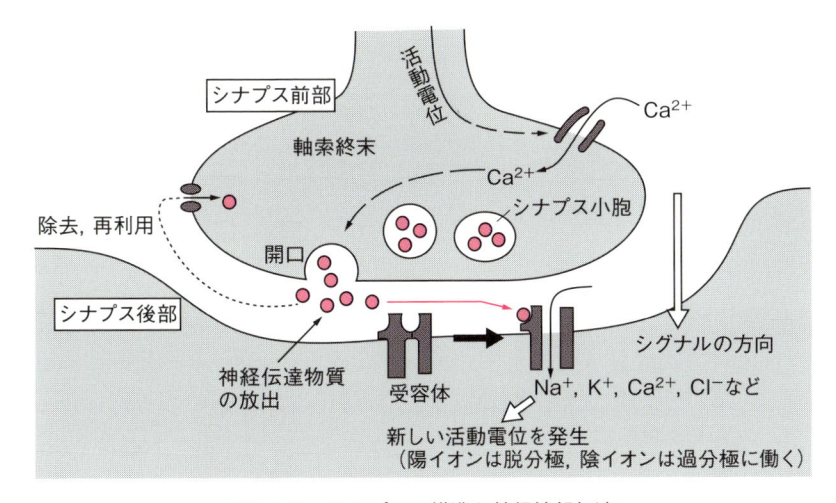

図14・3　シナプスの構造と神経情報伝達

解説　2種類のチャネル

イオンチャネルには**電位依存性チャネル**（例：Na^+，K^+，Ca^{2+}などのチャネル）と**神経伝達物質受容体チャネル**（例：アセチルコリン，セロトニンなどの受容体チャネル）の2種類がある．

| 解説 | **電気シナプス**
膜が密着結合で連結し，活動電位が膜を伝わって瞬時に伝達される. |

14・2　筋肉の働き

14・2・1　横紋筋の構造

　筋肉はエネルギーを力／運動に変える装置である．筋肉には随意筋である**骨格筋**の他，不随意筋である**心筋**と**平滑筋**があり，骨格筋と心筋は横紋が見られる**横紋筋**である．骨格筋は太さ 50 〜 100 μm，長さ数〜数十 cm にもおよぶ**筋細胞**（**筋繊維**）が集まってできているが，筋細胞は 1 個の巨大な**多核細胞**である．筋細胞には太さ 1 〜 2 μm の**筋原繊維**が束になって存在し，その周囲は**筋小胞体**があり（注：T 管で細胞膜と連絡している），筋小胞体の隙間にはミトコンドリアがある（注：核は筋細胞の周囲に点在する）．筋原繊維は Z 線で区切られた**サルコメア**（筋節）とよばれる単位のくり返しからなり，これが筋収縮の単位となる．サルコメアの明るく見える部分を **I 帯**，暗く見える部分を **A 帯**という．I 帯には Z 線から突き出た細い**アクチン繊維**，A 帯には太い**ミオシン繊維**がある（注：ミオシン繊維は中央の M 線で連結している）．アクチンは球状タンパク質だが，一定方向に連なって重合し，繊維を形成する．アクチン繊維には細い繊維状タンパク質**トロポミオシン**が絡み合っており，さらにトロポミオシンには**トロポニン**（I, T, C, 三つのサブユニットからなる）が結合している．ミオシンには**タイチン／コネクチン**という巨大な弾性タンパク質が連結しており，筋肉に弾性を与えるとともに，筋肉が伸びきるのを防いでいる．

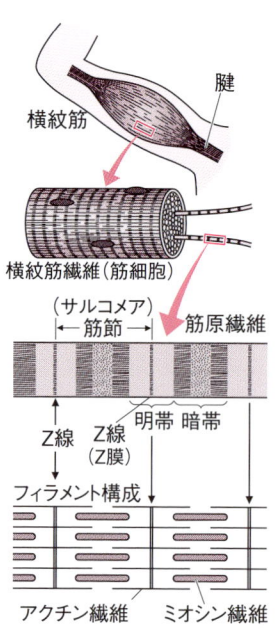

図 14・4　筋肉（横紋筋）の微細構造

14・2・2 筋収縮のメカニズム

筋収縮はアクチン繊維とミオシン繊維が互いに滑り合って重なることにより起こる（☞筋収縮の滑り説）．ミオシン繊維はミオシン分子の集合体だが，ミオシン分子には突起（頭）部分がありそれが **ATP アーゼ活性**をもつ．エネルギー源である ATP がミオシンによって加水分解され，そのときに放出された自由エネルギーを利用してミオシンの構造変化（＝首振り運動）が起こる．この際ミオシン頭部がアクチン繊維に付着した状態で首振り運動が起こるため，結果的にアクチン上をミオシンの束が移動し，それが筋収縮運動として捉えられる（注：ミオシン 1 分子で 10 nm のストロークが生まれる）．神経伝達によって収縮の信号が入ると，ニューロンが筋肉と接している**筋神経接合部**で**カルシウムイオン**が流入して**アセチルコリン**が放出され，それが筋細胞に達する（注：筋細胞 1 個に神経 1 本が接続している）．これによりナトリウムイオンが流入して筋細胞膜が興奮し（14・1・2），筋小胞体膜に達する．これによりカルシウムチャネルが開いてカルシウムイオンが筋細胞に流入し，トロポニンに作用する．カルシウムイオンと結合したトロポニンは構造変化を起こし，その情報がトロポニンを通じてアクチンに伝達され，アクチンが活性化してミオシンと相互作用できるようになり，滑り運動が起こると考えられる．

|解説| **非筋細胞でのアクチン−ミオシン相互作用**
アクチンとミオシンとの相互作用は原形質流動や小胞輸送などにもかかわる．この場合のミオシンは筋肉のものとはタイプが異なる．

14・2・3 エネルギー供給システム

血中ヘモグロビンは筋肉にある**ミオグロビン**（注：**ヘモグロビン**と類似の構造と機能をもち，低酸素濃度でも酸素と結びつく．ヘモグロビン結合酸素は，低酸素環境で解離する）に酸素を移し，この酸素が有酸素運動で使われる．ただ筋肉は無酸素状態に置かれて正味の ATP 産生がわずかであっても，長い時間動き続けることができる．筋収縮の直接のエネルギー源は ATP であるが，細胞は ATP を長時間大量に保存することができない．そこで筋細

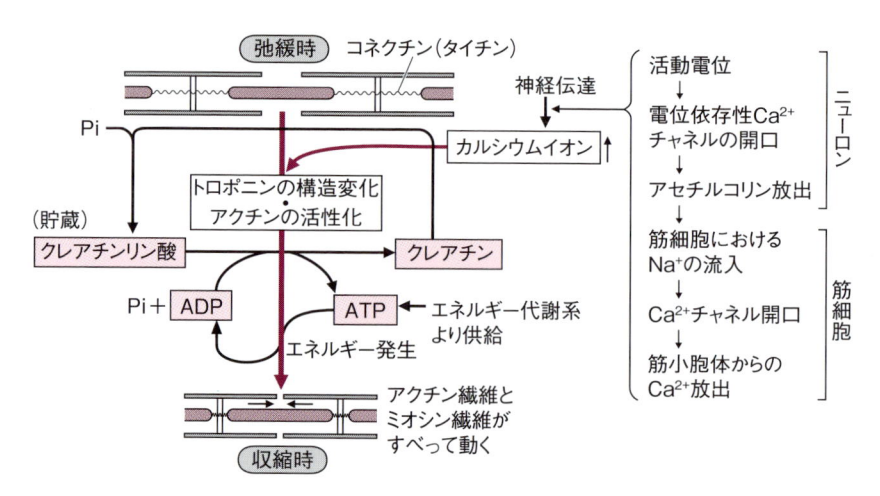

図14・5 筋収縮および筋肉におけるエネルギーの再生

胞は高エネルギー物質クレアチンリン酸を多量に蓄えている．**クレアチンリン酸**は**クレアチンキナーゼ**によりリン酸をADPに渡してATPをつくり，自身はクレアチンとなる．クレアチンはその後，細胞がつくったATPからリン酸を受け取ることによりクレアチンリン酸となる．このように，クレアチンリン酸はATPの再生に働いている．

さらに筋肉には**アデニル酸キナーゼ**もあり，この酵素によって2個のADPから1個のATPとAMPがつくられる．また筋細胞にはグリコーゲンが大量に貯蔵されており，グルコースに加水分解された後，ATPがエネルギー代謝系でつくられる．筋肉では約60％という高い効率で，ATPの化学エネルギーが仕事量（運動）に変換される．

14・3 ホルモンや調節因子の作用が細胞に伝わる機構

ホルモンや細胞増殖調節因子といった**リガンド**が細胞に作用する場合，まず**受容体**に結合し，その後細胞内に情報／シグナルが伝わる．この**細胞内シグナル伝達**にはいくつかの様式があり，それぞれに特異的な複数の因子がかかわる．**脂溶性リガンド**（例：ステロイドホルモン，ビタミンD，レチノイン酸）は細胞に直接入って受容体と結合するが（P. 154 コラム），**水溶性リガンド**は細胞に直接は入らず，まず細胞表面の受容体と結合する（図14・6）．

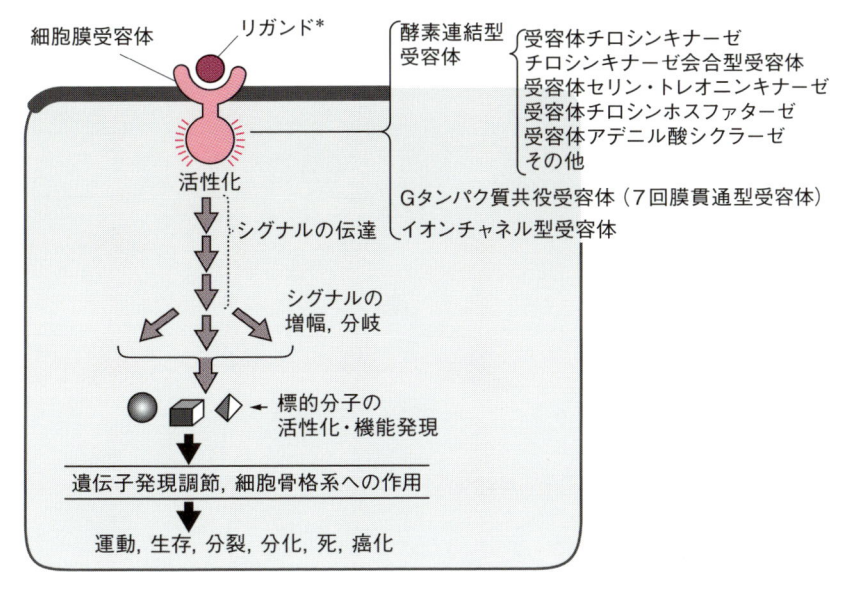

図 14·6　シグナル伝達の概要
＊：水溶性リガンドの場合．脂溶性リガンドに関しては核内受容体（P.154 コラム）の項を参照．

解説

リガンド
タンパク質受容体に結合する作用物質を**リガンド**（ligand）という．

14·3·1　三量体 G タンパク質と cAMP を介する経路

この経路は主に **7 回膜貫通型受容体**に結合するホルモン，神経伝達物質や神経ペプチド，感覚（臭い物質，味覚物質など）を受容する系で見られる．リガンドが受容体に結合すると付随する**三量体 G タンパク質**（**G タンパク質**：GTP 依存性調節タンパク質．GTP 結合型が活性化型，GDP 結合型が不活性型）のαサブユニットが GDP 結合型から GTP 結合型に変換される．活性化されたαサブユニットは解離して膜に付随する**アデニル酸シクラーゼ**を活性化し，これによって **cAMP**（**サイクリック AMP**）が合成される．G タンパク質によってはアデニル酸シクラーゼを抑制するものもある．cAMP は二次伝達物質（**セカンドメッセンジャー**）となって**プロテインキナーゼ A**（**PKA**）を活性化し，これが転写調節因子を活性化し，標的遺伝子の発現が変化する．

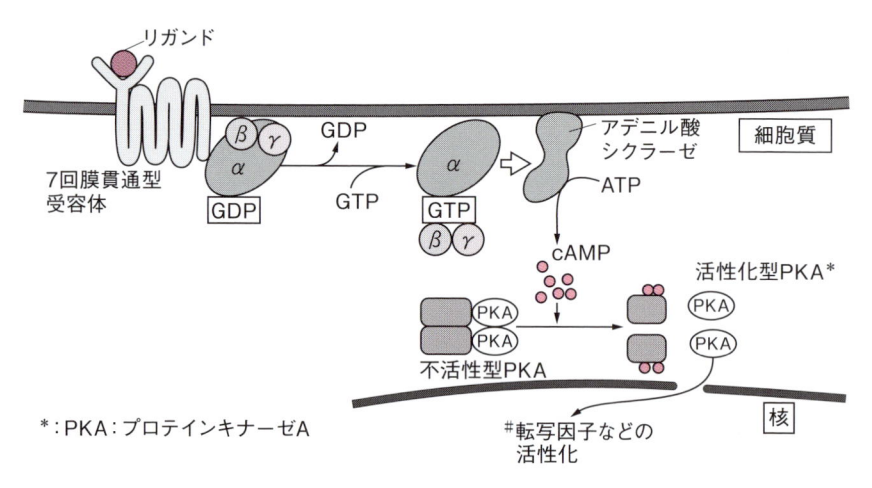

図 14·7　シグナル伝達における三量体 G タンパク質と cAMP

| 解説 | **膜型グアニル酸シクラーゼの関与** |

BNP や ANP などのナトリウム利尿ペプチドは細胞膜の**グアニル酸シクラーゼ**が直接受容体となる．これにより **cGMP** がつくられ，cGMP 依存プロテインキナーゼが活性化する．

14·3·2　リン脂質とカルシウムを介する経路

カテコールアミンやアンギオテンシン II などのホルモンが受容体に結合すると，付随する **G タンパク質**が活性化し，それにより**ホスホリパーゼ C（PLC）**が活性化される．この酵素は**リン脂質**である**ホスファチジルイノシトール二リン酸** $[PI(4,5)P_2]$ を**ジアシルグリセロール（DG）**と**イノシトール三リン酸（IP_3）**に分解する．IP_3 は小胞体膜にある **IP_3 受容体**に結合して**カルシウムイオン**を細胞質に放出させ，これによりさまざまな細胞機能や酵素が活性化される．DG はセカンドメッセンジャーとなって**プロテインキナーゼ C（PKC）**を活性化する．リン脂質をシグナル伝達に使うことは，細胞内局在や活性化型への変化を素早く行えるという利点がある．

14·3·3　低分子 G タンパク質と MAPK カスケードが関与する系

細胞を**増殖因子**［mitogen］（例：EGF，血清）で処理すると細胞分裂が盛

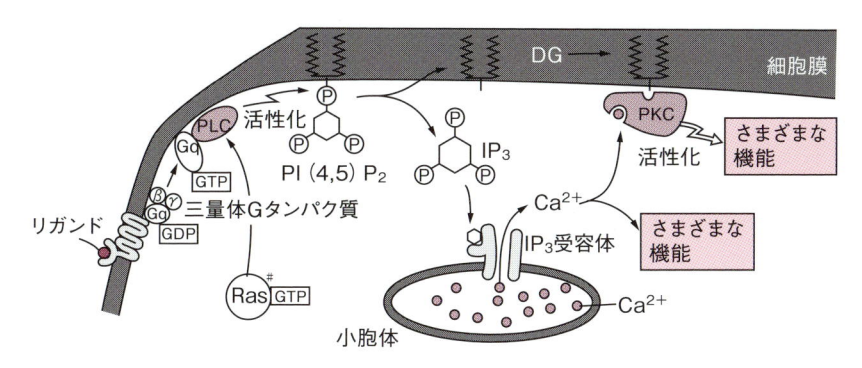

#: 低分子量GタンパクのRasによっても活性化をうける
PLC ：ホスホリパーゼC
PI (4,5) P₂：ホスファチジルイノシトール4,5-二リン酸
IP₃ ：イノシトール3-リン酸
DG ：ジアシルグリセロール
PKC ：プロテインキナーゼC

図14・8 リン脂質とシグナル伝達

んになるが，これは mitogen-activated protein kinase（**MAPK, MAP キナーゼ**）が転写調節因子を活性化し，それが遺伝子発現を高めることにより起こる.

増殖因子はまず受容体に結合するが，受容体には**チロシンキナーゼ活性**があり，付随する Grb2 がリン酸化される．その情報が SOS に渡り，SOS は**低分子量 G タンパク質**の Ras（下記解説参照）を GDP 型から GTP 型へ変換する．活性化型 Ras はプロテインキナーゼである **Raf** を活性化し，それはさらに MAPK キナーゼ（MAPKK．例：MEK1）を活性化（リン酸化）するが，この活性化 MAPKK が MAPK（例：ERK1）をリン酸化し，上述の機構で細胞増殖が起こる．MAPK の活性化システムはリン酸化カスケード（類似反応の連続）の代表的な例である．**MAPK カスケード**にかかわるプロテインキナーゼはセリン／トレオニンキナーゼであり，Raf は MAPKKK の一つである．

解説

低分子量 G タンパク質

分子量 20〜30kDa の G タンパク質で単量体で働く．Ras，Rho，Rab など，五つのファミリーからなり，多くの種類がある．増殖，細胞運動，小胞輸送，核膜輸送などの多様な細胞活動にかかわる．

(A) 古典的MAPKカスケード

(B) 主な低分子量Gタンパク質

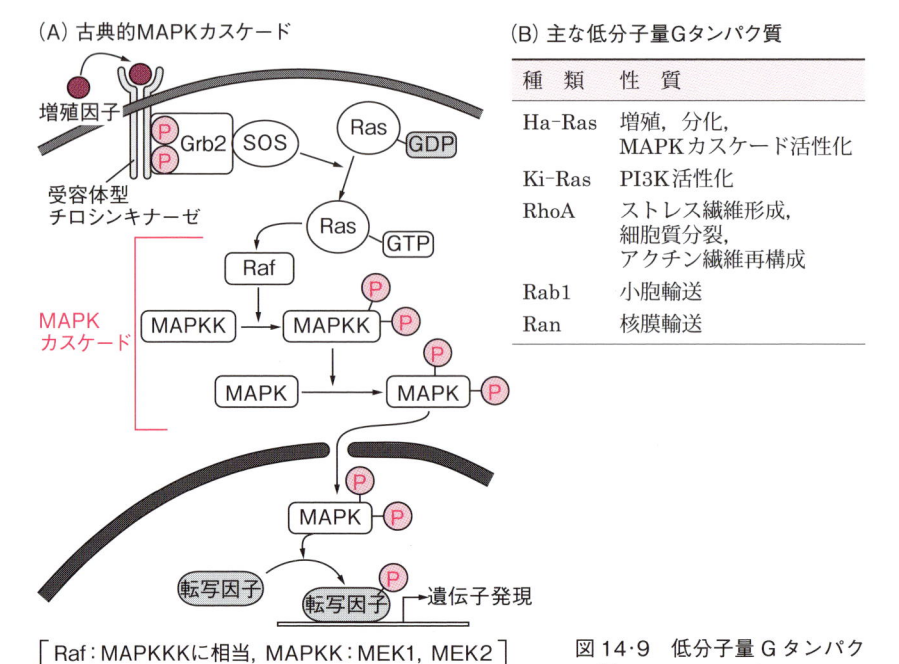

種類	性質
Ha-Ras	増殖，分化，MAPKカスケード活性化
Ki-Ras	PI3K活性化
RhoA	ストレス繊維形成，細胞質分裂，アクチン繊維再構成
Rab1	小胞輸送
Ran	核膜輸送

[Raf：MAPKKKに相当，MAPKK：MEK1, MEK2
MAPK：ERK1, ERK2]

図 14・9　低分子量 G タンパク質と MAPK カスケード

14・3・4　チロシンキナーゼを介する経路

チロシンキナーゼは Ras の活性化（14・3・3）にもかかわる情報伝達の中心的プロテインキナーゼであり，二つに大別できる．一つは**受容体型チロシンキナーゼ**（例：上皮増殖因子受容体，肝細胞増殖因子受容体，インスリン受容体），他は**非受容体型チロシンキナーゼ**である（例：Src, Yes, Abl）．**インスリン受容体**の場合，まずインスリンが受容体に結合すると，チロシンキナーゼ活性が働き自身のチロシン残基がリン酸化され（自己リン酸化），続いて**インスリン受容体基質**Ⅰ（IRS-1）がリン酸化される．この活性化 IRS-1 の下流には二つの経路がある．一つは IRS-1 が Grb に作用し，14・3・3 項で述べたように Grb → SOS → Ras → Raf とシグナルが伝達され，MAPK カスケードの活性化を経て遺伝子発現を高めて，細胞増殖などに向かう経路である．他の一つは，活性化 IRS-1 が PI3-K（**ホスホイノシチド 3-キナーゼ**）に結合して活性化する経路である．この場合，**PI3-K** は PIP_2（14・3・2 項参照）

14・3 ホルモンや調節因子の作用が細胞に伝わる機構

(A) チロシンキナーゼの種類
[1] 受容体型チロシンキナーゼ
　EGF受容体，インスリン受容体
　NGF受容体
[2] 非受容体型チロシンキナーゼ
　Src, Yes, Lyn, Abl, JAK

(B) インスリン受容体からのシグナル伝達

インスリン
↓
インスリン受容体 — P
↓ P
インスリン受容体基質-1 [IRS-1]
↓ Grb2　　　↓ PI_3キナーゼに結合
↓ SOS　　　↓ $PIP_2 \to PIP_3$
↓ Ras　　　↓ PIP_3結合キナーゼ
↓ Raf　　　↓
MAPKカスケード　プロテインキナーゼBの活性化
↓　　　　　↓
細胞増殖　　グリコーゲン合成
　　　　　　グルコース取り込みタンパク質合成

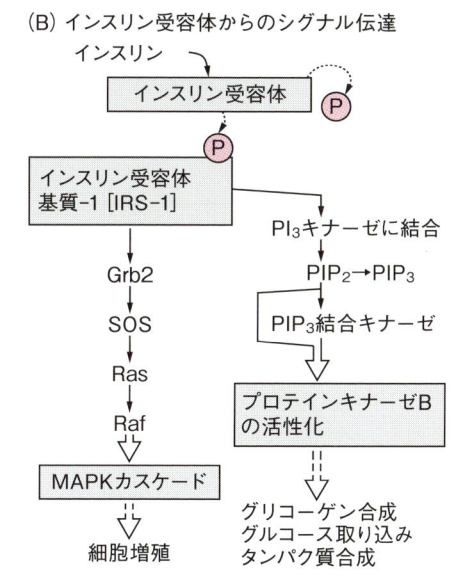

図 14・10　シグナル伝達とチロシンキナーゼ

をリン酸化して PIP_3 とし，PIP_3 は**プロテインキナーゼB(PKB)**を活性化する．PKBはさまざまな酵素を調節し，結果として**グリコーゲン合成**を促進したり，グルコース取り込みタンパク質(**GLUT4**)を細胞膜に集めてグルコースの取り込みを盛んにする(☞この機構がインスリンにより血糖値が下がる理由である)．

演習

1. フグ毒(テトロドトキシン)はナトリウムチャネルを塞ぎ，また塩化カリウムの大量注射はショック死を起こす．フグ中毒や塩化カリウムショックのメカニズムを，活動電位の観点から説明しなさい．
2. 充分な酸素がなくとも，筋肉がある程度の持続的運動を行うことのできる理由を述べなさい．
3. カツオは長時間遊泳できるが，ヒラメは瞬発力はあるものの，長時間の遊泳はできないのはなぜか．さらに，筋肉が血液から酸素を受け取るしくみも説明しなさい．
4. 細胞内シグナル伝達で使われるタンパク質，およびタンパク質以外の物質／分子種をあげなさい．

「演習」に対する「考えるヒント」

1章
1. 水に溶けたときに電離するかどうか（イオンになるか）がポイント．
2. 石油の元になったのは太古の地球に繁栄したある種の生物．
3. それぞれの元素の原子量を表紙見返しにある周期表から参照する．原子量は原子1個の相対的質量を示す．
4. 細胞にある核の状態で大きく分類されるが，それ以外にも違いがある（1・4参照）．酵母は菌類の中間であり，ランソウは細胞の連なった形態をとるが，英語でシアノバクテリアといわれる．

2章
1. 玄米の胚芽（生細胞が密に存在している部分）にはいろいろな酵素があり，また胚乳（通常食べる部分）にはデンプンが豊富にある．
2. グルコースが重合して高分子の糖ができる場合の，グルコース同士の結合様式に注目する．
3. 糖とそれに関連するアルコールは分子的にどのような関係にあるか．代謝における両者の関係も参考にする（7章参照）．

3章
1. 油脂は中性脂肪を含み，中性脂肪には特異な脂肪酸が結合している．この脂肪酸の種類や構造が油の物性に大きく影響する．
2. ホルモンの物理化学的性質と細胞膜の性質から考える．インスリンはタンパク質性ホルモンである．副腎皮質ホルモンについては3・5を参照．
3. 細胞膜には，細胞形が変化できる流動性のほか，細胞内外を仕切ると共に，ある程度水にもなじむなど，多くの機能が必要である．
4. けん化に関してはコラム参照．石けんが何を溶かすかを考える（必ずしも一方のみとは限らない）．

4章
1. 電気を帯びていないということはプラスとマイナスのイオンの量がつりあっていることを，アルカリ性とはマイナスの水酸化物イオンが多いことを意味する．
2. 尿素は水素結合のような弱い結合を壊すが，共有結合は変化させない．タンパク質の変性と再生という観点から考える．
3. タンパク質分解酵素とタンパク質の相互作用が，タンパク質の高次構造の変化で変化する．

5章
1. 塩基性物質は通常正に荷電している．核酸は電気的にどういう状態にあるかを考えてみる．
2. 解説にある記号がどの塩基に相当するかをチェックし，その（それらの）相補的塩基を決めた後，一つの記号を選ぶ．
3. DNAは塩基対からなることに留意すること．分子量とグラム数の関係は1章を参照する．
4. 細胞が永久に増え続けるにはDNAがずっと無傷である必要がある．線状DNAの末端は複製時にどうなるか．

6章

1. 生体触媒，すなわち酵素はタンパク質からなること，また多様で特異的な物質結合構造をもち，分子構造がいろいろな要因で変化しうることを考える．
2. 通常の酵素とは異なる相互作用が，酵素と基質との間に起こったと考えられる．
3. 補酵素は活性化因子や安定化要因などとは違い，基質の一種と考える．
4. 化学反応の原則（1章）を復習する．基質の種類を選択することがポイント．

7章

1. どちらの方が一定量のエネルギー源から ATP をたくさんつくれるか？
2. 核酸の成分であるヌクレオチドをつくるときにはリボース／デオキシリボースが必須であるが，この生合成経路とグルコースがどのような関係にあるかを考える．むろん，合成にはエネルギーも必要である．
3. エネルギーが過剰になると，エネルギー代謝系が抑制される．この場合は何がどの部分を抑制するのかを考える．

8章

1. 本章1節を参考に，アセチル CoA がいくつできるかを考える．あとは本文にあげた類似の計算式の類推から ATP 数を求める．
2. 脂肪は単に分解されてエネルギーになるだけではなく，生体成分としても使われるが，そのすべてを自身で合成できるかどうかを考える．
3. コレステロールは自分の身体の中でも生合成されるかどうか．

9章

1. 9・1 を参照する．生物によって窒素代謝の能力が異なることに留意．
2. アミノ酸異化の記述を復習する．
3. エネルギーとして利用されるには糖の代謝系（エネルギー代謝系）に入る必要がある．アミノ酸代謝と糖代謝はどこかでつながっているのかをチェックする．
4. ヌクレオチド代謝系（新生経路と再利用経路）から考える．アミノプテリンは葉酸誘導体で，塩基合成を阻害するように働く．どこが抑えられ，他の二つの物質はどこに取り込まれてどの代謝に利用されるか．

10章

1. 7章と10章を復習する．エネルギーを得ることに関しては共通だが，多くの点で違いがある．呼吸には酸素を使うものと使わないものがあることにも留意．
2. 金属は固有の還元電位をもつが，それが異なると電位が発生して電気が流れる．唾液は電解質である（イオンを含み，電気を通す）．
3. 酸素は呼吸（好気呼吸）で使われるが，化学的には何の反応に使われるか．生体酸化還元反応が起こるとき，最後にエネルギーを落とした電子とプロトンの行き着くところがないと，エネルギー生産反応はつかえてしまう．
4. まず分子量とグラム数からモル数を計算する．スクロースはグルコースとフルクトースからなる二糖であるが，フルクトースがエネルギー代謝系に入る場合に ATP が 1 分子必要となる．本章と 8 章（ステアリン酸の ATP 収支）を参照する．

11章

1. 動物が生きるには酸素が必要．それに植物がどうかかわるか．
2. 光合成色素の基本は緑色のクロロフィルだが，それ以外の補助色素もある．植物によっては補助色素の内容が異なったり，熱安定性も異なる．
3. 独立栄養生物でないかぎり，餌を食べなくてはならない．また大部分の生物は酸素も必要である．
4. ATP，NADPH，酸素が一次産物である．光化学系Ⅰでは循環型と非循環型電子伝達系を分けて考える．

12章

1. 共通点は本章の図を参照のこと．相違点としては，RNAポリメラーゼの種類やその能力（それ自身で充分かどうか），複数の遺伝子が一度に転写されるかどうかを考える．翻訳との関連性などについても考える．
2. もしRNAが安定だったらどうなるかを考える．RNAが適当に分解されなくても，ダイナミックな遺伝子機能の変化が可能だろうか．
3. 「ラクトースオペロンが働くには，まずラクトースが細胞に入ってリプレッサーを不活化しなくてはならない」がヒント．
4. エンハンサーだけが特異的転写の調節因子ではなく，また，転写には抑制性の因子も関与する．

13章

1. コドンの縮重をヒントに考える．また変異の起こる場所についても考える．
2. リシンのコドンにどのような塩基配列があるかを考える．
3. 応用問題．転写／転写後修飾に関しては，一つの遺伝子に複数のプロモーターがある場合，スプライシングパターンの変化による場合などがある．翻訳／翻訳後修飾では，限定分解を考える．［解説：本文では割愛したが，上記以外にもRNA編集（転写後に塩基が変化する）やトランススプライシング（異なるmRNA前駆体間でのスプライシング），タンパク質スプライシングといった現象がある．］

14章

1. いずれの物質も活動電位の発生と関連がある．
2. ATP自身は貯蔵できないが，エネルギー状態のより高い貯蔵物質からエネルギー（＝ATP）がすみやかにつくられる機構がある．これとは別に，無酸素状態でATPをつくる機構にも言及する．
3. 筋肉の色（☞ミオグロビンに関係がある）との関連性を考える．筋肉のような酸素分圧の低いところでは，酸素はヘモグロビンとミオグロビンのどちらに結合しやすいか．
4. 本章3節の本文と図を見直す．

参考書

＜入門レベル，初学者用＞
1. 「基礎の生化学」猪飼 篤 著 （東京化学同人）2004 年
2. 「よくわかる生化学」藤原晴彦 著 （サイエンス社）2000 年

＜中等度レベル（本書と同等か多少高度なもの）＞
1. 「生化学入門」丸山工作 著 （裳華房）1999 年
2. 「生化学キーノート」田之倉 優 他訳
   （シュプリンガー・フェアラーク東京）2002 年
3. 「シンプル生化学」林 典夫 他編 （南江堂）2007 年
4. 「生化学」鈴木紘一 編 （東京化学同人）2007 年
5. 「スタンダード生化学」有坂文雄 著 （裳華房）1996 年

＜高度な内容のもの＞
1. 「レーニンジャーの新生化学 上・下」山科郁男 監修
   （廣川書店）2007 年
2. 「ストライヤー生化学」入村達郎 他監訳 （東京化学同人）2008 年

索引

記号
- −10 領域　149
- −35 領域　149
- α-L-アミノ酸　41
- α-アマニチン　153
- α アミノ酸　41
- α-ケトグルタル酸　112
- α-ケト酸　113
- α 炭素　41
- α ヘリックス　46
- β-ガラクトシダーゼ　151
- ――遺伝子　160
- β 構造　46
- β 酸化　100
- β シート　46
- ――構造　46
- β ターン　46
- γ-アミノ酪酸　119
- δ-アミノレブリン酸　122

数字
- 2-オキソグルタル酸　112
- 2-オキソ酸　113
- 2-デオキシリボース　20, 54
- 3′→5′エキソヌクレアーゼ活性　62
- 30 ナノメートル繊維　66
- 3-ホスホグリセリン酸　143
- 5′→3′エキソヌクレアーゼ活性　62
- 7α-ヒドロキシコレステロール　107
- 7 回膜貫通型受容体　181

A
- ACP　104
- ADP　129
- ALA　122
- AMP　129
- ATP　128, 129, 141
- ATP-ADP 交換体　130
- ATP アーゼ活性　179
- ATP 合成酵素　133
- ATP 合成のエネルギー効率　135
- ATP 収支　92
- ATP シンターゼ　133, 141
- ATP 生産　134
- A-T 対　58
- A 帯　178
- A 部位　166

B, C
- BSE　49
- B 型 DNA　60
- C_3 植物　145
- C_4 経路　146
- C_4 植物　145
- cAMP　88, 152, 181
- CAP　152
- cGMP　182
- CoA　83, 129
- CoQ　131, 132
- Cyt$c$　131

D
- D-3-ヒドロキシ酪酸　102
- DHFR　120
- di　128
- D, L 異性体　16
- DNA　54
- DNA 結合性転写制御因子　155
- DNA 二重らせん構造　59
- DNA の変性　59
- DNA ポリメラーゼ　61
- ―― I　62, 71
- ―― III　62
- DN アーゼ　67

E
- EC 番号　71
- EMP 経路　84
- EM 経路　84

F
- FAD　100, 128
- FMN　128
- F 型 ATP 合成酵素　141

G
- GABA　119
- G-C 対　58
- GLUT4　185
- Grb2　183
- GT-AG ルール　156
- GTP　165
- G タンパク質　181, 182

H
- HAT 活性　155
- HAT 培地　122
- HDL　37, 108
- HGPRT　121
- HMG-CoA　107
- ――還元酵素　107
- Hsp70　52

I
- IDL　108
- IMP　120
- IP_3　182
- IP_3 受容体　182
- IPTG　160
- IRS-1　184
- I 帯　178

K, L
- K_m　74
- K 値　74
- LDL　37, 108

M
- MAPK　183
- ――カスケード　183
- MAP キナーゼ　183
- mono　128
- mRNA　149

N
- Na$^+$ チャネル　175
- NAD　83, 127
- NADH−ユビキノン還元酵素　131
- NADP　83, 127
- NADPH　96, 104, 141
- N-アセチルガラクトサミン　20, 25
- N-アセチルグルコサミン　25
- N-グリコシド型　26

索　引

O, P

O-グリコシド型　27
P680　138
P700　138
PCR　63
Pi　129
PI3-K　184
PIP$_3$　185
PKA　181
PKB　185
PKC　182
PLC　182
PRPP　119, 121
P部位　166

R

Raf　183
Ras　183
RNA　54, 61
RNAプライマー　64
RNAポリメラーゼ　148
　── I　153
　── II　153
　── III　153
RNAワールド仮説　63
RNアーゼ　67
rRNA　149

S

SDS　171
SDSポリアクリルアミド
　ゲル電気泳動　171
SD／シャインダルガルノ
　配列　163, 165
SOS　183

T

TCAサイクル　91
TFIIB　153
TFIID　153
TFIIF　153
TFIIH　153
T_m　59
tRNA　149

U

UDP-グルクロン酸　97
UDP-グルコース　87, 97
UMP　120
UTP　150

V, X, Z

VLDL　108
X-gal　160
Z型DNA　60
Z線　178

あ

アイソザイム　80
アガロース　25, 170
アクチン繊維　178
アシルCoA　99
　──合成酵素　99
アシル基　29
アシルキャリアータンパク
　質　104
アスパラギン　42
　──型　26
アスパラギン酸　42
アセチルCoA　89, 100,
　102, 107, 129
　──カルボキシラーゼ
　103
アセチル基シャトル機構　103
アセチルコリン　177, 179
アセトアルデヒド　85
　──脱水素酵素　85
アセト酢酸　102
アセトン　102
アデニル酸キナーゼ　180
アデニル酸シクラーゼ　88,
　181
アデニン　56
アドレナリン　88, 119
アノマー　17
　──性OH基　17
油　32
脂　32
アボガドロ数　5
アポ酵素　72
アポタンパク質　37
アミノアシルtRNA　164
　──シンテターゼ　164
アミノアシル部位　166
アミノ基　41
アミノ酸　41
　──代謝異常症　118
　──炭素骨格　116

アミノ基転移酵素　113
アミノ糖　20
アミノプテリン　120, 121
アミノ末端　45
アミロース　23
アミロペクチン　23
アラキドン酸　106
　──カスケード　106
アラニン　42
アルカプトン尿症　118
アルカリ性　4
アルギニノコハク酸　114
アルギニン　42, 114
アルギノコハク酸　114
アルキル基　28
アルコール　20
　──発酵　85
アルデヒド基　15
アルドース　15
アルドン酸　20
アロステリック効果　79
アロステリック酵素　79
アロラクトース　151
アンチコドン　164
アンチポート　130
アンドロゲン　35, 109
暗反応　139
アンモニア　110, 114

い

イオン　4
イオン化　2, 4
イオン結合　6
イオン交換クロマトグラ
　フィー　170
異化　13
異化代謝産物抑制　152
鋳型鎖　161
維管束鞘細胞　146
移行シグナル　169
異性化酵素　72
異性体　16
イソ酵素　80
イソプレン　35
イソメラーゼ　72
イソロイシン　42
一次胆汁酸　35, 107

索引

一酸化窒素　119
遺伝暗号　161
　──表　161
遺伝子発現　148
イノシトール三リン酸　182
イノシン酸　57
陰イオン交換　171
因子 X　81
インスリン　85, 104, 167
インスリン受容体　184
　──基質 I　184
イントロン　156

う
ウエスタンブロッティング　172
ウラシル　56
ウロン酸　20

え
エイコサノイド　31, 106
エキソサイトーシス　39
エキソヌクレアーゼ　67
エキソペプチダーゼ　51
エキソン　156
エステル結合切断　106
エストロゲン　109, 154
　──受容体　154
エタノール　20
エチルアルコール　20
エドマン分解法　53
エネルギー　124
　──代謝　13
　──通貨　129
　──保存の法則　7
エノイル CoA ヒドラターゼ　100
エピネフィリン　88
エピマー　17
エリトロース 4-リン酸　95
エルゴステロール　35
塩　9
塩基　56
塩基性　4
　──アミノ酸　42, 44
塩析　46
エンドサイトーシス　39
エンドヌクレアーゼ　67

エンドペプチダーゼ　51
エンハンサー　154
塩溶　46

お
黄体ホルモン　35
応答配列　154
横紋筋　178
岡崎断片　65
オキサロコハク酸　91
オキサロ酢酸　146
オキシゲナーゼ　72
オキシダーゼ　72
オペレーター　151
オペロン　151
　──説　151
オリゴ dT　159
オリゴ糖　15, 22
オリゴヌクレオチド　58
オルガネラ　12
オルニチン　114
オロチジル酸　120
オロト酸　120

か
外因性経路　81
開鎖複合体　150
開始因子　165
開始コドン　162
解糖系　84
界面活性　29
化学合成　136, 137
化学シナプス　176
化学浸透説　133
化学ポテンシャル　133
可逆的阻害　76
核　12
核酸　11
核内受容体　154
化合物　4
過酸化水素　133
加水分解酵素　72
カスケード　80
カタボライトリプレッション　152
カタラーゼ　72
活性酸素　133
活性中心　70

荷電　2
果糖　20
過分極　175, 177
カラー選択　160
ガラクトース　96
カラムクロマトグラフィー　170
カルシウムイオン　179, 182
カルジオリピン　33
カルニチン　99
カルバモイルリン酸　114
カルビン回路　139, 143
カルビン・ベンソン回路　143
カルボキシ基　8, 41
カルボキシ（ル）末端　45
カルボニル基　15
カロテノイド　37
　──系補助色素　138
カロテン　37, 138
カロリー　124
ガングリオシド　27, 35
還元　124
還元性二糖　22
還元当量　127
環状 AMP　88
含硫アミノ酸　42

き
基　8
器官　13
キサントフィル　138
基質　70
基質特異性　70
基質レベルのリン酸化　130
キシリトール　20
キシルロース 5-リン酸　95, 97
拮抗阻害　76
起電力　127
基本転写因子　153
逆転写酵素　63, 71, 159
キャップ構造　156
吸エルゴン反応　7
競争阻害　76
競合阻害　76
共生細菌　111

索　引　193

共鳴構造　46
共有結合　6
極性　29
巨大分子　10
キロミクロン　108
筋原繊維　178
筋細胞　178
筋収縮の滑り説　179
筋小胞体　178
筋神経接合部　179
筋繊維　178

く

グアニル酸シクラーゼ　182
グアニン　56
クエン酸　91
　──回路　91
　──合成酵素　92
グラナ　138
グリコーゲン　23, 87
　──合成　185
　──シンターゼ　89
グリコゲン　87
グリコサミノグリカン　24, 26
グリコシド　22
　──結合　22
　──水酸基　17
グリシン　42
グリセルアルデヒド3-リン酸　84, 95, 143, 144
グリセロール　99
グリセロール3-リン酸　105
　──シャトル機構　130
グリセロ糖脂質　33
グリセロリン脂質　33, 106
グルカゴン　88, 93, 95, 104
グルクロン酸　20
　──経路　97
　──抱合　97
グルコース　20, 84, 144
　──1-リン酸　87, 88
　──6-リン酸　84, 87, 88, 95, 97
　──効果　152
グルコ（糖質）コルチコイド　35
グルコサミン　20

グルコン酸　20
グルタチオン　119
グルタミン　42
グルタミン酸　42, 112, 113
　──デヒドロゲナーゼ　112, 113
グルタミンシンテターゼ　112
クレアチンキナーゼ　180
クレアチンリン酸　116, 129, 180
クレノー断片　71
クレブス回路　91
クロイツフェルトヤコブ病　49
クローニング　159
クローン化　159
グロボシド　34
クロマチン　66
クロマトグラフィー　170
クロマトフォア　147
クロロフィル　122, 138

け

血液凝固反応　81
　──系　51
結合脂質　37
血清型　26
ケトース　15
ケト原性　116
ケトン基　15
ケトン体　102
ケノデオキシコール酸　107
ゲノム　54
ゲル　5
ゲル電気泳動　171
ゲルろ過　170
けん化　32
原核生物　11
嫌気呼吸　123
原子　2
原子核　2
元素　2
元素記号　2

こ

コアクチベーター　155
コア酵素　149

コアヒストン　66
高エネルギー物質　129
光化学系Ⅰ　139, 141
光化学系Ⅱ　138, 140
光化学反応　139
光学異性体　16
光合成　136, 139
　──原核生物　146
　──細菌　147
　──色素　138
　──生物　137
校正機能　62
合成酵素　72
合成代謝　13
酵素　68
構造式　4
構造多糖　24
酵素活性　77
硬タンパク質　50
興奮　175
高分子　10
興奮性シナプス　177
興奮伝導　174, 175
光リン酸化　130, 139, 141
コエンザイムQ　131
コード鎖　161
コード領域　161
コール酸　35, 107
呼吸　123
呼吸鎖　131
古細菌　11
個体　13
五炭糖　19
骨格筋　178
コドン　161
　──の縮重　162
　──表　161
コネクチン　178
コハク酸　91
　──-ユビキノン還元酵素　131
コリ回路　95
コリプレッサー　155
コリンエステラーゼ　177
ゴルジ装置　12
ゴルジ体　12, 167

コレステロール　35, 37, 107, 108
　――側鎖切断酵素　108
コンセンサス配列　149
コンドロイチン硫酸　25

さ

サーモゲニン　135
サイクリック AMP　181
最大速度　75
細胞　11
細胞結合(接着)タンパク質　39
細胞骨格タンパク質　12
細胞質　12
細胞小器官　12
細胞内共生説　147
細胞内シグナル伝達　180
細胞膜　12, 33
　――タンパク質　39
再利用(サルベージ)経路　119
サイレント変異　163
サブユニット構造　48
サルコメア　178
酸化　124
酸化還元酵素　72
酸化酵素　72
酸化的脱アミノ反応　113
酸化的リン酸化　130, 133
酸性　4
酸性アミノ酸　42, 44
酸性ムコ多糖　24
酸素　123
酸素添加酵素　72, 105
三炭糖　19
三量体 G タンパク質　181

し

ジアシルグリセロール　182
シアノバクテリア　146
シアル酸　20
軸索　175
シグナルペプチド　168
シグマ因子　149
シグモイド型反応曲線　79
脂質　10, 28
脂質二重膜　38

シス　29
システイン　42
ジスルフィド結合　47
質量　2
質量作用の法則　7
質量保存の法則　7
至適 pH　69
至適温度　69
シトクロム　131
　――b_6f 複合体　140
シトクロム c　131
　――酸化酵素　131
シトシン　56
シトルリン　114
シナプス　176
ジヒドロキシアセトンリン酸　84
ジヒドロ葉酸　120
　――還元酵素　120
脂肪酸　28, 99
　――合成　102, 103
脂肪族アミノ酸　42
ジホスファチジルグリセロール　33
自由エネルギー　7, 123
周期表　2
重合分子　10
終止コドン　162
従属栄養　136
　――生物　136
ジュール　124
シュガーコード　27
受容体　39, 180
　――チロシンキナーゼ　184
主要四元素　9
循環型電子伝達　142
循環的光リン酸化　142
硝酸塩　110
脂溶性リガンド　180
少糖　15, 22
消毒薬　49
小胞体　12
　――結合型リボソーム　168
小胞輸送　168

触媒　68
初速度　75
ショ糖　23
白子症　118
真核生物　11
心筋　178
神経間接合部　176
神経筋接合部　177
神経系　174
神経興奮　175
神経伝達　174
神経伝達物質　176, 177
　――受容体チャネル　177
親水性　8
　――アミノ酸　42
新生($de\ novo$)経路　119
シンターゼ　113
伸長因子　166
シンテターゼ　113
浸透圧　10

す

水酸化物イオン　4
水酸基　8
水素　124
水素イオン　4
水素結合　5, 6, 58
水溶性リガンド　180
スーパーオキサイド　133
スクシニル CoA　91, 100
スクロース　23, 144
スクワレン　37, 107
ステロイド　35
　――ホルモン　35, 108
ステロール　35
ストレプトマイシン　165
ストロマ　138
スフィンゴ脂質　33
スフィンゴ糖脂質　33, 34
スフィンゴリン脂質　33
スプライシング　155
スルフヒドリル基　47
スルホリピド　33

せ

制限酵素　67, 158
生合成　13
静止電位　175

索引

生体解毒　97
生体触媒　68
セカンドメッセンジャー　181
石けん　32
接着末端　158
セドヘプツロース7-リン酸　95
狭い溝　60
セラミド　33, 34
　——ヘキシド　34
セリン　42
セルロース　24
セレブロシド　34
セロトニン　119
前駆体酵素　167
旋光性　16
染色体　66
選択マーカー　159
先天性代謝異常症　118
セントラルドクマ　148

そ

双極子イオン　42
増殖因子　182
相補性　58
側鎖　41
速度定数　74
組織　13
疎水性　8
　——アミノ酸　42
　——相互作用　6
ゾル　5
ゾル−ゲル転換　5

た

対向輸送　130
代謝　13
代謝回転　113
代謝水　100
タイチン　178
多核細胞　178
多細胞生物　13
脱共役　135
脱水縮合　45
脱水素酵素　72, 127
脱分極　175
脱離酵素　72

多糖　15
ダルトン　2
単細胞生物　11
短鎖脂肪酸　28
炭酸同化　136
胆汁酸　35
単純多糖　23
単純タンパク質　49
単純糖質　20
炭素伸長反応　104
単糖　15, 19
タンパク質　10
　——の一次構造　45
　——の高次構造　48
　——の三次構造　46
　——の二次構造　46
　——の変性　48
　——の四次構造　48

ち

窒素固定　111
窒素循環　110
窒素同化　110
チミジル酸　120
　——合成酵素　120
チミジンキナーゼ　121
チミジン合成酵素　121
チミン　56
チモーゲン　167
チャネル　40, 174
中鎖脂肪酸　28
中心体　12
中心命題　148
中性　4
中性アミノ酸　44
中性脂肪　31, 99
長鎖脂肪酸　28
超らせん構造　60
貯蔵多糖　23
チラコイド　138
チロキシン　119
チロシン　42
チロシンキナーゼ　184
　——活性　183
チロシン代謝異常症　118

つ、て

痛風　116, 121
低分子　10
　——RNA　149
低分子量Gタンパク質　183
デオキシコール酸　35, 107
デオキシ糖　20
デキストラン　24
鉄—硫黄クラスター　132
テトラヒドロ葉酸　120
デヒドロゲナーゼ　72, 127
テルペノイド　35
テロメア　65
電位　124
転移/運搬RNA　149
電位依存性チャネル　177
転移酵素　72
電荷　2
転化糖　23
電気陰性度　126
電気シナプス　176, 178
電子　2
電子供与体　125
電子受容体　125
電子伝達系　131, 139
電子の除去　124
転写　148
転写開始　150
転写伸長　150
転写制御　151
転写単位　148
転写の特異性　154
転写補助因子　155
転写翻訳共役　167
転写レベル　151
デンプン　23, 144
電離　2, 4
伝令RNA　149

と

糖　10
糖アルコール　20
同化　13
同義コドン　162
糖原性　116
糖鎖　25
糖鎖情報　27

糖脂質　27, 33
糖新生　93
糖タンパク質　26
等張　10
等電点　44
　──電気泳動　173
糖ヌクレオチド　97
銅-フォリン法　53
ドーパ　119
ドーパミン　119
独立栄養　136
　──生物　136
トポイソメラーゼ　61
トランス　29
　──アミナーゼ　113
　──脂肪酸　31
　──フェラーゼ　72
トランスポーター　40
トリアシルグリセロール　31, 105
トリグリセリド　31, 99, 108
トリプトファン　42
　──オペロン　152
トレオニン　42
トロポニン　178
トロポミオシン　178
トロンビン　81
トロンボキサン類　31
貪食作用　39

な
内因性経路　81
内分泌系　174
内膜　130
ナトリウム-カリウムATPアーゼ　40, 174
ナンセンス変異　163

に
二次元電気泳動　173
二次胆汁酸　35, 107
二重逆数プロット　76
二糖類　22
ニトロゲナーゼ複合体　111
二方向性複製　64
乳化　29
乳酸　85, 95
乳糖　22

ニューロン　174
尿酸　114, 116
尿素　114
尿素回路　114
ニンヒドリン反応　53

ぬ
ヌクレアーゼ　67
ヌクレオシド　54
ヌクレオソーム　66
ヌクレオチド　54, 119

ね
熱ショックタンパク質　52
熱の生産　102
熱発生　102
熱力学の第2法則　10
燃焼　123

の
ノイラミン酸　20
ノルアドレナリン　119

は
配糖体　22
ハイドライドイオン　127
ハイブリダイゼーション　59
麦芽糖　22
バクテリオクロロフィル　147
パスツール効果　85
ハースの式　18
発エルゴン反応　7
発酵　123
バリン　42
反競合阻害　77
半透膜　10
反応中心　138
反応特異性　70
半反応　125
半保存的複製　64

ひ
ヒアルロン酸　25
ビウレット反応　53
ビオチン　104
光呼吸　145
非還元性二糖　22
非競合阻害　76
非極性　29

非コード鎖　161
非コード領域　161
非受容体型チロシンキナーゼ　184
非循環型電子伝達　142
ヒスタミン　119
ヒスチジン　42
ヒストン　66
　──アセチルトランスフェラーゼ活性　155
ビタミンA　37
必須アミノ酸　117
必須脂肪酸　30, 105
ヒドラーゼ　72
ヒドロキシラジカル　133
ピノサイトーシス　39
ヒポキサンチン　57, 120
標準還元電位　125
ピラノース環　18
ピリジンヌクレオチド　127
ピリドキサルリン酸　113
ピリミジン環　56
ピリミジンヌクレオチド　120
ビリルビン　122
ピルビン酸　85, 146
　──脱水素酵素複合体　92
広い溝　60

ふ
ファゴサイトーシス　39
ファン・デル・ワールス力　6
フィードバック阻害　78, 152
フィコビリン　146
フィッシャーの式　18
フィブリノーゲン　81
フィブリン　81
フェニルアラニン　42
フェニルケトン尿症　118
フェレドキシン　141
　──-NADP還元酵素　141
不応期　175
不可逆的阻害　76

索　引

不競合阻害　77
複合体Ⅰ　132
複合体Ⅱ　132
複合体Ⅲ　132
複合体Ⅳ　132
複合体タンパク質　48
複合多糖　23
複合タンパク質　49
複合糖質　15, 25, 97
副腎皮質ホルモン　35
複製起点　64
複製のフォーク　64
不斉炭素　16
ブドウ糖　20
普遍的コドン表　161
不飽和化酵素　105
不飽和脂肪酸　29, 102, 105
　——合成　105
フマル酸　116
プライマー　61
　——非依存性　150
プラストキノン　140
プラストシアニン　140
プラスミド　159
フラノース環　18
フラビンヌクレオチド　128
プリオン　49
プリン環　56
プリンヌクレオチド　119
ブルーホワイト解析　160
フルクトース　20, 96
　——1,6-ビスリン酸　84
　——2,6-ビスリン酸　93
　——6-リン酸　95, 144
プレグネノロン　108
プレ（前）シナプス　176
不連続複製　65
プロゲステロン　108
プロ酵素　80
プロスタグランジン類　31
プロテアーゼ　50
プロテアソーム　51
プロテインキナーゼA　88, 181
プロテインキナーゼB　185
プロテインキナーゼC　182

プロテインホスファターゼ　89
プロテオーム　173
プロテオグリカン　26
プロテオリピド　37
プロトポルフィリンⅨ　122
プロトン　127
　——駆動力　133
　——勾配　133, 141
　——ポンプ　132, 141
プロビタミンD　35
プロビタミンD_2　35
プロモーター　148
プロリン　42
分解代謝　13
分子　4
分子式　4
分子シャペロン　52, 167
分子ふるいクロマトグラフィー　170
分子モーター　133
分子量　4

【へ】

平滑筋　178
平衡定数　7, 74
ヘキソース　19
ベクター　159
ヘテロ多糖　23
ヘパリン　25
ペプチジルトランスフェラーゼ　166
ペプチジル部位　166
ペプチダーゼ　51
ペプチド　45
ペプチド結合　45
　——形成反応　165
ペプチドの機能　50
ヘマトシド　34
ヘミアセタール　18
ヘミケタール　18
ヘム　122, 131
ヘモグロビン　179
ペルオキシソーム　12, 102
ペルオキシダーゼ　72
変性剤　48
ペントース　19

　——リン酸回路　143

【ほ】

芳香族アミノ酸　42
飽和脂肪酸　29
補欠分子族　73, 128
補酵素　72, 127
　——A　83, 129
　——Q　131
ポスト（後）シナプス　176
ホスファチジルイノシトール二リン酸　182
ホスファチジルエタノールアミン　107
ホスファチジルコリン　33, 107
ホスファチジン酸　33, 106
ホスホイノシチド3-キナーゼ　184
ホスホエノールピルビン酸　85, 93, 146
ホスホジエステル結合　58
ホスホリパーゼ　106
　——C　182
ホスホリボシルピロリン酸　119
ホモ多糖　23
ポリA鎖　157, 159
ポリアクリルアミド　170
ポリソーム　167
ポリヌクレオチド　58
ポリメラーゼ連鎖反応　63
ホロ酵素　149
翻訳　161
翻訳領域　161

【ま】

膜間腔　130
膜電位　175
マトリックス　130
マルトース　22
マロニルCoA　103
マンノース　97

【み】

ミオグロビン　179
ミオシン繊維　178
ミカエリス定数　74

み

ミカエリス–メンテンの式 74
右巻きらせん 59
水 5
ミスセンス変異 163
ミトコンドリア 12, 130
ミネラル（鉱質）コルチコイド 35

む

無気呼吸 85, 123
無機リン酸 129
無細胞翻訳系 167
ムチン型 27
ムラミン酸 20

め

明反応 139
メープルシロップ尿症 118
メチオニン 42
メチルマロニル CoA 100
メチレンテトラヒドロ葉酸 120
メディエーター 155
メトトレキセート 120
メバロン酸 107
メラニン 119
免疫ブロッティング 172

も

モル 5
モル濃度 4

ゆ

融解温度 59
遊離因子 166
遊離脂肪酸 37
遊離リボソーム 169
油脂 32
ユビキチン 52
ユビキノン 131
　——–シトクロム c 還元酵素 131

よ

陽イオン交換 171
溶液 4
葉酸誘導体 120
ヨウ素デンプン反応 23
葉緑素 138
葉緑体 12, 137
抑制性シナプス 177
読み枠 162
四炭糖 19

ら

ラインウィーバー・バークの式 75
ラインウィーバー・バークプロット 76
ラギング鎖 65
ラクトース 22
　——オペロン 151
ラセミ体 16
ラノステロール 107
ランソウ 146

り

リーダー配列 168
リーディング鎖 65
リーベスの式 18
リガーゼ 72
リガンド 180, 181
リコピン 37
リシン 42
リソソーム 12, 51
リゾチーム 25
律速酵素 78
リトコール酸 107
リパーゼ 32, 99
リプレッサー 151
リブロース 1,5-ビスリン酸 143
　——カルボキシラーゼ／オキシゲナーゼ 143
リブロース 5-リン酸 95
リボース 19, 54, 96
　——5-リン酸 95, 119
リボザイム 68
リボソーム 12, 165
　——RNA 149
　——小亜粒子 165
　——大亜粒子 165
リポ多糖 27, 37
リポタンパク質 37, 108
硫脂質 33
流動モザイクモデル 38
両逆数プロット 76
両親媒性 29
両性イオン 42
両性電解質 43
リンカーヒストン 66
リンゴ酸 91, 146
　——–アスパラギン酸シャトル機構 130
リン酸化リボース転移酵素 121
リン酸ジエステル結合 58, 61
リン酸–トリオースリン酸対向輸送体 144
リン脂質 33, 38, 107, 182
　——の合成 107
　——の分解 106

る

ルシャトリエの原理 7
ルビスコ 143, 145

れ

レクチン 27
レグヘモグロビン 111
レシチン 33
レチノール 37
レッシュ・ナイハン症候群 122
レトロウイルス 63
レプリコン 64

ろ

ロイコトリエン類 31
ロイシン 42
ロウ 32
六炭糖 19

著者略歴

田村　隆明 (たむら たかあき)

1952年	秋田県に生まれる
1974年	北里大学衛生学部卒業
1976年	香川大学大学院農学研究科修士課程修了
1977年	慶應義塾大学医学部助手
1986年	岡崎国立共同研究機構基礎生物学研究所助手
1991年	埼玉医科大学助教授
1993年	千葉大学理学部教授
2017年	定年退官，医学博士

主な著書

「基礎分子生物学」（東京化学同人，2007年，共著）
「コア講義　分子生物学」（裳華房，2007年，単著）
「コア講義　生物学」（裳華房，2008年，単著）
「分子生物学　イラストレイテッド」（羊土社，2009年，共著）

コア講義　生化学

2009年3月25日　第1版1刷発行
2018年3月25日　第3版1刷発行

検印省略

定価はカバーに表示してあります．

著作者　　田村　隆明
発行者　　吉野　和浩
発行所　　東京都千代田区四番町 8-1
　　　　　電話　03-3262-9166（代）
　　　　　郵便番号 102-0081
　　　　　株式会社　裳　華　房
印刷所　　株式会社　真　興　社
製本所　　株式会社　松　岳　社

社団法人
自然科学書協会会員

JCOPY　〈(社)出版者著作権管理機構　委託出版物〉

本書の無断複写は著作権法上での例外を除き禁じられています．複写される場合は，そのつど事前に，(社)出版者著作権管理機構（電話03-3513-6969，FAX 03-3513-6979，e-mail: info@jcopy.or.jp）の許諾を得てください．

ISBN 978-4-7853-5219-6

© 田村隆明，2009　　Printed in Japan

田村隆明先生ご執筆の書籍

コア講義 生物学

Ａ５判／３色刷／208頁／定価（本体2300円＋税）

　明快な文章と3色刷の図で，オーソドックスな生物学を個体レベル，ミクロ，そしてマクロの三面から幅広く解説．さらにそれらが現代の生命科学でどう発展しているのかを，随所に配置したコラムや発展学習でサポートする．各章末には演習問題と解答のヒントを用意した．

【主要目次】1．生物の種類　2．遺伝と遺伝子　3．細胞とそこに含まれる物質　4．DNA複製と細胞の増殖　5．DNAにある遺伝情報を取り出す：遺伝子発現　6．次世代個体を誕生させる：生殖と発生・分化　7．生命を支える化学反応　8．動物の器官　9．多細胞生物個体の統御　10．外敵の侵入とその防御　11．植物の生き方　12．生物の集団と生き方　13．生物の進化　14．先端バイオ技術と社会とのかかわり

コア講義 分子生物学

Ａ５判／144頁／定価（本体1500円＋税）

　遺伝や細胞から分子，DNAとRNA，発生現象，癌，細菌とウイルス，バイオ技術まで，多岐にわたるトピックスをバランスよく14章にまとめた．平易な言葉で記述しながらも専門学術の教科書としてのスタイルをしっかりと備えている．

【主要目次】1．生物の特徴と細胞の性質　2．分子と生命活動　3．遺伝や変異にはDNAが関与する　4．DNAの複製，変異と修復，組換え　5．転写：遺伝情報の発現とその制御　6．翻訳：RNAからタンパク質をつくる　7．染色体は多様な遺伝情報を含む　8．細胞の分裂，増殖，死　9．発生と分化：誕生するまでのプロセス　10．細胞間および細胞内情報伝達　11．癌：突然変異で生じる異常増殖細胞　12．健康維持と病気発症のメカニズム　13．細菌とウイルス　14．バイオ技術：分子や個体の改変と利用

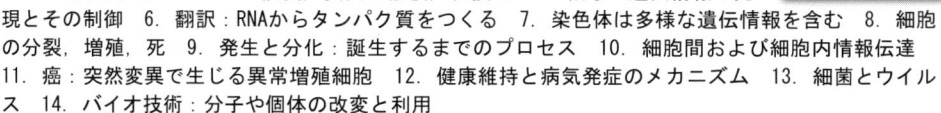

コア講義 分子遺伝学

Ａ５判／２色刷／176頁／定価（本体2400円＋税）

　『コア講義 分子生物学』より，遺伝子の構造-挙動-発現といった分子遺伝学領域に焦点を絞って執筆．遺伝の基本的事項，遺伝子の複製，DNAの変異・損傷・修復，そして転写と翻訳からなる遺伝子発現，さらには細菌や真核生物に特有な遺伝的要素やその駆動システム，そして分子遺伝学を支えた技術とその成果などを系統的に扱う．関連するノーベル賞受賞研究についても紹介する．

【主要目次】1．生物の特徴と細胞　2．分子と代謝　3．遺伝と遺伝子　4．核酸の構造　5．DNAの合成・分解にかかわる酵素とその利用　6．複製のしくみ　7．DNAの組換え，損傷，修復　8．RNAの合成と加工　9．転写の制御　10．RNAの多様性とその働き　11．タンパク質の合成　12．真核細胞のゲノムとクロマチン　13．細菌の遺伝要素　14．分子遺伝学に基づく生命工学

しくみからわかる 生命工学

Ｂ５判／２色刷／224頁／定価（本体3100円＋税）

　医学・薬学や農学，化学，そして工学に及ぶ幅広い領域をカバーした生命工学の入門書．
　厳選した101個のキーワードを効率よく，無理なく理解できるように各項目を見開き２頁に収め，豊富な図で生命工学の基礎から最新技術までを詳しく解説する．

裳華房ホームページ　https://www.shokabo.co.jp/